Reine und angewandte Metallkunde in Einzeldarstellungen

Herausgegeben von W. Köster

Band 22

Optische Eigenschaften von Metallen und Legierungen

Mit einer Einführung in die Elektronentheorie der Metalle

Rolf E. Hummel

Springer-Verlag Berlin · Heidelberg · New York 1971

Dipl.-Phys. Dr. rer. nat. ROLF E. HUMMEL
Associate Professor, University of Florida
Gainesville, Florida, U.S.A.

Mit 154 Abbildungen

ISBN-13: 978-3-642-80590-5 e-ISBN-13: 978-3-642-80589-9
DOI: 10.1007/978-3-642-80589-9

Das Werk ist urheberrechtlich geschützt. Die dadurch begründeten Rechte, insbesondere die der Übersetzung, des Nachdrucks, der Entnahme von Abbildungen, der Funksendung, der Wiedergabe auf photomechanischem oder ähnlichem Wege und der Speicherung in Datenverarbeitungsanlagen bleiben, auch bei nur auszugsweiser Verwertung, vorbehalten. Bei Vervielfältigungen für gewerbliche Zwecke ist gemäß § 54 UrhG eine Vergütung an den Verlag zu zahlen, deren Höhe mit dem Verlag zu vereinbaren ist.

© by Springer Verlag, Berlin/Heidelberg 1971.
Softcover reprint of the hardcover 1st edition 1971

Library of Congress Catalog Card Number: 79-158513

Die Wiedergabe von Gebrauchsnamen, Handelsnamen, Warenbezeichnungen usw. in diesem Buche berechtigt auch ohne besondere Kennzeichnung nicht zu der Annahme, daß solche Namen im Sinne der Warenzeichen- und Markenschutz-Gesetzgebung als frei zu betrachten wären und daher von jedermann benutzt werden dürften.

MEINEN STUDENTEN GEWIDMET

R. E. Hummel

Vorwort

Die vorliegende Monographie soll den angehenden Metallkundler und Festkörperphysiker in verständlicher Form in die optischen Eigenschaften der Metalle und in die für das Verständnis der Metalloptik notwendigen Grundlagen der Elektronentheorie einführen. In den ersten sechs Kapiteln werden die Kontinuumstheorie der optischen Konstanten, die klassische Elektronentheorie, die Quantentheorie der Metalloptik und der anomale Skineffekt erörtert. In einem weiteren Kapitel werden experimentelle Methoden zur Messung der optischen Konstanten, Bauelemente für optische Apparaturen und Präparationsverfahren der Metalloberfläche behandelt. Das Buch schließt mit einem Kapitel über die neuesten Forschungsergebnisse auf metalloptischem Gebiet. In ihm sind sowohl metallkundliche Probleme wie Umwandlungen, Ordnungsvorgänge und Gitterdefekte als auch elektronentheoretische Arbeiten, wie z. B. der Beitrag der Metalloptik zur Aufstellung von Energiebandschemen, berücksichtigt. Weitere Abschnitte befassen sich mit der Farbe von Metallen und Legierungen, mit der Bestimmung der Leitungselektronendichte, der Temperaturabhängigkeit der optischen Konstanten, dem Einfluß der Legierungsbildung auf die optischen Konstanten und mit der Modulationsspektroskopie.

Diese Monographie wurde in die Buchserie „Reine und angewandte Metallkunde" aufgenommen, weil die Messung physikalischer Eigenschaften und die daraus abzuleitenden Aussagen über den Zustand der Metalle und Legierungen von Jahrzehnt zu Jahrzehnt in immer stärkerem Ausmaß für die Metallforschung an Bedeutung gewinnen. Die aus den optischen Konstanten gewonnenen Resultate ergänzen die elektronentheoretischen Vorstellungen, die sich aus der Messung der elektrischen Eigenschaften ergeben. Zweifellos wird es lohnend sein, sich mit ihnen intensiver zu beschäftigen, als dies bisher geschehen ist.

W. Köster

Für kritische Durchsicht des Manuskripts oder Hilfe beim Lesen der Korrekturen möchte ich folgenden Persönlichkeiten danken: Herrn Professor Dr. J. C. SLATER, Herrn Professor Dr. J. KRONSBEIN, Herrn Professor H. SEITZ und meiner Frau. Besonderen Dank bin ich meinem Mitarbeiter, Herrn J. ALFARO HOLBROOK, für zahlreiche Diskussionen und Herrn Professor Dr. W. KÖSTER für sein förderndes Interesse schuldig.

Im Frühjahr 1971 **R. E. Hummel**

Inhaltsverzeichnis

1 Einleitung

Zwei der auffallendsten Eigenschaften der Metalle, ihr Glanz und ihre charakteristische Färbung, sind der Menschheit seit dem Auffinden von Metallen bekannt. Wegen dieser Merkmale wurden sie schon in frühester Zeit als Spiegel und als Schmuckstücke verwandt. Außerdem diente die Farbe der Metalle den Chinesen vor etwa 4000 Jahren als Anhaltspunkt für die Zusammensetzung ihrer Kupferlegierungen. Der Farbton einer Gußprobe zeigte an, ob die Schmelze, aus der später Spiegel oder Glocken gegossen werden sollten, die richtige Zusammensetzung hatte, oder ob der Zinngehalt erhöht oder erniedrigt werden mußte.

Auch in späteren Jahrhunderten interessierte man sich lebhaft für die Metallfarbe. So berichtete 1734 E. SWEDENBORG[1] über die vielfältigen Möglichkeiten, Kupfer weiß zu machen: Nach dem Schmelzen von Kupfer mit Arsen und Pottasche war der Boden des Schmelztiegels rot und das Metall farblos geworden. Man schloß daraus, daß die rote Farbe durch die Behandlung aus dem Kupfer „vertrieben" wurde.

GOETHE war wohl der erste, der in seiner „Farbenlehre" sehr sorgfältig zwischen Eigenfarbe eines Stoffes und „geforderter" Farbe unterschied. Er veranschaulichte in den Beschreibungen seiner zahlreichen Experimente unter anderem den subjektiven Charakter des Farben-Sehens. Mit Hilfe der Goetheschen Erkenntnis gelingt eine einleuchtende Erklärung der Farbe des Goldes, die den Kern des Sachverhalts wirklichkeitsgetreu darlegt: „Wenn man aus dem Farbenkreis das Blaue herausnimmt, so fehlt blau, violett und grün und es bleiben rot und gelb übrig".

Dünne Goldfilme erscheinen in der Durchsicht blau-grün. Die dazugehörige Wellenlänge wird also in gewissen Grenzen durch das Metall hindurchgelassen, sie fehlt daher bei der Reflexion, und das Metall erscheint rötlich-gelb.

Auch das Unvermögen, die blaue Farbe des Zinks oder die gelbe Färbung des Nickels unmittelbar mit dem Auge wahrzunehmen, liegt an den Besonderheiten des Sehens. Nur ein relativ kleiner Teil der Intensität des roten Lichts gelangt beim Zink durch das Metall, so daß nur ein kleiner Teil des roten Lichts bei der Reflexion fehlt. Das Auge

---

[1] EMANUEL SWEDENBORG: Das mineralische Königreich mit besonderer Berücksichtigung des Kupfers und Messings ... Verlegt bei FRIDERICUS HEKELIUS, Königlicher Hofbuchhändler zu Dresden und Leipzig, 1734.

vermag diese Intensitätsunterschiede nicht wahrzunehmen und „sieht“ daher weiß-grau. Erst durch Mehrfachreflexionen, bei denen die Subtraktion des roten Lichts einige Male wiederholt wird, tritt die blaue Farbe des Zinks in Erscheinung.

Interessant sind auch die Beobachtungen GOETHES über die Oxidfarben, die Anlaßfarben und die Interferenzfarben der Metalle, letztere hervorgerufen durch Kratzer in der Oberfläche.

Einige der wichtigsten Metalleigenschaften, wie zum Beispiel das hohe elektrische Leitvermögen oder den kristallographischen Aufbau, entdeckte man erst in jüngster Zeit. Gerade aber diese letztgenannten Eigenschaften wurden seit dem Bestehen einer systematischen Forschung zusammen mit den mechanischen, magnetischen, chemischen oder thermoelektrischen Eigenschaften einem intensiven Studium unterworfen. Messungen des elektrischen Widerstands, der Curie-Temperatur, des Gitterparameters oder anderer Stoffkonstanten wurden nicht nur ausgeführt, um die Daten zu tabellieren. Sie dienten stets auch als eine wertvolle Hilfe bei der Auffindung und Untersuchung von Phasenumwandlungen, Ordnungsvorgängen, Ausscheidungen oder Gitterfehlern. Schließlich wurden sie auch in der Qualitätskontrolle angewandt.

Zieht man die ungeheure Aktivität auf dem Gebiet der Metallforschung in Betracht, so muß man den gegenwärtigen Stand der Kenntnisse auf metalloptischem Gebiet als äußerst unbefriedigend bezeichnen. Die optischen Konstanten einiger Metalle sind selbst heute noch unbekannt, und die vorhandenen Daten verschiedener Autoren weichen beträchtlich voneinander ab. Nur sehr wenige binäre Systeme und so gut wie gar kein ternäres System wurden bisher mit optischen Mitteln untersucht.

Die ersten Arbeiten über die optischen Eigenschaften der Metalle stammen von JAMIN[1], der die Gültigkeit der Cauchyschen Formeln[2] durch Untersuchung des von Metallspiegeln reflektierten, elliptisch polarisierten Lichts bestätigte. QUINCKE[3], WERNICKE[4] und KUNDT[5] befaßten sich in ihren experimentellen Arbeiten mit der Absorption des durch ein Metall tretenden Lichts und fanden eine Übereinstimmung ihrer Werte mit den optischen Konstanten, die durch Reflexionsmessungen gewonnen wurden.

Das Interesse an der Metalloptik wuchs um die Jahrhundertwende insbesondere im Zusammenhang mit der Entwicklung der von DRUDE

---

[1] JAMIN, J.: Ann. de chim. et de phys. **19**, 296 (1847), **22**, 311 (1848).

[2] CAUCHY, A. L.: Compt. Rend. **8**, 560 (1839), **26**, 88 (1848). Pogg. Ann. **74**, 545 (1849).

[3] QUINCKE, Q.: Berl. Ber. 115 (1863).

[4] WERNICKE, W.: Pogg. Ann. Ergbd. **8**, 65 (1878).

[5] KUNDT, A.: Wied. Ann **34**, 469 (1888).

begründeten Elektronentheorie der Metalle[1]. DRUDE nahm an, daß die Ladungsträger in Metallen Ionen sind, bemerkte dann aber in seinem im Jahre 1900 erschienenen Buch[1], daß die von ihm angenommenen Ionen nicht notwendigerweise mit den Ionen eines Elektrolyten identisch sein müßten. Diese Vorstellungen führten zu den noch heute benutzten klassischen Formeln für die Berechnung der optischen Konstanten.

Den experimentellen Untersuchungen von DRUDE[2] folgten dann die häufig zitierten Arbeiten von VOIGT[3], MINOR[4], MEIER[5], FÖRSTERLING und FRÉEDERICKSZ[6], HAGEN-RUBENS[7] und anderen. Erst wieder um das Jahr 1935 und dann um 1952 begann man sich erneut für die Metalloptik zu interessieren. Auch in den letzten Jahren konnte man, wohl infolge der allgemeinen Intensivierung der Forschung und wegen des Ausbaus der Elektronentheorie, ein steigendes Interesse an den optischen Eigenschaften der Metalle beobachten.

Die genaue Kenntnis der optischen Konstanten ist für die Berechnung der Zahl der freien Elektronen in Metallen von größter Bedeutung. Die Elektronendichte ist zwar auch in einer ganzen Reihe von anderen Formeln enthalten. Für ihre Bestimmung stellt aber die Metalloptik die unmittelbarste Methode dar. Messungen der optischen Konstanten im ultraroten Spektralgebiet können zur Nachprüfung der Theorie des anomalen Skineffekts dienen. Schließlich können mit Hilfe der Metalloptik Aussagen über die Bandstruktur gemacht werden. Da die Wechselwirkung zwischen Licht und Metall in einer Schichtdicke von ungefähr 10^{-6} cm stattfindet, können optische Messungen auch zum Studium von Oberflächeneffekten, z. B. der Korrosion herangezogen werden.

Der Grund für die noch relativ unzureichende Kenntnis der optischen Konstanten von Metallen und Legierungen liegt an den experimentellen Schwierigkeiten, die bei metalloptischen Untersuchungen zu überwinden sind. Wie bereits erwähnt, dringen die Lichtwellen nur in eine äußerst dünne Schicht der Metalloberfläche ein und werden dann von dieser reflektiert. Aus der Intensität und dem Polarisationsverhalten des reflektierten Lichtes lassen sich die optischen Konstanten berechnen. Die Oberflächenschichten aber sind den Einflüssen der umgebenden Atmosphäre und der mechanischen oder sonstigen Vorbehandlung besonders stark ausgesetzt. Erste Voraussetzung bei metalloptischen

[1] DRUDE, P.: Lehrbuch der Optik, Leipzig: Hirzel 1900.
[2] DRUDE, P.: Ann. Phys. **39**, 481 (1890).
[3] VOIGT, W.: Phys. Z. **2**, 303 (1901).
[4] MINOR, R. S.: Ann. Phys. **10**, 581 (1903).
[5] MEIER, W.: Ann. Phys. **31**, 1017 (1910).
[6] FÖRSTERLING, K., FRÉEDERICKSZ, V.: Ann. Phys. **40**, 201 (1913).
[7] HAGEN, E., RUBENS, H.: Ann. Phys. **4**, 873 (1903).

Untersuchungen ist daher eine „ideale“ oder doch nahezu ideale Oberfläche. Dies heißt, daß die Oberfläche frei von Fremdstoffen und Unebenheiten sein muß. Bei den genannten älteren Untersuchungen wurde diese Tatsache wohl erkannt und diskutiert, die große Streuung der erhaltenen Werte läßt aber erkennen, daß nur sehr wenig zu einer Annäherung an eine ideale Oberfläche getan werden konnte. Wir werden der Oberflächenbehandlung in Kapitel 7 einen gesonderten Abschnitt widmen.

Zur Erklärung des optischen Verhaltens der Metalle werden wir vor allem die bereits erwähnte Elektronentheorie benutzen. Die im Laufe der Darstellung entwickelten Grundgedanken und Gleichungen sind in der Regel nicht nur auf das sichtbare Gebiet beschränkt, sondern sind auch bis zu einem gewissen Grade in anderen Frequenzbereichen, wie Radio- oder Röntgenfrequenzen anwendbar. Der Inhalt dieser Monographie kann daher ganz allgemein als „Einführung in die Elektronentheorie der Metalle mit besonderer Berücksichtigung der optischen Eigenschaften“ verstanden werden.

Zur Darstellung der Wechselwirkung von Licht (d. h. elektromagnetischer Schwingungen) mit Metallen werden wir im wesentlichen von zwei Grundgleichungen ausgehen. Elektromagnetische Schwingungen werden ganz allgemein mit Hilfe der Maxwellschen Gleichungen beschrieben. Sie sagen aus, daß jedes sich zeitlich ändernde elektrische Feld ein magnetisches Wirbelfeld und daß jedes sich zeitlich ändernde Magnetfeld ein elektrisches Wirbelfeld erzeugt. Die zweite Grundgleichung, die wir häufig benützen werden, ist die Schrödinger-Gleichung. Sie beschreibt unter anderem das Elektron als Wellenvorgang.

Wir werden im nächsten Kapitel die optischen Konstanten definieren. In den darauffolgenden Kapiteln versuchen wir das optische Verhalten der Metalle mit drei verschiedenen Theorien zu erklären. Dabei muß wegen der unverminderten Bedeutung der klassischen Elektronentheorie auch in einer neueren Darstellung diese Theorie einen breiten Raum einnehmen. Die Theorie des anomalen Skineffekts wird trotz der in jüngster Zeit vorgebrachten Bedenken in bezug auf die Notwendigkeit ihrer Berücksichtigung in der Metalloptik im darauffolgenden Kapitel behandelt. In den beiden letzten Kapiteln werden die verschiedenen Methoden zur Bestimmung der optischen Konstanten und die wichtigsten Resultate auf metalloptischem Gebiet erörtert.

2 Definition der optischen Konstanten

2.1 Brechungsindex *n*

Wenn Licht die Grenzfläche zwischen einem optisch dünneren (1) und einem optisch dichteren Medium (2) überschreitet, so zeigt die Erfahrung, daß im dichteren Medium der Winkel β zwischen dem Lichtstrahl und dem „Einfallslot" kleiner als der Einfallswinkel α ist. Diese wohlbekannte Erscheinung wird zur Definition des Brechungsvermögens einer Substanz (bezogen auf Vakuum, $n_1 = 1$) herangezogen (Snelliussches Brechungsgesetz).

$$\frac{\sin\alpha}{\sin\beta} = \frac{n_2}{n_1} = n. \tag{2.1}$$

Die Brechung wird durch die verschiedenen Ausbreitungsgeschwindigkeiten c_1 und c_2 des Lichtes in den beiden Medien hervorgerufen:

$$\frac{\sin\alpha}{\sin\beta} = \frac{c_1}{c_2}. \tag{2.2}$$

Beim Übergang des Lichtes vom Vakuum in ein Medium wird

$$n = \frac{c_{\text{vak}}}{c_{\text{med}}} = \frac{c}{v}. \tag{2.3}$$

Der Brechungsindex ist von der Wellenlänge des einfallenden Lichtes abhängig; eine Eigenschaft, die man Dispersion nennt. Bei Metallen ändert sich außerdem insbesondere bei kleinem n der Brechungsindex mit dem Einfallswinkel (siehe Abschnitt 7.8.4).

In Tabelle A 3 sind die Brechzahlen einiger Metalle aufgeführt.

2.2 Absorptionskonstante *k*

Metalle dämpfen die Wellenbewegung des Lichts auf einer äußerst kleinen Wegstrecke. Zur Charakterisierung des optischen Verhaltens der Metalle benötigt man daher eine weitere Stoffkonstante, die diesem Verhalten Rechnung trägt.

Wir machen Gebrauch von den in der Einleitung erwähnten Maxwellschen Gleichungen[1]

$$\operatorname{rot}\boldsymbol{H} = \frac{\varepsilon}{c}\cdot\dot{\boldsymbol{E}} + \frac{4\pi\sigma}{c}\cdot\boldsymbol{E}, \tag{2.4}$$

$$\operatorname{rot}\boldsymbol{E} = -\frac{\mu}{c}\cdot\dot{\boldsymbol{H}}. \tag{2.5}$$

[1] Die Gleichungen sind im c.g.s.-System geschrieben.

$\boldsymbol{E}$ und $\boldsymbol{H}$ sind die elektrische bzw. magnetische Feldstärke, ε die Dielektrizitätskonstante, σ die (Wechselstrom-)Leitfähigkeit und μ die Permeabilität. Wir fügen ferner die Gleichungen für elektrische und magnetische Quellenfreiheit hinzu[1].

$$\operatorname{div} \boldsymbol{E} = 0\,, \qquad \operatorname{div} \boldsymbol{H} = 0\,. \tag{2.6}$$

(Definition der Vektoroperatoren rot und div siehe Anhang A 2.)

Zur Eliminierung der magnetischen Feldstärke $\boldsymbol{H}$ ist es üblich, Gleichung (2.4) nach der Zeit t zu differenzieren und von Gleichung (2.5) den Rotor zu bilden:

$$\operatorname{rot} \dot{\boldsymbol{H}} = \frac{\varepsilon}{c} \cdot \ddot{\boldsymbol{E}} + \frac{4\pi\sigma}{c} \cdot \dot{\boldsymbol{E}}\,, \tag{2.7}$$

$$\operatorname{rot}\operatorname{rot} \boldsymbol{E} = -\frac{\mu}{c} \operatorname{rot} \dot{\boldsymbol{H}}\,. \tag{2.8}$$

Dann wird nämlich die linke Seite von (2.7) und die rechte Seite von (2.8) bis auf den Faktor μ/c identisch und man erhält:

$$-\frac{\varepsilon\mu}{c^2} \ddot{\boldsymbol{E}} - \frac{4\pi\sigma\mu}{c^2} \dot{\boldsymbol{E}} = \operatorname{rot}\operatorname{rot} \boldsymbol{E}\,. \tag{2.9}$$

Mit einem Satz der Vektoranalysis

$$\operatorname{rot}\operatorname{rot} \boldsymbol{E} = \operatorname{grad}\operatorname{div} \boldsymbol{E} - \Delta \boldsymbol{E} \tag{2.10}$$

wird wegen (2.6) aus (2.9)

$$c^2 \Delta \boldsymbol{E} = \varepsilon \mu \ddot{\boldsymbol{E}} + 4\pi\sigma\mu \dot{\boldsymbol{E}}\,. \tag{2.11}$$

Gleichung (2.11) ist eine Wellengleichung, sie beschreibt die Ausbreitung des Lichtes in einem Medium. Wir betrachten nun zur Vereinfachung des Problems eine linear polarisierte Welle, die sich entlang der positiven z-Achse ausbreitet, also eine Welle, die nur in einer Richtung, für die wir hier die x-Richtung nehmen, schwingt[2] (Abb. 2.1). Dann wird aus Gleichung (2.11), wenn man eventuelle magnetische Eigenschaften der Metalle unberücksichtigt läßt, d. h. $\mu = 1$ setzt:

$$c^2 \cdot \frac{\partial^2 E_x}{\partial z^2} = \varepsilon \ddot{E}_x + 4\pi\sigma \dot{E}_x\,. \tag{2.12}$$

[1] Im allgemeinen schreibt man $\operatorname{div} \boldsymbol{E} = 4\pi\varrho/\varepsilon$ (ϱ = elektrische Ladungsdichte). Bei Metallen ist jedoch die Relaxationszeit so klein gegenüber der Schwingungszeit einer Lichtwelle, daß ϱ als verschwindend klein angesehen werden kann.

[2] Diejenigen Leser, die auf eine allgemeinere Rechnung Wert legen, seien schon jetzt auf Abschnitt 7.8.4 verwiesen. Dort wird auch gezeigt, daß die hier eingeführten optischen Konstanten, die sogenannten Drude-Konstanten $\bar{n}$ und $\bar{k}$ sind.

Die Lösung von (2.12) gelingt mit dem Ansatz (Gl. A 1.23)

$$E_x = E_0 e^{i\omega\left(t - \frac{z}{v}\right)}, \tag{2.13}$$

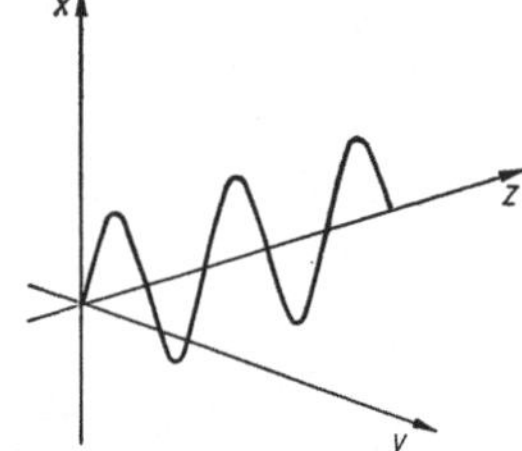

Abb. 2.1. Linear polarisierte Welle, die sich in der z-Richtung ausbreitet. Die Schwingungsrichtung ist die x-Richtung.

wobei E_0 der Höchstwert der Feldstärke (Amplitude) und $\omega = 2\pi\nu$ die Kreisfrequenz ist. Mit Gleichung (2.3) wird aus (2.13)

$$E_x = E_0 e^{i\omega\left(t - \frac{zn}{c}\right)}. \tag{2.14}$$

Setzt man diesen Lösungsansatz in die Wellengleichung (2.12) ein, so erhält man

$$\hat{n}^2 = \varepsilon - \frac{4\pi\sigma}{\omega} i = \varepsilon - \frac{2\sigma}{\nu} i. \tag{2.15}$$

Gleichung (2.15) führt zu einem wichtigen Ergebnis: Der Brechungsindex ist im allgemeinen Fall eine komplexe Größe. Wir bezeichnen daher zur Unterscheidung den komplexen Brechungsindex mit $\hat{n}$; er besteht aus einem reellen und einem imaginären Teil[1]:

$$\hat{n} = n - ik. \tag{2.16}$$

k wird aus Gründen, die wir am Ende dieses Abschnitts sehen werden, „Absorptionskonstante" genannt[2]. Quadrieren von (2.16) ergibt mit Gleichung (2.15)

$$\hat{n}^2 = n^2 - k^2 - 2nik = \varepsilon - \frac{2\sigma}{\nu} i. \tag{2.17}$$

Setzt man die Real- und Imaginärteile von (2.17) einzeln identisch, so erhält man zwei wichtige Beziehungen zwischen den elektrischen und

[1] Siehe Fußnote 2 auf der vorhergehenden Seite.

[2] Um Mißverständnisse zu vermeiden (siehe Abschnitt 2.4), wäre es besser, statt Gleichung (2.16) $\hat{n} = n_1 - in_2$ zu schreiben und $n_2 \equiv k$ „imaginärer Teil des komplexen Brechungsindex" zu nennen. Wir folgen hier jedoch dem allgemeinen Brauch.

den optischen Konstanten

$$\varepsilon = n^2 - k^2, \tag{2.18}$$

$$\sigma = nk\nu. \tag{2.19}$$

In Gleichung (2.17) bezeichnet man gelegentlich den reellen und den imaginären Teil mit ε_1 bzw. ε_2 und faßt die beiden Teile als „komplexe Dielektrizitätskonstante" zusammen:

$$\hat{n}^2 = n^2 - k^2 - 2nik \equiv \varepsilon_1 - i\varepsilon_2 \equiv \hat{\varepsilon}, \tag{2.20}$$

wobei

$$\varepsilon_1 = n^2 - k^2 \tag{2.21}$$

und

$$\varepsilon_2 = 2nk \tag{2.22}$$

ist. (ε_1 ist mit dem ε der Gleichung (2.18) identisch.)

Für Isolatoren ($\sigma \approx 0$) folgt aus Gleichung (2.19) $k \approx 0$ (siehe auch Tabelle 2.1). Dann wird aus Gleichung (2.18) $\varepsilon = n^2$ (Maxwell-Beziehung).

Aus den Gleichungen (2.18) und (2.19) bzw. (2.21) und (2.22) erhält man

$$n^2 = \frac{1}{2}\left(\sqrt{\varepsilon^2 + \left(\frac{2\sigma}{\nu}\right)^2} + \varepsilon\right) = \frac{1}{2}\left(\sqrt{\varepsilon_1^2 + \varepsilon_2^2} + \varepsilon_1\right) \tag{2.23}$$

und

$$k^2 = \frac{1}{2}\left(\sqrt{\varepsilon^2 + \left(\frac{2\sigma}{\nu}\right)^2} - \varepsilon\right) = \frac{1}{2}\left(\sqrt{\varepsilon_1^2 + \varepsilon_2^2} - \varepsilon_1\right). \tag{2.24}$$

Es soll besonders darauf hingewiesen werden, daß die Gleichungen (2.18) bis (2.24) nur dann gelten, wenn ε, σ, n und k bei der gleichen Wellenlänge gemessen werden, da die genannten Größen bei großen Frequenzen Dispersion aufweisen. Bei sehr kleinen Frequenzen können jedoch die Gleichstromwerte für ε und σ mit hinreichend guter Näherung verwandt werden, wie wir in Abschnitt 4.4.1 sehen werden.

Schließlich sei noch erwähnt, daß die obigen Gleichungen nur für optisch isotrope Medien (kubische Einkristalle, Polykristalle und Flüssigkeiten) gelten. Für optisch anisotrope Stoffe wird ε ein Tensor.

Wir kommen nun nochmals auf unseren Lösungsansatz (2.14) der Wellengleichung zurück und setzen in ihn den Ausdruck für den komplexen Brechungsindex (2.16) ein:

$$E_x = E_0 \mathrm{e}^{i\omega\left(t - \frac{z(n - ik)}{c}\right)}$$

oder

$$\boxed{E_x = \underbrace{E_0 \mathrm{e}^{-\frac{\omega k}{c} z}}_{\substack{\text{Amplitude} \\ \text{(Dämpfungsglied)}}} \cdot \underbrace{\mathrm{e}^{i\omega\left(t - \frac{zn}{c}\right)}}_{\text{Ungedämpfte Welle}}.} \tag{2.25}$$

Gleichung (2.25) ist nunmehr die vollständige Lösung der Wellengleichung (2.12). Sie hat die Form einer gedämpften Welle und besagt, daß bei absorbierenden Stoffen die Amplitude exponentiell abfällt (Abb. 2.2).

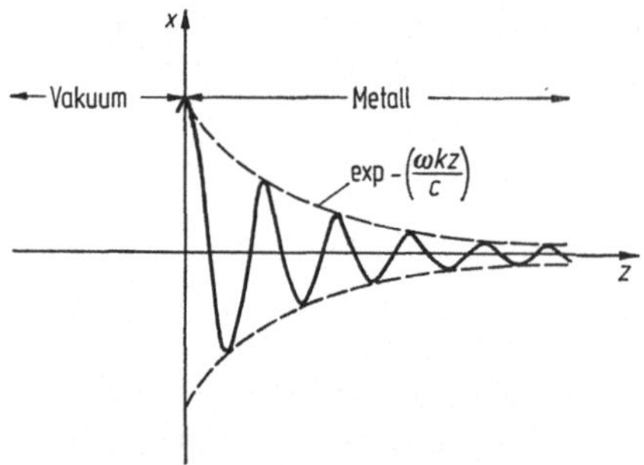

Abb. 2.2. Modulierte Lichtwelle. Die Amplitude fällt exponentiell ab.

Nimmt die Amplitude wie hier nach einem Exponentialgesetz ab, so spricht man vom „normalen Skineffekt". Wie man aus Gleichung (2.25) sieht, bestimmt die Absorptionskonstante k den Grad des Amplitudenabfalls, also den Grad der Dämpfung der Lichtwelle im absorbierenden Medium.

In der Literatur ist zur Bezeichnung der Absorptionskonstante neben k noch $n\varkappa$ zu finden, wobei $k = n\varkappa$ ist. $\varkappa$ wird häufig Absorptionsindex genannt. Daneben findet man gelegentlich statt unserem k die Bezeichnung $\varkappa$, was zu Verwechslungen Anlaß geben kann.

2.3 Extinktionskonstante K, mittlere Reichweite des Lichtes W und Tiefe der Skinschicht δ

2.3.1

Unter Extinktion versteht man die Intensitätsverminderung (Abnahme der Strahlungsleistung, d. h. Abnahme der Energie pro Zeiteinheit) des durch einen Stoff tretenden Lichtes. Dieser Intensitätsverlust kann entweder durch Absorption, d. h. durch Überführung der Lichtenergie in andere Energieformen, wie Wärme, oder durch Lichtzerstreuung erfolgen. Wir definieren eine Extinktionskonstante K, die sich additiv aus den genannten Anteilen zusammensetzt.

Die Extinktionskonstante läßt sich bei schwach absorbierenden Stoffen einfach bestimmen, indem man in ein paralleles Lichtbündel abwechselnd zwei Schichten des gleichen Stoffes, aber mit verschiedener Schichtdicke, einführt, und mit einer Photozelle die zu den Schichtdicken z_1 und z_2 gehörenden Lichtintensitäten I_1 und I_2 mißt. Wir erhalten:

$$I_1 - I_2 = \text{const}\, I_1(z_2 - z_1) = -\text{const}\, I_1(z_1 - z_2). \qquad (2.26)$$

Der konstante Faktor ist die Extinktionskonstante K. Bei kleiner Schichtdicke wird aus (2.26) mit $I_2 = I_1 - \Delta I_1$

$$\frac{\mathrm{d}I_1}{I_1} = -K\,\mathrm{d}z. \qquad (2.27)$$

Integration ergibt

$$I = I_0\,\mathrm{e}^{-Kz}. \qquad (2.28)$$

Zu einem ähnlichen Resultat kann man auch mit Hilfe der Lösung der Wellengleichung (2.25) kommen. Wir müssen dazu nur statt der (experimentell schwer meßbaren) Feldstärke die Intensität setzen. Da die Intensität gleich dem Quadrat der Feldstärke ist, ergibt sich für das hier allein interessierende Dämpfungsglied der Gleichung (2.25)

$$I = E^2 = I_0\,\mathrm{e}^{-\frac{2\omega k}{c}z}. \qquad (2.29)$$

Vergleicht man (2.28) mit (2.29), so erhält man für die Extinktionskonstante

$$K = \frac{2\omega k}{c} = \frac{4\pi}{\lambda}k. \qquad (2.30)$$

2.3.2

Aus Gleichung (2.28) können wir entnehmen, daß, wenn die Schichtdicke z den Wert $1/K$ annimmt, die Intensität des durchgehenden Lichtes nur noch 1/e oder 37% der einfallenden Intensität I_0 besitzt. Diese Schichtdicke nennt man mittlere Reichweite des Lichtes W. Aus Gleichung (2.30) ergibt sich

$$W = \frac{1}{K} = \frac{\lambda}{4\pi k}. \qquad (2.31)$$

Wir wollen im folgenden *stark absorbierende Stoffe* diejenigen Materialien nennen, deren mittlere Reichweite W kleiner als die Wellenlänge des verwandten Lichtes, d. h. bei denen $W/\lambda < 1$ ist. Tabelle 2.1 gibt einige Werte für W und W/λ bei Raumtemperatur für Natriumlicht ($\lambda = 5893$ Å $\equiv 5{,}89 \cdot 10^{-5}$ cm).

Tabelle 2.1

Stoff	Wasser	Flintglas	Graphit	Gold
W [cm]	32	29	$6 \cdot 10^{-6}$	$1{,}5 \cdot 10^{-6}$
W/λ	$5{,}5 \cdot 10^5$	$5 \cdot 10^5$	0,1	0,02
k	$1{,}4 \cdot 10^{-7}$	$1{,}5 \cdot 10^{-7}$	0,8	3,2

Neben der mittleren Reichweite ist noch ein weiterer Ausdruck für die Eindringtiefe des Lichtes in Metall gebräuchlich. Mit „Tiefe der Skinschicht" δ bezeichnet man diejenige Weglänge, auf der die *elektrische Feldstärke* auf 1/e abfällt. Aus Gleichung (2.25) ergibt sich dafür

$$\delta = \frac{c}{\omega k} = \frac{\lambda}{2\pi k} \tag{2.32}$$

Die Größen W und δ unterscheiden sich also um einen Faktor 2.

2.4 Reflexionsvermögen r und Absorptionsvermögen a

2.4.1

Metalle zeichnen sich durch ein großes Reflexionsvermögen aus. Dies ist darauf zurückzuführen, daß das Licht in ein Metall, wie wir in Abschnitt 2.2 gesehen haben, nur eine relativ kurze Strecke eindringen kann. Es wird daher nur ein sehr kleiner Teil der einfallenden Strahlungsleistung in Wärme umgewandelt. Der größte Teil der Strahlungsleistung wird reflektiert.

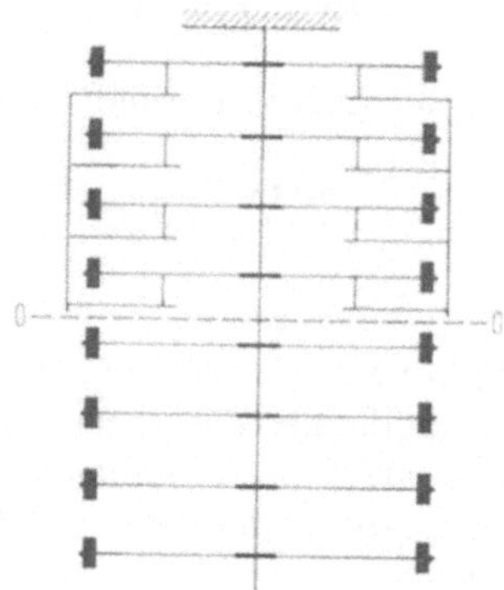

Abb. 2.3. Torsions-Wellenmaschine mit Reibungsdämpfung (nach R. W. POHL[1]).

Um die physikalischen Vorgänge bei der Reflexion und Absorption deutlicher zu veranschaulichen, wollen wir einen Gedankenversuch mit einer Torsions-Wellenmaschine machen. Dieses Instrument besteht aus einer Reihe von Hanteln, die an einem senkrecht aufgehängten Draht angebracht sind (siehe Abb. 2.3). Die Hanteln oberhalb einer Grenze 00 haben eine Dämpfungsvorrichtung, z. B. Pinsel, die über die aufgerauhte Oberfläche der Hanteln streichen. Lenkt man die unterste Hantel um einen Winkel kurzzeitig aus, so pflanzt sich die Auslenkung mit gleicher Amplitude nach oben bis zur ersten gedämpften Hantel fort. Diese vermag von der darunterliegenden, ungedämpften Hantel nur einen Bruch-

[1] POHL, R. W.: Einführung in die Optik, Berlin: Springer 1940.

teil der Schwingungsenergie zu übernehmen. Der größte Teil wird reflektiert. Die zweite gedämpfte Hantel nimmt in der Folge von der ersten nur einen kleinen Teil der Energie auf usw. So klingt im gedämpften Teil der Wellenmaschine die Wellenbewegung auf einer sehr kurzen Wegstrecke ab.

Wir sehen also: Stoffe, die eine Wellenbewegung stark dämpfen, d. h. Festkörper mit großer Absorptionskonstante k (Metalle) absorbieren nur wenig der einfallenden Strahlungsleistung und diese auf einer kurzen Wegstrecke. Der überwiegende Teil der Strahlungsleistung wird reflektiert. Unbeschadet der Tatsache, daß Metalle nur wenig Strahlungsleistung absorbieren, werden sie im Sprachgebrauch „stark absorbierende Stoffe" genannt.

Der Quotient aus reflektierter Intensität I_r und einfallender Intensität I_0 des Lichtes wird mit Reflexionsvermögen r bezeichnet.

$$r = \frac{I_r}{I_0} \tag{2.33}$$

Experimente ergeben, daß bei Isolatoren r nur vom Brechungsindex abhängt. Bei senkrechtem Lichteinfall gilt für diese

$$r = \frac{(n-1)^2}{(n+1)^2}\,. \tag{2.34}$$

(Gleichung (2.34) erhält man aus den Fresnelschen Gleichungen (7.7) oder (7.8) in Verbindung mit (2.29) und $\alpha = \beta = 0$.)

Bei Metallen wird, wie wir gesehen haben, n komplex. Da das Reflexionsvermögen aber definitionsgemäß reell sein muß, ergibt sich für den Betrag von r (siehe Anhang, Abschnitt A 2.3):

$$r = \left| \frac{\hat{n}-1}{\hat{n}+1} \right|^2 \tag{2.35}$$

oder

$$r = \frac{(n-ik-1)}{(n-ik+1)} \cdot \frac{(n+ik-1)}{(n+ik+1)} = \frac{(n-1)^2+k^2}{(n+1)^2+k^2} \tag{2.36}$$

(Beersche Formel). Das Reflexionsvermögen ist eine dimensionslose Stoffkonstante und wird in Prozenten angegeben. r ist, wie der Brechungsindex, von der Wellenlänge des verwandten Lichtes abhängig.

2.4.2

Die reflektierte und die ausgelöschte (absorbierte) Strahlungsleistung muß gleich der eingestrahlten Strahlungsleistung sein. Wir können daher schreiben

$$r = 1 - a, \tag{2.37}$$

wobei a das Absorptionsvermögen ist. Es wird wie r in Prozenten der einfallenden Strahlungsleistung ausgedrückt. Wir werden diese Bezeichnung, die leicht zu Mißverständnissen führt, nach Möglichkeit vermeiden.

3 Kontinuumstheorie der optischen Konstanten

3.1 Allgemeine Bemerkungen

Die Kontinuumstheorie geht von makroskopischen Größen aus und bringt gemessene Daten miteinander in Zusammenhang. Bei der Aufstellung der Gleichungen werden keine Annahmen über den Aufbau der Materie gemacht. Die Folgerungen, die aus diesen Erfahrungsgesetzen gezogen werden, müssen also, solange bei der Rechnung keine Vereinfachungen oder Annahmen gemacht werden, strenge Gültigkeit besitzen.

Das Snelliussche Brechungsgesetz oder die Maxwellschen Gleichungen sind solche ursprünglich aus der Erfahrung abgeleiteten Gesetze. Wir definierten also im vorhergehenden Kapitel die optischen Konstanten ganz im Sinne der Kontinuumstheorie. Wie bereits erwähnt, sind daher die Gleichungen (2.18) und (2.19)

$$\varepsilon = n^2 - k^2$$

und

$$\sigma = n k \nu$$

und deren Folgerungen streng gültig, solange wir die miteinander in Zusammenhang gebrachten Größen bei der gleichen Frequenz messen.

Wie wir in den nächsten Abschnitten sehen werden, vermag die Kontinuumstheorie der optischen Konstanten jedoch nur sehr wenige Aussagen über das optische Verhalten der Metalle zu machen. Hinzu kommt, daß die strenge Gültigkeit der erhaltenen Resultate wegen der notwendigerweise gemachten Annahmen auf das ultrarote Spektralgebiet beschränkt ist. Der besondere Wert der Kontinuumstheorie der optischen Konstanten liegt aber darin, daß es möglich ist, mit ihrer Hilfe einige wichtige qualitative Aussagen über Reflexion und Absorption zu machen, die wegen der besonderen Natur der Kontinuumstheorie frei von irgendwelchen Vorstellungen über den Aufbau der Materie sind.

3.2 Hagen-Rubens-Beziehung

Wir wollen nun das Reflexionsvermögen aus elektrischen Stoffkonstanten berechnen. Bei kleinen Frequenzen ($\nu < 10^{13}$ sec^{-1}) wird bei Metallen (Gleichstromleitfähigkeit ungefähr 10^{17} sec^{-1}, siehe Tabelle 4.3) das Verhältnis σ/ν sehr groß, so daß $\varepsilon \ll \sigma/\nu$ wird ($\varepsilon \approx 10$). Dann erhält man aus den Gleichungen (2.23) und (2.24)

$$n^2 \approx \frac{\sigma}{\nu} \approx k^2. \tag{3.1}$$

Das Reflexionsvermögen (2.36)

$$r = \frac{n^2 - 2n + 1 + k^2}{n^2 + 2n + 1 + k^2} \tag{3.2}$$

schreiben wir mit $n^2 = k^2$ (3.1) in folgender Form:

$$r = \frac{n^2 + 2n + 1 + k^2 - 4n}{n^2 + 2n + 1 + k^2} = 1 - \frac{4n}{2n^2 + 2n + 1} \tag{3.3}$$

und vernachlässigen im Nenner $2n + 1$ als klein gegenüber $2n^2$. Dann erhält man mit (3.1)

$$r = 1 - \frac{2}{n} = 1 - 2\sqrt{\frac{\nu}{\sigma}}. \tag{3.4}$$

Setzt man schließlich $\sigma = \sigma_0$ (was nur bei sehr kleinen Frequenzen mit hinreichender Genauigkeit erlaubt ist, siehe Abschnitt 4.4.1), so erhält man die Hagen-Rubens-Beziehung,

$$\boxed{r = 1 - 2\sqrt{\frac{\nu}{\sigma_0}},} \tag{3.5}$$

die besagt, daß bei kleinen Frequenzen Metalle mit einem hohen elektrischen Leitvermögen auch gute Reflektoren sind[1]. Diese Gleichung wurde von Hagen und Rubens[2] empirisch aus Reflexionsmessungen im ultraroten Spektralgebiet gefunden und von Drude theoretisch abgeleitet. Ihre Gültigkeit ist wegen den bei hohen Frequenzen unzulässigen Annahmen $\sigma = \sigma_0$ und $\varepsilon \ll \sigma/\nu$ auf Frequenzen $< 10^{13}\ \mathrm{sec}^{-1}$ beschränkt.

3.3 Absorption

Der imaginäre Teil der dielektrischen Konstanten (Gleichung (2.20)) wird häufig mit „Absorptionsprodukt" bezeichnet. Aus Gleichung (2.19) folgt für diese Größe:

$$\varepsilon_2 = 2nk = 2\sigma \cdot \frac{1}{\nu}, \tag{3.6}$$

---

[1] Ganz ähnlich sind elektrische und thermische Leitfähigkeit einander proportional (Wiedemann-Franz-Gesetz).

[2] Hagen, E., Rubens, H.: Ann. Phys. **11**, 873 (1903).

d. h. es besteht ein hyperbolischer Zusammenhang zwischen ε_2 und Frequenz ν, wobei 2σ als konstanter Faktor angesehen wird (Abb. 3.1). Da die Leitfähigkeit aber bei großem ν frequenzabhängig wird, tritt dort eine geringfügige Abweichung vom hyperbolischen ε_2-ν-Verlauf auf. Wir werden in Abschnitt 4.4.3 sehen, daß die atomistische Theorie der optischen Konstanten einen ähnlichen Verlauf liefert.

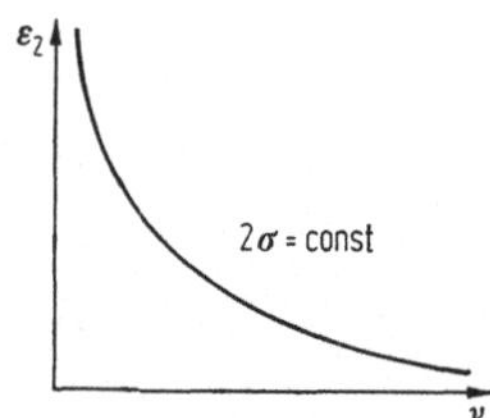

Abb. 3.1. Absorptionsprodukt ε_2 in Abhängigkeit von der Frequenz ν nach der Kontinuumstheorie.

Aus Gleichung (3.4) folgt mit Gleichung (2.19) und (2.22) eine Beziehung zwischen dem Reflexionsvermögen und dem Absorptionsprodukt:

$$r = 1 - 2\sqrt{\frac{2}{\varepsilon_2}}. \tag{3.7}$$

Im Gültigkeitsbereich der Hagen-Rubens-Beziehung wird also bei großer Absorption das Reflexionsvermögen ebenfalls groß. Dieses Resultat erklärt die Tatsache, daß stark absorbierende Stoffe, wie Metalle, (siehe Tabelle 2.1) auch gute Reflektoren sind.

4 Atomistische Behandlung der optischen Konstanten

4.1 Überblick

In Kapitel 3 wurde die Frequenzabhängigkeit des Reflexionsvermögens behandelt. Die von HAGEN und RUBENS aufgestellte Beziehung (3.5) konnte, wie in Abschnitt 3.2 gezeigt wurde, unter Anwendung der Kontinuumstheorie abgeleitet werden. Daher ist die Gültigkeit dieser Beziehung auf Wellenlängen beschränkt, bei denen die atomistische Struktur der Metalle vernachlässigt werden kann. Im fernen Ultrarot ist diese Bedingung erfüllt. Die Erfahrung lehrt jedoch, daß bei größeren Frequenzen, d. h. im nahen ultraroten und sichtbaren Spektralbereich, das Reflexionsvermögen stärker abnimmt, als man nach der Hagen-Rubens-Beziehung erwartet (Abb. 4.1). Diese Dispersion von r konnte von DRUDE befriedigend erklärt werden, indem er annahm, daß die Elektronen eines Metalles frei beweglich sind (Elektronengas) und im elektrischen Feld beschleunigt werden. Das Modell wird verfeinert, indem man berücksichtigt, daß die durch das Metall strömenden Elektronen mit Metallatomen eines nicht ideal gebauten Gitters zusammenstoßen. Man definiert den Weg, den ein Elektron im Mittel zwischen zwei Zusammenstößen mit den Atomen zurücklegt, als mittlere freie Weglänge l.

Die freien Elektronen führen im elektrischen Wechselfeld des Lichtes periodische Bewegungen aus, die durch die genannten Wechselwirkungen der Elektronen mit den Atomen eines nicht idealen Gitters gehemmt werden. Man führt zur Berücksichtigung dieser Wechselwirkungen eine „Reibungskraft" ein. Die Berechnung der Frequenzabhängigkeit der optischen Konstanten läßt sich mit Hilfe von Schwingungsgleichungen durchführen, wobei man die genannten Wechselwirkungen von Elektron und Atom durch ein der Geschwindigkeit proportionales Dämpfungsglied berücksichtigt. In Abschnitt 4.3 wird anhand der Rechnung gezeigt, daß die Theorie der freien Leitungselektronen in der Tat die Dispersion der optischen Konstanten bis zu einem gewissen Grad gut beschreiben kann. Dies ist in Abb. 4.1 dargestellt, in der schematisch der Verlauf des Reflexionsvermögens eines Metalls gezeigt ist. Die Hagen-Rubens-Beziehung vermag die experimentell gefundenen Werte nur bis zu einer Frequenz von etwa 10^{13} $\sec^{-1}$ wiederzugeben. In manchen Fällen ist der Gültigkeitsbereich sogar noch weiter ins ultrarote Gebiet verschoben. Die Drudesche Theorie hingegen reproduziert den Abfall von r bis ins sichtbare Frequenzgebiet. Geht man zu noch größeren Frequenzen, so wird das Reflexionsvermögen allmählich wieder größer und fällt dann erneut ab, ein Ergebnis, das mit der Drudeschen Theorie nicht erklärt werden kann.

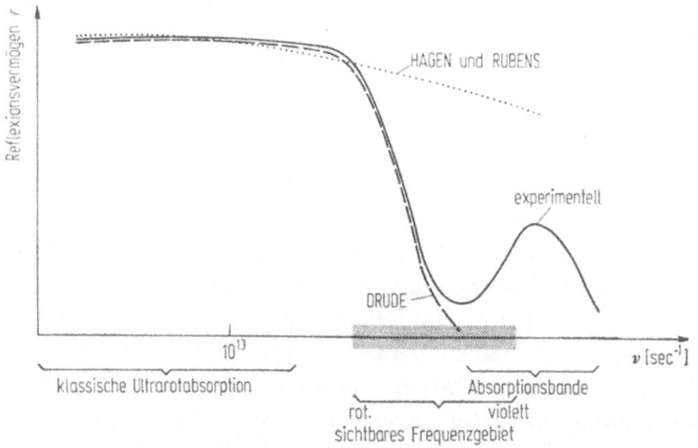

Abb. 4.1. Abhängigkeit des Reflexionsvermögens von Metallen von der Frequenz, experimentell und nach zwei Modellen (schematisch).

Zur Interpretation dieser in Metallen sich an die „klassische Ultrarotabsorption" anschließenden „Absorptionsbanden" ist es nötig, Elemente der Quantentheorie anzuwenden.

Auch in Isolatoren treten Absorptionsbanden auf. Diese lassen sich jedoch ohne Anwendung der Quantentheorie rein klassisch mit der Annahme berechnen, daß durch ein äußeres elektrisches Feld die Ladungen in den Atomen, bestehend aus positiv geladenem Atomrumpf (Kern) und negativer Ladung der Elektronenhülle, verschoben werden, so daß aus jedem Atom ein elektrischer Dipol wird. Es treten rücktreibende Kräfte auf, die versuchen, diese Ladungsverschiebung rückgängig zu machen. Im kräftefreien Fall wird angenommen, daß die elektrischen Schwerpunkte zusammenfallen. Ändert man nun periodisch die Feldstärke durch Einstrahlung von Licht, so werden die Ladungen der Dipole zu erzwungenen Schwingungen angeregt. Ein Dipol verhält sich also ähnlich einer Kugel, die an einer Feder aufgehängt ist. Es lassen sich folglich die Schwingungsgleichungen eines „Feder-Masse-Systems" (harmonischen Oszillators) anwenden. Aus der Lösung der Gleichung einer erzwungenen Schwingung mit rücktreibender Kraft (Gleichung (A 1.15)) ergibt sich, daß im Resonanzfall (Lichtfrequenz $\nu =$ Eigenfrequenz ν_0 des Oszillators) die Amplitude der erzwungenen Schwingung einen Höchstwert einnimmt. Dies bedeutet, daß ein Oszillator bei seiner Eigenfrequenz einen Höchstbetrag an Energie absorbiert. Diese Energie wird in diffuse Streustrahlung oder eine andere Energieform, wie z. B. Wärme, umgewandelt. Abb. 4.2 zeigt die Amplitude eines harmonischen Oszillators, der zu erzwungenen Schwingungen angeregt wurde, bei schwacher Dämpfung in Abhängigkeit der Frequenz. Diese Kurve hat ungefähr die Form einer Absorptionsbande, wie in Abb. 4.1 gezeigt.

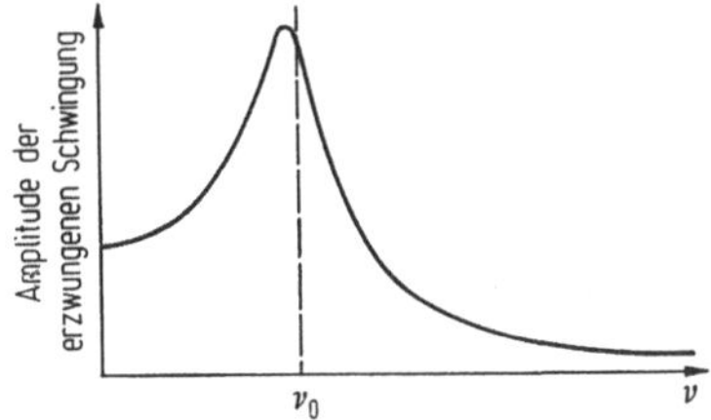

Abb. 4.2. Amplitude eines harmonischen Oszillators, der zu erzwungenen Schwingungen angeregt wurde, bei schwacher Dämpfung in Abhängigkeit von der Frequenz ν.

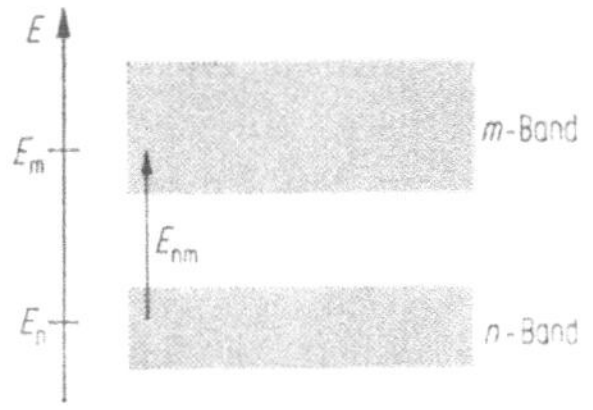

Abb. 4.3. Energiebandschema der Elektronen im Metall (vereinfacht).

Die Annahme von an ihren Atomrumpf gebundenen Elektronen, die unter dem Einfluß von Licht zu erzwungenen Schwingungen angeregt werden, führt bei Isolatoren zu einer befriedigenden Übereinstimmung von Theorie und Experiment. Wie schon erwähnt, können die Absorptionsbanden in Metallen nur durch Anwendung der Quantentheorie befriedigend erklärt und berechnet werden. Man geht dabei, wie in Kapitel 5 noch näher beschrieben wird, von der Elektronenbandtheorie aus, die postuliert, daß sich die Elektronen eines Metalles nur in bestimmten Energiebereichen oder Energiebändern aufhalten können und daß die Elektronen nicht jede beliebige Energie (oder Lichtfrequenz) absorbieren können, sondern nur ganz gewisse, durch Bandbreite, Bänder-Abstand und Auswahlregeln bedingte Energiebeträge (Abb. 4.3). Die Energie E_{nm}, die ein Elektron z. B. des n-ten Bandes aufnimmt, um ins m-te Band angehoben zu werden, wobei gewisse Auswahlregeln beachtet werden müssen, ergibt sich aus der Energiedifferenz $E_m - E_n$. Die Frequenz ν_{nm}, die diesem Übergang entspricht, berechnet sich mit $E = \nu h$ zu

$$\nu_{nm} = \frac{E_m - E_n}{h}.$$

Die Theorie lehrt, daß eine Vielzahl (i) von Übergangsfrequenzen (ν_{nmi}) möglich ist.

Die Elektronen im Festkörper verhalten sich unter der Einwirkung von Licht wie eine Reihe klassischer, harmonischer Oszillatoren der Frequenzen ν_{nmi} und eine Anzahl klassischer, freier Elektronen.

In den folgenden Abschnitten sollen nun die optischen Konstanten mit Hilfe der vorstehend beschriebenen Theorien berechnet werden.

4.2 Freie Elektronen ohne Dämpfung

Wir betrachten zunächst den einfachsten Fall und nehmen an, daß die freien Elektronen in einem von außen angelegten Wechselfeld, d. h. unter Einwirkung von Licht, zu erzwungenen Schwingungen angeregt werden und daß diesen Schwingungen keine Dämpfungskraft entgegenwirkt. Wie in Abschnitt 4.1 bereits erwähnt wurde, geschieht die Dämpfung der Elektronenbewegung durch Zusammenstöße der Elektronen mit den Atomen eines nicht idealen Gitters. Wir vernachlässigen also in diesem Abschnitt den Einfluß der Gitterstörungen und der Wärmeschwingungen der Gitteratome. Im vorliegenden Fall, bei dem die freien Elektronen nicht in Wechselwirkung mit Gitteratomen treten, kann die mittlere freie Weglänge der Elektronen als unendlich angesehen werden. Unter dieser Voraussetzung sollen nun die optischen Konstanten berechnet werden. Wir bestimmen zunächst die Dielektrizitätskonstante ε, die, wie in Abschnitt 2.2 gezeigt wurde, gleich dem Quadrat des Brechungsindex ist. Wir führen die Rechnung hier, wie in späteren Fällen, der Einfachheit halber nur im Eindimensionalen durch, da das dadurch erhaltene Ergebnis vom allgemeinen Fall nicht abweicht. Wir betrachten also die Wirkung von linear polarisiertem Licht auf die Elektronen. Der Augenblickswert der Feldstärke E der linear polarisierten Welle ist durch die Beziehung

$$E = E_0 \exp(i\omega t) \tag{4.1}$$

gegeben, wobei $\omega = 2\pi\nu$ die Kreisfrequenz und E_0 der Höchstwert der Feldstärke ist. Die Bewegungsgleichung eines Elektrons, das unter Einwirkung dieses Lichts zu erzwungenen harmonischen Schwingungen angeregt wird, ist (siehe Anhang, Gleichung (A 1.14))

$$m \frac{\mathrm{d}^2 x}{\mathrm{d}t^2} = \mathrm{e} \cdot E, \tag{4.2}$$

wobei $e \cdot E$ (e = Elektronenladung) die anregende Kraft und m die Elektronenmasse ist. Die stationäre Lösung dieser Schwingungsgleichung erhält man mittels des Ansatzes $x = x_0 \exp(i\omega t)$ durch zweimaliges Differenzieren dieses Ansatzes zu

$$x = -\frac{\mathrm{e}E}{m 4\pi^2 \nu^2}. \tag{4.3}$$

(Siehe auch Anhang Abschnitt A 1.3.) Die schwingenden Elektronen sind Träger eines elektrischen Dipolmoments, das sich aus dem Produkt aus Elektronenladung und Verschiebung x berechnet. Die Polarisation P ergibt sich aus den Dipolmomenten aller N_f freien Elektronen in der Volumeneinheit

$$P = \mathrm{e} \cdot x \cdot N_f . \tag{4.4}$$

Aus der Elektrodynamik ist bekannt, daß sich die Dielektrizitätskonstante aus Polarisation und elektrischer Feldstärke wie folgt berechnen läßt:

$$\varepsilon = 1 + 4\pi \frac{P}{E} . \tag{4.5}$$

Mit Gleichung (4.3) und (4.4) wird aus Gleichung (4.5)

$$\varepsilon = 1 - \frac{\mathrm{e}^2 N_f}{m \pi \nu^2} . \tag{4.6}$$

Die Dielektrizitätskonstante setzen wir nach Gleichung (2.20) gleich dem Quadrat des Brechungsindex n (Maxwell-Beziehung). (Da im vorliegenden Fall voraussetzungsgemäß keine Dämpfung und damit auch keine Absorption stattfindet, ist $k = 0$.) Gleichung (4.6) wird dann

$$n^2 = 1 - \frac{\mathrm{e}^2 N_f}{\pi m \nu^2} . \tag{4.7}$$

Bei Veränderung der Frequenz ν kann n^2 zwei Extremfälle annehmen:

a) Bei kleiner Frequenz wird der Ausdruck $\mathrm{e}^2 N_f/\pi m \nu^2$ größer als eins. Dann ist n^2 negativ und n imaginär. Es wurde in Kapitel 2 gezeigt, daß, wenn n komplex ist, das Licht nur einige Wellenlängen tief in einen Stoff eindringen kann, also Reflexion des Lichtes eintritt. Bei der hier gestellten Bedingung findet daher (Total-)Reflexion des Lichts statt; das Metall ist undurchsichtig.

b) Ist die Frequenz groß (ultraviolettes Licht), dann wird der Ausdruck $\mathrm{e}^2 N_f/\pi m \nu^2$ kleiner als eins. Daraus folgt: n^2 positiv und n reell, aber kleiner als 1, d. h. kleiner als Luft. Das Metall ist bei kleinen Einfallswinkeln für die entsprechende Wellenlänge durchsichtig und verhält sich optisch wie ein Isolator. (Bei größeren Einfallswinkeln tritt auch hier Totalreflexion ein, da das Licht ja vom optisch dichteren Medium (Luft) ins optisch dünnere Medium (Metall mit $n < 1$) übergeht. In diesem Fall wird der gebrochene Strahl vom Einfallslot weggebrochen. Der Winkel zwischen gebrochenem Strahl und Einfallslot kann nicht größer als 90° oder sein Sinus nicht größer als 1 werden.)

Man definiert nun eine charakteristische Frequenz ν_1, die häufig mit Plasma-Frequenz bezeichnet wird. Setzt man $\mathrm{e}^2 N_f/\pi m \nu_1{}^2$ gleich eins, so erhält man für die Plasma-Frequenz den folgenden Ausdruck:

$$\nu_1^2 = \frac{e^2 N_f}{\pi m}. \tag{4.8}$$

Die Frequenz ν_1 grenzt den Durchlässigkeitsbereich von dem Bereich der metallischen Reflexion ab (siehe Abb. 4.4).

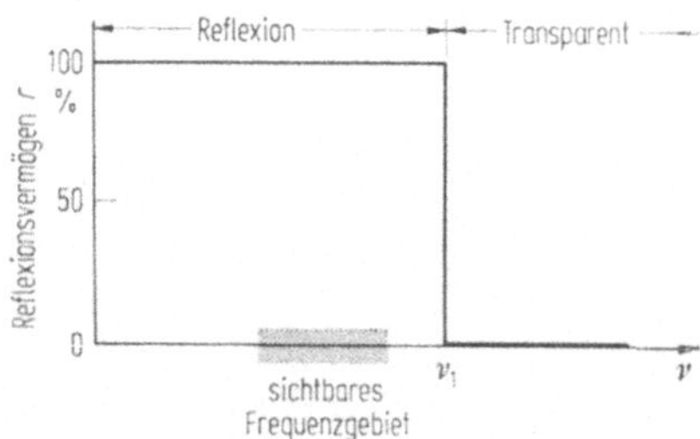

Abb. 4.4. Schematischer Verlauf des Reflexionsvermögens eines Alkalimetalles nach der Theorie der freien Elektronen ohne Dämpfung.
(Für $\nu > \nu_1$ ist n reell; zur Berechnung von r kann Gleichung (2.34) herangezogen werden. Für $\nu < \nu_1$ ist $\hat{n}$ imaginär, d. h. der Realteil von $\hat{n}$ verschwindet und r wird nach Gleichung (2.36) eins.)

Die Alkalimetalle verhalten sich im wesentlichen in der eben beschriebenen Weise, d. h. sie sind im nahen U.V. lichtdurchlässig und reflektieren das Licht im sichtbaren Spektralbereich. (Dieses Ergebnis deutet darauf hin, daß die s-Elektronen der äußersten Schale der Alkalimetalle als frei angesehen werden können.)

Aus Gleichung (4.6) folgt, daß bei der Plasmafrequenz wegen $e^2 N_f/\pi m \nu_1^2 = 1$ die Dielektrizitätskonstante verschwindet ($\varepsilon = 0$). Dies ist die Bedingung für das Auftreten einer „Plasma-Oszillation", auf die wir in Abschnitt 8.2 näher eingehen werden.

Tabelle 4.1 enthält die gemessenen und die nach (4.8) berechneten Grenzfrequenzen ν_1, wobei für die Berechnung von ν_1 ***ein*** freies Elektron pro Atom angenommen wurde. Es wurde also für N_f die jeweilige Zahl der Atome in der Volumeinheit (Atomdichte N_a)

$$N_a = \frac{L\varrho}{A} \tag{4.9}$$

eingesetzt. (L = Loschmidt-Zahl; ϱ = Spezifisches Gewicht; A = Atomgewicht.) Wir sehen, daß nur für Natrium die berechneten und beobachteten ν_1-Werte übereinstimmen. Dies kann dahingehend interpretiert werden, daß Natrium *ein* freies Elektron pro Atom besitzt.

Die „effektive“ Zahl der freien Elektronen pro Atom erhält man mit Gleichung (4.8) aus den beobachteten und berechneten ν_1-Werten zu

$$\frac{\nu_1^2\,(\text{beob.})}{\nu_1^2\,(\text{ber.})} = N_{\text{eff}}\,.$$

Tabelle 4.1

Metall	Li	Na	K	Rb	Cs
$\nu_1 \cdot 10^{-14}$ [sec^{-1}], beobachtet	14,6	14,3	9,52	8,33	6,81
$\nu_1 \cdot 10^{-14}$ [sec^{-1}], berechnet	19,4	14,3	10,34	9,37	8,33
λ_1 [Å] ($=c/\nu_1$), berechnet	1500	2100	2900	3200	3600
N_{eff} [freie Elektronen/Atom]	0,57	1,0	0,8	0,79	0,67

Auf weitere Methoden zur Bestimmung der Zahl der Leitungselektronen werden wir in Abschnitt 8.3 zurückkommen. Dort sind auch Elektronendichten für die Edelmetalle und Aluminium angegeben.

4.3 Freie Elektronen mit Dämpfung (Klassische Elektronentheorie der Metalle)

4.3.1 Berechnung der Drudeschen Formeln

Im vorhergehenden Abschnitt setzten wir voraus, daß das durch die Lichtwelle angeregte freie Elektron eine Vielzahl von Schwingungen ausführt, bis es schließlich mit einem Gitteratom zusammenstößt, d. h. wir

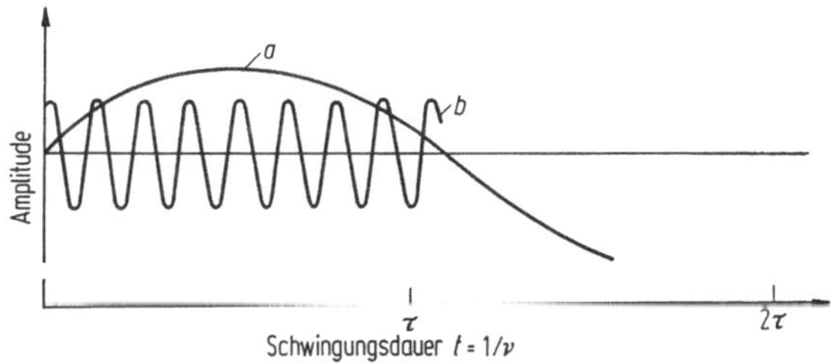

Abb. 4.5. Zwei Fälle der Schwingungsdauer von Elektronen: *a* Schwingungsdauer größer als Relaxationszeit τ; *b* Schwingungsdauer kleiner als Relaxationszeit τ.

nahmen an, daß die Schwingungsdauer $1/\nu$ der Lichtwelle und damit des Elektrons klein gegenüber der Zeit zwischen zwei Zusammenstößen (Relaxationszeit) ist (Abb. 4.5).

Wird die Schwingungsdauer (und damit die Wellenlänge) jedoch größer, d. h. die Frequenz kleiner, so tritt eine merkliche Dämpfung der

Elektronenbewegungen auf, d. h. die Geschwindigkeit der Elektronen wird durch Zusammenstöße mit Atomen eines nicht idealen Gitters merklich vermindert. Abweichungen vom idealen Gitterbau treten z. B. durch Zwischengitteratome, Leerstellen, Fremdatome, Versetzungen, Korngrenzen oder thermische Bewegung der Gitteratome (Phononen) auf.

Zur Berücksichtigung dieser Dämpfung führt man in die Schwingungsgleichung (4.2) ein der Geschwindigkeit proportionales Dämpfungsglied $\gamma \frac{\mathrm{d}x}{\mathrm{d}t}$ ein (siehe Anhang, Abschnitt A 1.2 und A 1.3).

$$m \frac{\mathrm{d}^2x}{\mathrm{d}t^2} + \gamma \frac{\mathrm{d}x}{\mathrm{d}t} = \mathrm{e}E. \tag{4.10}$$

Wir bestimmen zunächst den Dämpfungsfaktor γ. Hierzu suchen wir eine partikuläre Lösung von Gleichung (4.10) auf, die man z. B. durch die Annahme erhält, daß die Elektronen sich gleichförmig mit einer mittleren oder Driftgeschwindigkeit $\bar{v} = \text{const}$ durch den Kristall bewegen. (Die Driftgeschwindigkeit der Elektronen, welche die Folge eines von außen an das Metall angelegten elektrischen Feldes ist, überlagert sich der statistischen Bewegung der Elektronen, die von den Wärmeschwingungen der Atome herrührt.) Die Dämpfung wird als eine der Elektronenbewegung entgegenwirkende Reibungskraft betrachtet. Mit $\bar{v} = \text{const}$ wird

$$\frac{\mathrm{d}^2x}{\mathrm{d}t^2} = 0.$$

Aus Gleichung (4.10) erhält man dann

$$\frac{\mathrm{e} \cdot E}{\gamma} = \frac{\mathrm{d}x}{\mathrm{d}t} = \bar{v}. \tag{4.11}$$

Die Driftgeschwindigkeit $\bar{v}$ errechnet sich zu

$$\bar{v} = \frac{J}{\mathrm{e}N_f} \tag{4.12}$$

(siehe Lehrbücher der Physik), wobei J die Stromdichte, d. h. diejenige Elektrizitätsmenge ist, die pro Sekunde durch einen ebenen Querschnitt der Fläche 1 cm^2 senkrecht hindurchtritt. N_f ist die Zahl der freien Elektronen im Kubikzentimeter und e deren Ladung. J ist mit der Gleichstromleitfähigkeit σ_0 und der Feldstärke E durch das Ohmsche Gesetz verknüpft:

$$J = \sigma_0 E. \tag{4.13}$$

Mit (4.12) und (4.13) läßt sich γ aus (4.11) bestimmen:

$$\gamma = \frac{N_f \mathrm{e}^2}{\sigma_0}. \tag{4.14}$$

Damit wird die Bewegungsgleichung (4.10)

$$m\,\frac{\mathrm{d}^2x}{\mathrm{d}t^2}+\frac{N_f\mathrm{e}^2}{\sigma_0}\,\frac{\mathrm{d}x}{\mathrm{d}t}=\mathrm{e}E. \tag{4.15}$$

Bevor wir Gleichung (4.15) lösen, wollen wir darauf hinweisen, daß sich die Dämpfung der Elektronenbewegung aus Gleichung (4.15) umgekehrt proportional zur Leitfähigkeit und damit proportional zum elektrischen Widerstand des Metalles ergibt. Dieses Resultat ist einleuchtend. Würden nämlich die Elektronen nicht mit Gitteratomen kollidieren, dann würde die Geschwindigkeit der Elektronen im elektrischen Feld schließlich unendlich werden, was einen Widerstand Null zur Folge hätte. Die Tatsache, daß die Metalle einen endlichen Widerstand haben, rechtfertigt also die oben gemachte Annahme, daß die Elektronen mit Gitteratomen zusammenstoßen (oder anders ausgedrückt: daß die Elektronenwellen an Gitteratomen gestreut werden).

Die stationäre Lösung von (4.15) erhält man wie in Abschnitt 4.2 mittels des Lösungsansatzes $x = x_0\exp(i\,\omega t)$ durch zweimaliges Differenzieren dieses Ansatzes nach der Zeit zu

$$-m\omega^2x+\frac{N_f\mathrm{e}^2}{\sigma_0}\,x\,\omega\,i=E\,\mathrm{e}. \tag{4.16}$$

Damit wird die Verschiebung

$$x=\frac{E}{\dfrac{N_f\mathrm{e}\omega\,i}{\sigma_0}-\dfrac{m\omega^2}{\mathrm{e}}}. \tag{4.17}$$

Gleichung (4.17) setzen wir in Gleichung (4.4) ein und erhalten für die Polarisation P

$$P=\frac{\mathrm{e}\cdot N_fE}{\dfrac{N_f\mathrm{e}\omega}{\sigma_0}\,i-\dfrac{m\omega^2}{\mathrm{e}}}. \tag{4.18}$$

Mit (4.18) wird die komplexe Dielektrizitätskonstante nach Gleichung (4.5)

$$\hat{\varepsilon}=1+4\pi\,\frac{P}{E}=1+\frac{1}{\dfrac{\nu}{2\sigma_0}\,i-\dfrac{m\pi}{N_f\mathrm{e}^2}\,\nu^2}. \tag{4.19}$$

Die Größe $N_f\mathrm{e}^2/m\pi$ setzen wir, wie in Gleichung (4.8), identisch mit ν_1^2, so daß wir (4.19) schreiben können

$$\hat{\varepsilon}=1+\frac{1}{\dfrac{\nu}{2\sigma_0}\,i-\dfrac{\nu^2}{\nu_1^2}}=1+\frac{\nu_1^2}{i\nu\,\dfrac{\nu_1^2}{2\sigma_0}-\nu^2} \tag{4.20}$$

Die Größe $\nu_1^2/2\sigma_0$ in (4.20) hat die Dimension einer Frequenz, so daß wir zur Abkürzung folgende Definition notieren können

$$\nu_2 = \frac{\nu_1^2}{2\sigma_0}. \tag{4.21}$$

In Tabelle 4.2 sind Werte für ν_2 zusammengestellt, die aus der Gleichstromleitfähigkeit σ_0 und aus den beobachteten ν_1-Werten der Tabellen 4.1 und 8.1 berechnet wurden. Mit Gleichung (4.21) wird die Dielektrizitätskonstante:

$$\hat{\varepsilon} = 1 + \frac{\nu_1^2}{i\nu\nu_2 - \nu^2}, \tag{4.22}$$

die wir mit Gleichung (2.20) gleich dem Quadrat des komplexen Brechungsindex' setzen:

$$(\hat{n})^2 = n^2 - 2nki - k^2 = 1 - \frac{\nu_1^2}{\nu^2 - \nu\nu_2 i}. \tag{4.23}$$

Multipliziert man Zähler und Nenner der rechten Seite von Gleichung (4.23) mit der konjugiert-komplexen Größe des Nenners $(\nu^2 + \nu\nu_2 i)$, so lassen sich Real- und Imaginärteil von (4.23) trennen und einzeln identisch setzen (siehe Anhang, Abschnitt A 2.3). Daraus ergeben sich die Drudeschen Formeln zur Berechnung der optischen Konstanten:

$$\boxed{\begin{aligned} n^2 - k^2 = \varepsilon_1 &= 1 - \frac{\nu_1^2}{\nu^2 + \nu_2^2}, \qquad (4.24) \\ 2nk = \varepsilon_2 &= \frac{2\sigma}{\nu} = \frac{\nu_2}{\nu}\frac{\nu_1^2}{\nu^2 + \nu_2^2} \qquad (4.25) \end{aligned}}$$

mit den charakteristischen Frequenzen

$$\nu_1 = \sqrt{\frac{e^2 N_f}{\pi m}} \tag{4.8}$$

und

$$\nu_2 = \frac{\nu_1^2}{2\sigma_0}. \tag{4.21}$$

Die Gleichungen (4.24) und (4.25) lauten, wenn man die Frequenzen ν durch die Wellenlängen λ ersetzt

$$\varepsilon_1 = n^2 - k^2 = 1 - \left(\frac{\lambda}{\lambda_1}\right)^2 \frac{1}{1 + \left(\frac{\lambda}{\lambda_2}\right)^2}, \tag{4.24a}$$

$$\varepsilon_2 = 2nk = \left(\frac{\lambda}{\lambda_1}\right)^2 \frac{\lambda}{\lambda_2} \frac{1}{1 + \left(\frac{\lambda}{\lambda_2}\right)^2} \tag{4.25a}$$

mit den charakteristischen Wellenlängen

$$\lambda_1 = \sqrt{\frac{\pi m c^2}{N_f e^2}} \quad \text{und} \quad \lambda_2 = \frac{2\sigma_0}{c}\,\lambda_1^2. \tag{4.26}$$

Tabelle 4.2

Metall	Li	Na	K	Rb	Cs	Cu	Ag	Au
$\varrho_0 \cdot 10^6\,[\Omega\,\text{cm}]$*	8,55	4,2	6,15	12,5	20	1,673	1,59	2,35
$\sigma_0 \cdot 10^{-17}/\,[\text{sec}^{-1}]$	1,05	2,14	1,46	0,72	0,45	5,37	5,66	3,83
$\nu_2 \cdot 10^{-12}\,[\text{sec}^{-1}]$	10,1	4,8	3,1	4,82	5,15	4,7	4,35	5,9
$\lambda_2\,[\mu\text{m}]$	29,5	62,4	96,7	62,2	58,2	63,8	68,9	50,8

* Handbook of Chemistry and Physics 1967.

Es sei darauf hingewiesen, daß die Leitfähigkeit σ_0 hier, wie aus Gleichung (4.21) besonders gut hervorgeht, die Dimension sec^{-1} hat, also im c.g.s.-Maßsystem gemessen wird. σ und ε_1 in (4.24) und (4.25) beziehen sich auf Werte, die bei der gleichen Frequenz wie n und k gemessen wurden. Sie sind also nicht identisch mit der Gleichstromleitfähigkeit σ_0 und Gleichstromdielektrizitätskonstante ε_0.

4.3.2 Effektive Gleichstromleitfähigkeit und effektive Masse

Bei den Ausrechnungen dieses Abschnittes wurde in Gleichung (4.13) die Gleichstromleitfähigkeit σ_0 eingeführt, die in den Gleichungen (4.24) und (4.25) implizit durch ν_2 enthalten ist. Es wurde stillschweigend angenommen, daß σ_0 bei allen Frequenzen der bei der Frequenz $\nu = 0$ gemessenen Leitfähigkeit entspricht. Bei höheren Frequenzen jedoch geben kleinere Werte für σ_0, die mit σ_0^* bezeichnet werden sollen, eine bessere Übereinstimmung mit dem Experiment wie schon Försterling und Fréedericksz aus Messungen von n und k im fernen ultraroten Spektralbereich (5 μm) und Berechnung von σ_0^* mittels $nk\nu = \sigma \approx \sigma_0^*$ (Gleichung (2.19)) gezeigt haben. $\sigma \approx \sigma_0^*$ darf in diesem Bereich mit guter Näherung als gültig angesehen werden, wie aus Abschnitt 4.4.1 hervorgeht. In Tabelle 4.3 sind Werte für σ_0^* einiger Edelmetalle aufgeführt. (Die σ_0^*-Werte von Försterling und Fréedericksz sind sicher nicht sehr genau, da n und k an galvanisch niedergeschlagenen oder zerstäubten Schichten gemessen wurden.)

Die Diskrepanz zwischen dem aus Widerstands- und aus optischen Messungen erhaltenen σ_0 kann man mit Hilfe des „anomalen Skineffekts" erklären (Abschnitt 6.3.2). Man sollte jedoch auch berücksichtigen, daß selbst im ultraroten Bereich der Einfluß von Absorptionsbanden nicht vollkommen verschwindet. Wir werden in Abschnitt 8.2.1 sehen, daß die bei höheren Frequenzen stattfindenden Interbandübergänge selbst in diesem Spektralgebiet eine Vergrößerung von ε_1 bewirken, wodurch σ_0 verkleinert wird. Schließlich müssen eventuelle Vielkörpereffekte berücksichtigt werden.

Tabelle 4.3

Metall	Cu	Ag	Au	Pt	Zitat
$\sigma_0 \cdot 10^{-17}$ [sec^{-1}]	5,37	5,66	3,83	0,85	Handbook of Chemistry and Physics 1967
	1,0	1,4	2,5	0,12	Försterling und Fréedericksz[1] (5 μm)
$\sigma_0^* \cdot 10^{-17}$ [sec^{-1}]	1,01	0,96	0,73	1,01	Hagen und Rubens[2] (25 μm)
	3,6	4,2	1,2	—	Otter[3] (sichtbares Frequenzgebiet)

[1] Försterling, K., Fréedericksz, V.: Ann. d. Phys. **40**, 201 (1913).
[2] Hagen, E., Rubens, H.: Ann. d. Phys. **4**, 873 (1903).
[3] Otter, M.: Z. Phys. **161**, 163 (1961).

Ähnlich ergibt sich eine bessere Übereinstimmung für ε_1 durch Einführung einer effektiven Masse m^* in Gleichung (4.8). Die effektive Masse der Leitungselektronen berücksichtigt die Tatsache, daß die Elektronen, die unter Einwirkung eines äußeren Feldes im periodischen Gitter beschleunigt wurden, nicht, wie in diesem Abschnitt angenommen, *vollkommen* frei beweglich sind. Damit berücksichtigt m^* die nichtklassischen, also quantenmechanischen Eigenschaften der Elektronenbewegung im Gitter. In Kapitel 5 wird auf diesen Umstand näher eingegangen.

Effektive Massen erhält man auch aus anderen, z. B. thermischen Experimenten. Zur Unterscheidung der aus optischen Experimenten gewonnenen effektiven Massen nennt man diese „optische effektive Masse" oder kurz „optische Masse" m_a^*. Einige Werte für m_a^*/m finden sich in Tabelle 8.1.

4.3.3 Relaxationszeit

Es soll nun noch die am Anfang dieses Abschnitts erwähnte Relaxationszeit τ, d. h. die Zeit zwischen zwei Zusammenstößen eines Elektrons mit Gitteratomen, berechnet werden. Während dieser Zeitspanne τ findet definitionsgemäß keine Kollision statt, so daß hier die Bewegungsgleichung eines Elektrons wie in Gleichung (4.2)

$$m\,\frac{\mathrm{d}^2x}{\mathrm{d}t^2} = \mathrm{e}E$$

oder

$$m\,\mathrm{d}v = \mathrm{e}E\,\mathrm{d}t \tag{4.27}$$

lautet. Wir nehmen an, daß während der Zeitspanne τ das Elektron von 0 auf die Geschwindigkeit v beschleunigt wird und dann die gesamte Bewegungsenergie beim Zusammenstoß mit einem Atom verliert. Integration der Gleichung

$$m\int\limits_0^v \mathrm{d}v = \mathrm{e}E\int\limits_0^\tau \mathrm{d}t$$

ergibt

$$\tau = \frac{mv}{\mathrm{e}E}. \tag{4.28}$$

Häufig ist nun nicht die Endgeschwindigkeit v des Elektrons von Interesse, sondern die mittlere oder Driftgeschwindigkeit $\bar{v}$. Sie ergibt sich bei konstanter Beschleunigung des Elektrons aus dem Mittelwert von Anfangs- und Endgeschwindigkeit, d. h. im vorliegenden Fall zu

$$\bar{v} = \frac{v}{2}.$$

Damit wird mit (4.12), (4.13), (4.14) und (4.21) aus (4.28)

$$\tau = \frac{2m\bar{v}}{\mathrm{e}E} = \frac{2m\sigma_0}{\mathrm{e}^2N_f} = \frac{2m}{\gamma} = \frac{1}{\pi\nu_2}. \tag{4.29}$$

Die Relaxationszeit ist also umgekehrt proportional zur Dämpfungskonstanten γ und Dämpfungsfrequenz ν_2. Den Faktor $\pi\nu_2 = 1/\tau$ kann man mit „Stoßfrequenz" (mittlere Zahl der Stöße pro Sekunde) bezeichnen.

In der Literatur findet man zuweilen die Relaxationszeit als die Hälfte der Zeit zwischen zwei Zusammenstößen definiert, d. h. $\tau' = \tau/2$. Die Beziehungen der Gleichung (4.29) müssen dann bei dieser Definition mit dem Faktor 1/2 multipliziert werden.

$$\tau' = \frac{m\bar{v}}{\mathrm{e}E} = \frac{m\sigma_0}{\mathrm{e}^2N_f} = \frac{m}{\gamma} = \frac{1}{2\pi\nu_2}. \tag{4.29a}$$

Leider ist in der Literatur nicht immer angegeben, wie die jeweilige Relaxationszeit definiert wurde.

Es sei noch angemerkt, daß die Relaxationszeit temperatur- und frequenzabhängig ist. Wir werden darauf in Kapitel 6 bei der Behandlung des anomalen Skineffekts zurückkommen.

4.4 Diskussion der Drudeschen Formeln für verschiedene Frequenzgebiete

4.4.1 Kleine Frequenzen

Es möge zunächst die Frequenz ν sehr kleine Werte annehmen, d. h. es soll $\nu^2 \ll \nu_2^2$ sein. Wir betrachten also das ferne ultrarote Spektralgebiet ($\nu_2 \approx 5 \cdot 10^{12}\,\mathrm{sec}^{-1}$, siehe Tabelle 4.2). Dann dürfen wir im Nenner der Gleichung (4.25)

$$n k \nu = \sigma = \frac{1}{2} \frac{\nu_1^2 \nu_2}{\nu_2^2 + \nu^2}$$

die Frequenz ν vernachlässigen und erhalten mit $\nu_2 = \nu_1^2/2\sigma_0$ (4.21)

$$n k \nu = \sigma = \sigma_0. \tag{4.30}$$

Im fernen Ultrarot darf also $n k \nu$ mit der Gleichstromleitfähigkeit σ_0 identisch gesetzt werden. Das Absorptionsprodukt $\varepsilon_2 = 2 n k$ über der Frequenz aufgetragen, ergibt für verschiedene Leitfähigkeiten eine Schar von Hyperbeln (Abb. 3.1).

4.4.2 Hohe Frequenzen

Nun gehen wir zum Fall hoher Frequenzen über. Ist $\nu^2 \gg \nu_2^2$, dann wird aus Gleichung (4.24)

$$n^2 - k^2 = 1 - \frac{\nu_1^2}{\nu^2} = 1 - \frac{N_f e^2}{\pi m \nu^2}. \tag{4.31}$$

Wir erhalten die Beziehung, die wir in Abschnitt 4.2 unter der Annahme erhielten, daß die Schwingungen der freien Elektronen keiner Dämpfung unterliegen. Zum gleichen Ergebnis kommt man auch mit der Voraussetzung, daß die Schwingungszeit $1/\nu$ der Elektronen sehr viel kleiner als die Relaxationszeit τ ist (Abb. 4.5). Mit anderen Worten: Es wird angenommen, daß die Elektronen eine große Zahl von Schwingungen durchführen, bevor sie mit einem Gitteratom zusammenstoßen. Aus der Bedingung $1/\pi\nu \ll \tau$ folgt nämlich unter Berücksichtigung von Gleichung (4.29) $\nu \gg \nu_2$.

Nimmt die Frequenz Werte zwischen ν_2 und ν_1 an, d. h. $\nu_2^2 \ll \nu^2 \ll \nu_1^2$, (nahes Ultrarot), so kann man in Gleichung (4.31) 1 gegenüber ν_1^2/ν^2 vernachlässigen und erhält

$$n^2 - k^2 = -\frac{\nu_1^2}{\nu^2}. \tag{4.32}$$

4.4.3 Absorption im UV, sichtbaren und nahen ultraroten Frequenzgebiet

Nun soll die Gleichung (4.25) für den ultravioletten, sichtbaren und nahen ultraroten Spektralbereich diskutiert werden. Im sichtbaren Gebiet bewegt sich ν zwischen $4 \cdot 10^{14}$ und $8 \cdot 10^{14}$ Schwingungen pro sec. Die Dämpfungsfrequenz ν_2 nimmt Werte der Größenordnung $5 \cdot 10^{12}\,\mathrm{sec}^{-1}$ an. (Tabelle 4.2), so daß im oben genannten Frequenzbereich $\nu^2 \gg \nu_2^2$ ist. Damit wird Gleichung (4.25)

$$2nk\nu = \varepsilon_2\nu = \frac{\nu_1^2\,\nu_2}{\nu^2}. \tag{4.33}$$

Aus Tabelle 4.1 geht hervor, daß die Plasmafrequenz ν_1 die Größenordnung $10^{15}\,\mathrm{sec}^{-1}$ hat, so daß $\nu \approx \nu_1$ gesetzt werden darf. Gleichung (4.33) wird dann

$$2nk\nu = \varepsilon_2\nu = \frac{\nu_1^2\,\nu_2}{\nu_1^2} = \nu_2 = \frac{\nu_1^2}{2\sigma_0} = \frac{N_f e^2}{2\pi m\sigma_0}. \tag{4.34}$$

Der Ausdruck $nk\nu$ ist wie in Gleichung (4.30) identisch einer Konstanten, so daß auch hier ε_2 über ν aufgetragen eine Schar von Hyperbeln gibt mit ν_2 als Parameter (Abb. 4.6). Es sei darauf hingewiesen, daß in

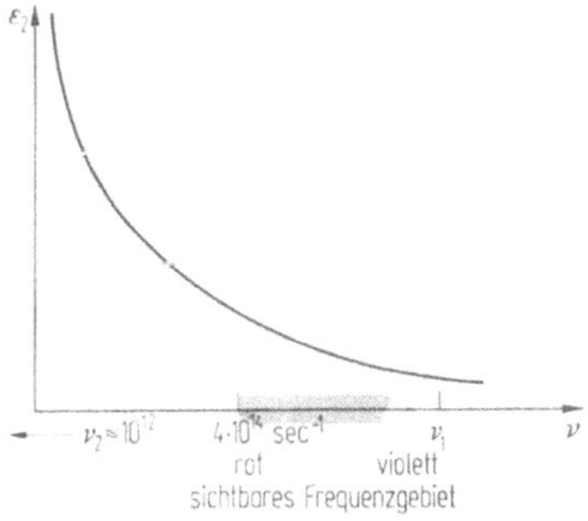

Abb. 4.6. Verlauf des Absorptionsproduktes $\varepsilon_2 = 2nk$ in Abhängigkeit von der Frequenz nach der Drudeschen Theorie.

Gleichung (4.30) (fernes Ultrarot) die Leitfähigkeit im Zähler steht, während bei Gleichung (4.34) (sichtbares, ultraviolettes und nahes ultrarotes Gebiet) die Leitfähigkeit im Nenner auftritt.

4.4.4 Polarisation

Wir ermitteln nun für die Gleichung (4.24)

$$n^2 - k^2 = \varepsilon_1 = 1 - \frac{\nu_1^2}{\nu_2^2 + \nu^2}$$

drei ausgezeichnete Werte:

1. $\nu = 0$; daraus folgt: $\varepsilon_1 = 1 - \frac{\nu_1^2}{\nu_2^2} \approx -10^6$;

2. $\nu \to \infty$; daraus folgt: $\varepsilon_1 \to 1$;

3. $\varepsilon_1 = 0$; daraus folgt: $\nu = \sqrt{\nu_1^2 - \nu_2^2} \approx \nu_1 \approx 10^{15}\,[\mathrm{sec}^{-1}]$.

Der Verlauf von ε_1 in Abhängigkeit von der Frequenz ist schematisch in Abb. 4.7 gezeigt.

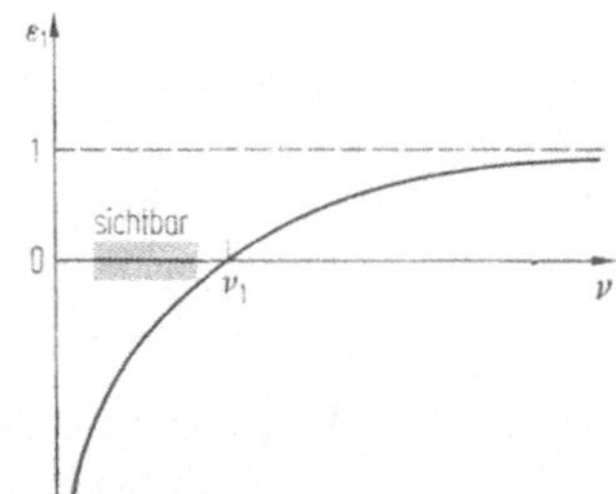

Abb. 4.7. Verlauf von $\varepsilon_1 = n^2 - k^2$ in Abhängigkeit von der Frequenz nach der Drudeschen Theorie (schematisch).

Eine ähnliche Diskussion der Gleichungen (4.24a) und (4.25a) führt zu den in Abb. 4.8 und 4.9 gezeigten schematischen Kurven, die unter der Voraussetzung gewonnen wurden, daß $\lambda_2 \gg \lambda$ und damit $\left(\frac{\lambda}{\lambda_2}\right)^2 \ll 1$ ist (vergleiche Tabelle 4.2). Dann wird

$$\varepsilon_2 = 2nk = \frac{1}{\lambda_1^2 \lambda_2} \lambda^3 \tag{4.35}$$

und

$$\varepsilon_1 = n^2 - k^2 = 1 - \left(\frac{\lambda}{\lambda_1}\right)^2. \tag{4.36}$$

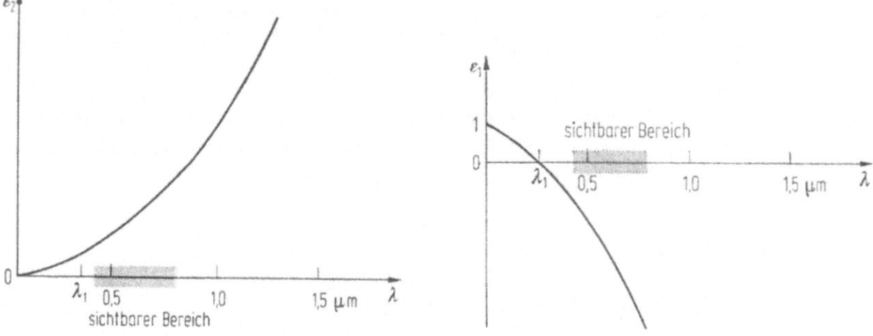

Abb. 4.8 und 4.9. Verlauf von $\varepsilon_2 = 2nk$ bzw. $\varepsilon_1 = n^2 - k^2$ in Abhängigkeit von der Wellenlänge nach der Drudeschen Theorie (schematisch für $\lambda_2 \gg \lambda$).

4.4.5 Argand Diagramm

Es wurde bereits mehrfach darauf hingewiesen, daß die Drudeschen Formeln (4.24) und (4.25) nur dann gültig sind, solange die Frequenz des verwandten Lichtes genügend weit vom Frequenzbereich einer Absorptionsbande entfernt ist. Daneben kann die Gültigkeit dieser Gleichungen auch im ultraroten Spektralbereich durch den anomalen Skineffekt eingeschränkt sein (Kapitel 6).

Um zu erfahren, ob die Drudeschen Formeln noch anwendbar sind, trägt man die in einem größeren Frequenzbereich mittels optischer Messungen erhaltenen Werte für $\varepsilon_2\nu$ über $(1 - \varepsilon_1)$ auf. Sind die klassischen Formeln noch anwendbar, so muß die erhaltene Funktion eine Gerade mit der Steigung ν_2 sein, wie man durch Kombination von Gleichung (4.24) mit (4.25) sieht:

$$1 - \varepsilon_1 = \frac{\nu_1^2}{\nu^2 + \nu_2^2},$$

$$2nk\nu = \varepsilon_2\nu = \frac{\nu_1^2\nu_2}{\nu^2 + \nu_2^2},$$

$$\varepsilon_2\nu = \nu_2(1 - \varepsilon_1). \tag{4.37}$$

In der Literatur findet man zum selben Zweck ε_2/λ über $-\varepsilon_1$ oder $-\varepsilon_2/\lambda\varepsilon_1$ über λ aufgetragen (Argand-Diagramm).

4.5 Berechnung des Reflexionsvermögens der Metalle aus den Drudeschen Formeln

4.5.1

Das Reflexionsvermögen der Metalle bei senkrechtem Einfall des Lichts berechnet sich nach Beer [Gleichung (2.36)] zu

$$r = \frac{(n-1)^2 + k^2}{(n+1)^2 + k^2}. \tag{4.38}$$

Die Elektronentheorie der Metalle liefert jedoch, wie in Abschnitt 4.3 gezeigt wurde, nicht n und k, sondern die Ausdrücke $n^2 - k^2 = \varepsilon_1$ und $2nk = \varepsilon_2$.

Um Gleichung (4.38) in ε_1 und ε_2 auszudrücken, müssen folgende Umformungen vorgenommen werden:

$$r = \frac{n^2 + k^2 + 1 - 2n}{n^2 + k^2 + 1 + 2n}, \tag{4.39}$$

$$1.\quad n^2+k^2=\sqrt{(n^2+k^2)^2}=\sqrt{n^4+2n^2k^2+k^4}$$
$$=\sqrt{n^4-2n^2k^2+k^4+4n^2k^2}=\sqrt{(n^2-k^2)^2+4n^2k^2}$$
$$=\sqrt{\varepsilon_1^2+\varepsilon_2^2}, \tag{4.40}$$

$$2.\quad 2n=\sqrt{4n^2}=\sqrt{2(n^2+k^2+n^2-k^2)}=\sqrt{2(\sqrt{\varepsilon_1^2+\varepsilon_2^2}+\varepsilon_1)}. \tag{4.41}$$

Mit Gleichung (4.40) und (4.41) berechnet sich das Reflexionsvermögen aus Gleichung (4.39) zu

$$r=\frac{\sqrt{\varepsilon_1^2+\varepsilon_2^2}+1-\sqrt{2(\sqrt{\varepsilon_1^2+\varepsilon_2^2}+\varepsilon_1)}}{\sqrt{\varepsilon_1^2+\varepsilon_2^2}+1+\sqrt{2(\sqrt{\varepsilon_1^2+\varepsilon_2^2}+\varepsilon_1)}}. \tag{4.42}$$

Die Berechnung von r aus Gleichung (4.42) in Verbindung mit den Gleichungen (4.24) und (4.25) ist sehr umständlich. Aus diesem Grund wurden einige Näherungen abgeleitet, die allerdings nur in einem begrenzten Frequenzbereich gültig sind und natürlich nur dann anwendbar sind, wenn die Drudeschen Formeln selbst gelten, d. h., solange keine Absorptionsbanden auftreten. Eine dieser Näherungen ist die Hagen-Rubens-Beziehung, die man aus (4.42) für kleine Frequenzen erhält. Weitere Näherungen sind in Tabelle 4.4 zusammengestellt.

Tabelle 4.4

Frequenzbereich	Reflexionsvermögen	Zitat
$\nu < 10^{13}\ \mathrm{sec}^{-1}$	$r=1-2\sqrt{\frac{\nu}{\sigma_0}}$	Hagen-Rubens
$\nu_2 < \nu \ll \nu_1$	$r=1-\frac{\nu_1^2}{\sigma_0\nu\sqrt{\frac{\nu_1^2}{\nu^2}-1}}$	Grass[1]
	$r=1-\frac{2\nu_2}{\nu_1}=1-\frac{\nu_1}{\sigma_0}$	Försterling
$\nu > \nu_1$	$r=\frac{\delta+1-2\sqrt{\delta}}{\delta+1+2\sqrt{\delta}}$, wobei $\delta=1-\frac{\nu_1^2}{\nu^2}$	Wood[2]
$\nu=\nu_1$	$r=\frac{\alpha-1}{\alpha+1}$, wobei $\alpha=\sqrt{\frac{\nu_1}{2\nu_2}}$	Grass

[1] Grass, G.: Z. Phys. **139**, 358 (1954).
[2] Wood, R. W.: Physical Optics, New York: Macmillan Company 1933.

In Abb. 4.10 ist das Reflexionsvermögen, berechnet nach der exakten Drudeschen Gleichung (4.42) und nach den in Tabelle 4.4 aufgeführten Näherungen für einen Spezialfall, in Abhängigkeit von der Frequenz

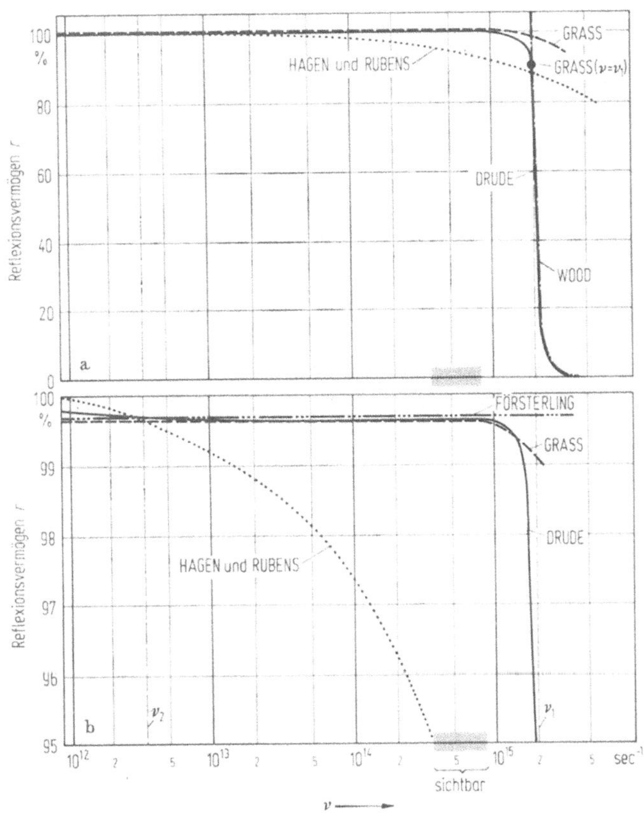

Abb. 4.10a u. b. Reflexionsvermögen in Abhängigkeit von der Frequenz nach der exakten Gleichung (4.42) (DRUDE) und nach den Näherungen der Tabelle 4.4 berechnet. Als charakteristische Frequenzen wurden gewählt: $\nu_1 = 2 \cdot 10^{15}\ \mathrm{sec}^{-1}$, $\nu_2 = 3{,}5 \cdot 10^{12}\ \mathrm{sec}^{-1}$.
a) r zwischen 0 und 100%; b) r zwischen 95 und 100%.

aufgetragen. Es zeigt sich, daß im ultraroten Spektralbereich die Grasssche Näherung die Drude-Kurve gut wiedergibt. Im selben Gebiet ist auch die einfachere Beziehung von FÖRSTERLING, die frequenz*un*abhängig ist, eine gute Näherung. Bei Frequenzen oberhalb ν_1 ist die Beziehung von WOOD gut zu gebrauchen. Schließlich läßt sich mit einer Beziehung von GRASS das Reflexionsvermögen bei $\nu = \nu_1$ einfach berechnen.

Es sei besonders darauf hingewiesen, daß das Reflexionsvermögen in Abb. 4.10, berechnet nach Gleichung (4.42), zwischen etwa $3\nu_2$ und $(1/4)\nu_1$ konstant ist. Bei kleineren Frequenzen als $3\nu_2$ wird r wieder größer und nähert sich bei sehr kleinen Frequenzen dem Wert, den man aus der Hagen-Rubens-Beziehung erhält.

Näherungsformeln, wie z. B. die der Tabelle 4.4, haben heute, wo nahezu jedem Forschungsinstitut elektronische Rechenanlagen zur Verfügung stehen, etwas an Aktualität eingebüßt. Mit ihrer Hilfe ist es jedoch möglich, die Zusammenhänge einfacher zu überblicken, als dies mit einer Formel des Typs der Gleichung (4.42) möglich ist.

4.6 Gebundene Elektronen

4.6.1 Absorptionsbanden

Die vorangehenden Abschnitte haben gezeigt, daß die optischen Eigenschaften der Metalle bei nicht zu kleinen Wellenlängen, also im ultraroten und bei einigen Metallen auch im sichtbaren Spektralbereich durch die Annahme von freien Elektronen beschrieben und berechnet werden können. In diesem Frequenzbereich stimmen die erhaltenen Resultate von Experiment und Theorie der freien Elektronen befriedigend überein. Nähert man sich jedoch mit dem verwendeten Licht höheren Frequenzen, so treten bei Metallen wie auch bei Nichtmetallen (Dielektrika) Absorptionsbanden auf, d. h. das Licht wird vom Material in einem eng begrenzten Frequenzbereich besonders stark absorbiert, Abb. 4.1. (Im Röntgengebiet treten an Stelle der Absorptionsbanden sogenannte Absorptionsspektren.) Diese Absorptionsbanden und die Wellenlängen-Abhängigkeit der optischen und elektrischen Konstanten (Dispersion) lassen sich bei Dielektrika nach den Vorstellungen von Lorentz mit der Annahme von gebundenen Elektronen erklären und berechnen. Die bei Metallen auftretenden Absorptionsbanden können jedoch mit der Annahme von gebundenen Elektronen in der unten ausgeführten Art, also klassisch, nur der Form nach berechnet werden. Da aber die klassisch erhaltenen Absorptionsbanden und die Absorption durch Interbandübergänge (Abschnitt 5.7) viele gemeinsame Züge aufweisen, soll in diesem Abschnitt die klassische Theorie der Dielektrika behandelt werden.

4.6.2 Klassischer Oszillator

Wir nehmen nunmehr an, daß unter Einwirkung eines äußeren elektrischen Feldes die Ladungen eines Atomes, bestehend aus positiv geladenem Kern und negativ geladener Elektronenhülle, verschoben werden (Abb. 4.11). Durch das äußere elektrische Feld wird also eine Störung der Gleichgewichtslage des Elektronensystems bewirkt. Dieser Ladungsverschiebung, die proportional der äußeren Feldstärke ist, wirkt eine elektrostatische Kraft entgegen, die versucht, die Ladungsverschiebung rückgängig zu machen. Wir denken uns zunächst der Einfachheit halber die negative Ladung der Elektronenhülle in einem Punkt vereinigt und

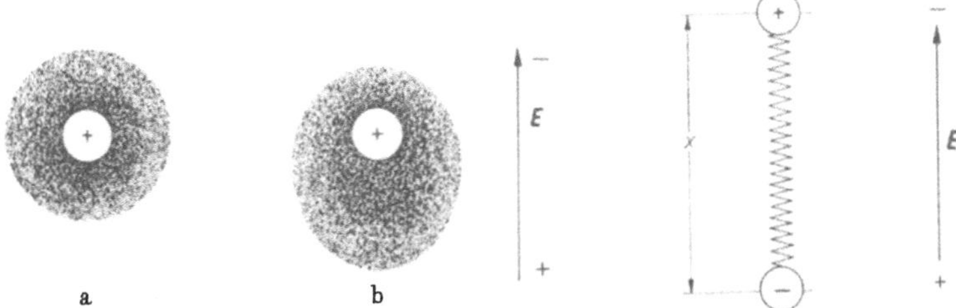

Abb. 4.11a u. b. Ein Atom ist durch einen positiv geladenen Kern und eine ihn umgebende, negativ geladene Elektronenwolke dargestellt. a) Im Gleichgewichtszustand; b) unter Einwirkung eines äußeren elektrischen Feldes; die positiven und negativen Ladungsschwerpunkte werden aus ihrer Gleichgewichtslage verschoben.

Abb. 4.12. „Quasielastisch" gebundenes Elektron unter Einwirkung eines äußeren elektrischen Feldes (harmonischer Oszillator).

beschreiben damit ein Atom in einem elektrischen Feld als bestehend aus positiv geladenem „Atomrumpf" und ein an diesen Atomrumpf „quasielastisch" gebundenes Elektron (elektrischer Dipol, Abb. 4.12). Ein gebundenes Elektron verhält sich also ähnlich einer Kugel, die an einer Feder aufgehängt ist. Unter Einwirkung eines elektrischen Wechselfeldes, d. h. Einstrahlung von Licht wird das Elektron zu erzwungenen Schwingungen angeregt. Zur Beschreibung dieser Schwingungen lassen sich die Bewegungsgleichungen der Mechanik eines Feder-Masse-Systems (harmonischen Oszillators) anwenden.

Wir betrachten zunächst ein isoliertes Atom, d. h. wir vernachlässigen die Einwirkung der umgebenden Atome auf das Elektron. Durch Einwirkung einer elektrischen Feldkraft

$$\mathrm{e} \cdot E = \mathrm{e} E_0 \exp(i \omega t) \tag{4.43}$$

(e = Ladung des Elektrons, E = Feldstärke) wird ein Elektron aus seiner Ruhelage um die Länge x verschoben. Dieser Verschiebung wirkt eine Rücktreibekraft $F \cdot x$ entgegen, die proportional zur Verschiebung x ist. Dann lautet die Schwingungsgleichung (siehe Anhang, Abschnitt A 1.3)

$$m \ddot{x} + \gamma' \dot{x} + F x = \mathrm{e} E_0 \exp(i \omega t) \tag{4.44}$$

(m = Masse des Elektrons). Der Faktor F ist die „Federkonstante" und bestimmt die Stärke der Bindung zwischen Atom und Elektron. Da jeder schwingende Dipol (z. B. eine Antenne) Energie durch Strahlung aussendet, wird mit dem Glied $\gamma'\dot{x}$ eine Dämpfung des Oszillators durch Strahlungsverluste berücksichtigt (γ' = Dämpfungskonstante). Die stationäre Lösung der Schwingungsgleichung (4.44) lautet bei schwacher Dämpfung (siehe Anhang, Abschnitt A 1.3)

$$x = \frac{eE_0}{\sqrt{m^2(\omega_0^2 - \omega^2)^2 + \gamma'^2\omega^2}} \exp i(\omega t - \varphi), \tag{4.45}$$

wobei

$$\omega_0 = 2\pi\nu_0 = \sqrt{\frac{F}{m}} \tag{4.46}$$

die Eigen- oder Resonanzfrequenz des Oszillators ist, d. h. diejenige Frequenz, mit der das Elektron ohne äußere Einwirkung frei schwingt. φ ist die Phasen(winkel)differenz zwischen der erzwungenen Schwingung und der angreifenden Kraft der Lichtwelle und errechnet sich zu (siehe Anhang):

$$\tan\varphi = \frac{\gamma'\omega}{m(\omega_0^2 - \omega^2)} = \frac{\gamma'\nu}{2\pi m(\nu_0^2 - \nu^2)}. \tag{4.47}$$

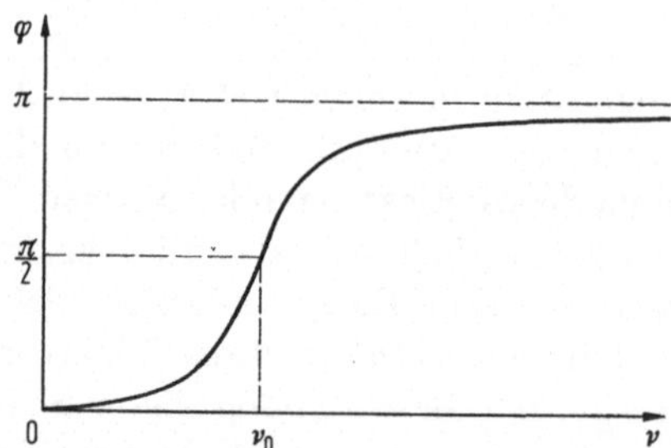

Abb. 4.13. Phasen(winkel)differenz zwischen einer erzwungenen Schwingung und angreifender Kraft in Abhängigkeit von der Anregungsfrequenz ν. (Berechnet nach Gleichung (4.47) mit willkürlich gewählter Dämpfungskonstante γ'.)

In Abb. 4.13 ist für einen willkürlich gewählten Wert von γ' die Phasendifferenz φ in Abhängigkeit von der Anregungsfrequenz ν aufgetragen. Mit Hilfe der Gleichung (4.47) lassen sich nun folgende Überlegungen anstellen: Bei Frequenzen, die sehr viel kleiner als die Resonanzfrequenz ν_0 sind, schwingt das angeregte Elektron „in Phase". Ist die Lichtfrequenz größer als die Resonanzfrequenz ν_0, so schwingt das Elektron entgegen der erregenden Lichtschwingung, d. h. φ nähert sich bei sehr großen Frequenzen dem Wert π. Bei $\nu = \nu_0$ wird $\varphi = \pi/2$.

4.6.3 Dispersion und Absorption

Nach diesen allgemeinen Bemerkungen über die Eigenschaften von elastischen Schwingungen eines Oszillators sollen nun unter Annahme von gebundenen Elektronen die optischen Konstanten nach dem in Abschnitt 4.2 und 4.3 angewandten Verfahren aus der Polarisation berechnet werden. Die gesamte Polarisation eines Stoffes berechnet sich aus dem Produkt aus Dipolmoment $\mathrm{e} \cdot x$ *eines* Dipols und der Zahl N_a der Dipole (Oszillatoren) im Einheitsvolumen, wobei x der Abstand zwischen positiver und negativer Ladung (Atom und Elektron) ist. Da wir oben *einen* Oszillator pro Atom angenommen haben (Abb. 4.11) ist N_a identisch mit der Zahl der Atome im Einheitsvolumen. Es ist dann

$$P = \mathrm{e} \cdot x \cdot N_a . \tag{4.48}$$

Mit Gleichung (4.45) wird die Polarisation

$$P = \frac{\mathrm{e}^2 N_a E_0 \exp i(\omega t - \varphi)}{\sqrt{m^2(\omega_0^2 - \omega^2)^2 + \gamma'^2 \omega^2}} . \tag{4.49}$$

Der Ausdruck $\exp i(\omega t - \varphi)$ läßt sich in $\exp(i\omega t) \cdot \exp(-i\varphi)$ aufspalten, so daß wir unter Berücksichtigung von Gleichung (4.1) für die Polarisation schreiben können:

$$P = \frac{\mathrm{e}^2 N_a E}{\sqrt{m^2(\omega_0^2 - \omega^2)^2 + \gamma'^2 \omega^2}} \exp(-i\varphi) . \tag{4.50}$$

Wir gehen gleich mit Gleichung (4.5) und (2.20) zur Dielektrizitätskonstante bzw. zum komplexen Brechungsindex $\hat{n}^2 = (n - ik)^2 = \hat{\varepsilon}$ über[1]:

$$\hat{\varepsilon} = n^2 - k^2 - 2nki = 1 + \frac{4\pi \mathrm{e}^2 N_a}{\sqrt{m^2(\omega_0^2 - \omega^2)^2 + \gamma'^2 \omega^2}} \exp(-i\varphi) . \tag{4.51}$$

Mit Gleichung (A 2.6):

$$\exp(-i\varphi) = \cos\varphi - i \sin\varphi \tag{4.52}$$

wird aus Gleichung (4.51)

$$n^2 - k^2 - 2nki = 1 + \frac{4\pi \mathrm{e}^2 N_a}{\sqrt{m^2(\omega_0^2 - \omega^2)^2 + \gamma'^2 \omega^2}} \cos\varphi$$

$$- i \frac{4\pi \mathrm{e}^2 N_a}{\sqrt{m^2(\omega_0^2 - \omega^2)^2 + \gamma'^2 \omega^2}} \sin\varphi . \tag{4.53}$$

[1] Bei Dielektrika muß man noch zusätzlich den Einfluß des elektrischen Feldes der Nachbardipole auf den betrachteten Dipol berücksichtigen. An Stelle der makroskopischen Feldstärke $\boldsymbol{E}$ tritt dann der Ausdruck $\boldsymbol{E} + (4\pi/3)\,\boldsymbol{P}$. Bei Metallen wird das Glied $(4\pi/3)\,\boldsymbol{P}$ jedoch gewöhnlich außer acht gelassen.

$\cos\varphi$ und $\sin\varphi$ lassen sich unter Berücksichtigung von Gleichung (4.47) umschreiben in

$$\cos\varphi = \frac{1}{\sqrt{1+\tan^2\varphi}} = \frac{m(\omega_0^2-\omega^2)}{\sqrt{m^2(\omega_0^2-\omega^2)^2+\gamma'^2\omega^2}}, \tag{4.54}$$

$$\sin\varphi = \frac{\tan\varphi}{\sqrt{1+\tan^2\varphi}} = \frac{\gamma'\omega}{\sqrt{m^2(\omega_0{}^2-\omega^2)^2+\gamma'^2\omega^2}}. \tag{4.55}$$

Trennung von Real- und Imaginärteil in Gleichung (4.53) liefert mit (4.54) und (4.55) die optischen Konstanten

$$\begin{aligned} \varepsilon_1 = n^2-k^2 &= 1+\frac{4\pi e^2 m N_a(\omega_0^2-\omega^2)}{m^2(\omega_0^2-\omega^2)^2+\gamma'^2\omega^2} \\ &= 1+\frac{4\pi e^2 m N_a(\nu_0^2-\nu^2)}{4\pi^2 m^2(\nu_0^2-\nu^2)^2+\gamma'^2\nu^2}, \end{aligned} \tag{4.56}$$

$$\varepsilon_2 = 2nk = \frac{4\pi e^2 N_a\gamma'\omega}{m^2(\omega_0^2-\omega^2)^2+\gamma'^2\omega^2} = \frac{2e^2 N_a\gamma'\nu}{4\pi^2 m^2(\nu_0^2-\nu^2)^2+\gamma'^2\nu^2}. \tag{4.57}$$

In Abb. 4.14 und 4.15 sind die Funktionen ε_1 und ε_2 für willkürlich gewählte Werte der Konstanten N_a und γ' über der Anregungsfrequenz ν aufgetragen.

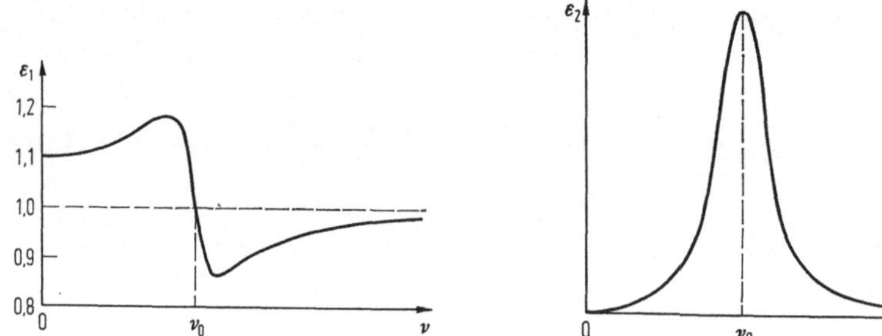

Abb. 4.14 und 4.15. Verlauf von $\varepsilon_1 = n^2 - k^2$ bzw. $\varepsilon_2 = 2nk$ nach der Theorie der gebundenen Elektronen in Abhängigkeit von der Frequenz ν, berechnet aus den Gleichungen (4.56) bzw. (4.57) bei willkürlich gewähltem N_a und γ'.

Abb. 4.14 hat die Form der Dispersionskurve des Brechungsindex', wie sie experimentell an Nichtmetallen (Dielektrika) erhalten wird. Abb. 4.15 zeigt, daß das Absorptionsprodukt ε_2 in der Nähe der Resonanzfrequenz ν_0 ein Maximum aufweist, was auch experimentell an Dielektrika beobachtet wird. Den Frequenzbereich, in dem Lichtabsorption in der in Abb. 4.15 dargestellten Weise auftritt, nennt man eine Absorptionsbande. Eine Absorptionsbande ist die Ursache für die selektive Licht-

*un*durchlässigkeit eines Materials in dem entsprechenden Frequenzbereich. Bei sehr hohen Frequenzen und weit entfernt von irgendwelchen Resonanzfrequenzen geht $\varepsilon_2 \to 0$, siehe Abb. 4.15. Im selben Frequenzbereich nimmt, wie man in Abb. 4.14 sieht, $\varepsilon_1 = n^2 - k^2$ und damit n den konstanten Wert 1 ein. Dies bestätigt die experimentellen Beobachtungen, daß Röntgenstrahlen nicht gebrochen werden und von sehr vielen Stoffen nicht absorbiert werden. Die Gleichungen (4.56) und (4.57) gehen für $\nu_0 \to 0$ (keine Oszillatoren) in die Drudeschen Gleichungen (4.24) und (4.25) über.

4.6.4 Kleine Strahlungsdämpfung

Wir betrachten nun Frequenzen, bei denen der Energieverlust des Oszillators durch Strahlung und damit γ' sehr klein ist. Mit $\gamma'^2\nu^2 \ll 4\pi^2 m^2 \cdot (\nu_0^2 - \nu^2)^2$ (was nur bei $\nu \neq \nu_0$ gelten kann) und sehr kleinem γ' geht nk und damit auch k gegen 0, wie man Gleichung (4.57) entnimmt. Damit wird Gleichung (4.56)

$$n^2 = 1 + \frac{e^2 N_a}{\pi m(\nu_0^2 - \nu^2)}. \tag{4.58}$$

Trägt man n^2 über ν nach Gleichung (4.58) auf, so erhält man die in Abb. 4.16 gezeigte Dispersionskurve. Bei sehr kleiner Strahlungsdämpfung geht also der Brechungsindex eines Dielektrikums in der Nähe der Resonanzstelle gegen unendlich.

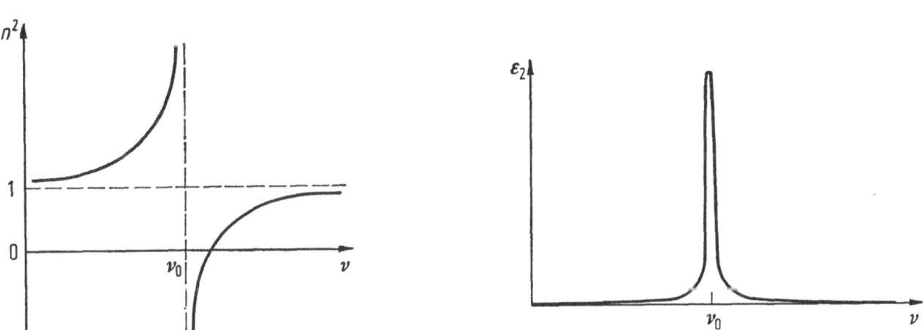

Abb. 4.16 und 4.17. Verlauf von n^2 bzw. ε_2 nach der Theorie der gebundenen Elektronen in Abhängigkeit von der Frequenz ν bei kleiner Dämpfung γ'.

Bei der Resonanzfrequenz nehmen die Elektronen am meisten Energie aus der Lichtwelle auf und die Absorptionsbande wird zu einem Absorptionsstreifen (Abb. 4.17). Natürlich ist $\gamma'^2\nu^2$ in der Nähe der Resonanzfrequenz nicht als klein gegenüber $4\pi^2 m^2(\nu_0^2 - \nu^2)^2$ vernachlässigbar. (Setzen wir nämlich $\nu = \nu_0$, so wird $4\pi^2 m^2(\nu_0^2 - \nu^2)^2$ gleich

Null.) Aus Gleichung (4.57) ist ersichtlich, daß im Falle $\nu = \nu_0$ das Absorptionsprodukt

$$2nk = \frac{2e^2 N_a}{\gamma' \nu_0} \tag{4.59}$$

wird und bei kleinem γ' sehr große Werte einnimmt.

4.6.5 Mehrere Oszillatoren, Oszillatorenstärke f.

Am Anfang dieses Abschnitts nahmen wir an, daß pro Atom *ein* Elektron quasielastisch an einen Atomrumpf gebunden ist, d. h. wir nahmen *einen* Oszillator pro Atom an. Diese Annahme ist mit Sicherheit eine unzulässige Vereinfachung, wie man u. a. aus den zahlreichen, experimentell beobachteten Absorptionsfrequenzen schließen kann. Jedem Atom muß demnach eine große Zahl (i) von Oszillatoren mit je einer Oszillatorenstärke (f_i) zugeordnet werden. Der i-te Oszillator schwingt mit der Eigenfrequenz ν_{0i}. Die zugehörige Dämpfungskonstante ist γ'_i. (Diesem Bild entspricht in der Mechanik ein System von Massenpunkten mit einer Grundschwingung und deren harmonischen Oberschwingungen.) Unter Berücksichtigung aller Oszillatoren wird aus den Gleichungen (4.56) und (4.57)

$$\varepsilon_1 = n^2 - k^2 = 1 + 4\pi e^2 m N_a \sum_i \frac{f_i(\nu_{0i}^2 - \nu^2)}{4\pi^2 m^2 (\nu_{0i}^2 - \nu^2)^2 + \gamma'^2_i \nu^2}, \tag{4.60}$$

$$\varepsilon_2 = 2nk = 2e^2 N_a \sum_i \frac{f_i \nu \gamma_i'}{4\pi^2 m^2 (\nu_{0i}^2 - \nu^2)^2 + \gamma'^2_i \nu^2}. \tag{4.61}$$

Aus Gleichung (4.60) und (4.61) wird bei schwacher Dämpfung (siehe Abschnitt 4.6.4):

$$\varepsilon_1 = n^2 - k^2 \approx n^2 = 1 + \frac{e^2 N_a}{\pi m} \sum_i \frac{f_i}{\nu_{0i}^2 - \nu^2}, \tag{4.62}$$

$$\varepsilon_2 = 2nk = \frac{e^2 N_a}{2\pi^2 m^2} \sum_i \frac{f_i \nu \gamma'_i}{(\nu_{0i}^2 - \nu^2)^2}. \tag{4.63}$$

4.7 Beiträge von freien Elektronen und harmonischen Oszillatoren zu den optischen Konstanten

In den vorhergehenden Abschnitten schrieben wir den Elektronen eines Kristalles zwei verschiedene Eigenschaften zu. In Abschnitt 4.3 nahmen wir an, daß sich unter Einfluß eines äußeren elektrischen Feldes N_f Elektronen pro Kubikzentimeter frei im Metallkristall bewegen und daß diese Bewegung durch Zusammenstöße mit den schwingenden

Gitteratomen und den Gitterfehlstellen gedämpft wird. In Abschnitt 4.6 nahmen wir an, daß eine gewisse Anzahl von Elektronen quasielastisch an N_a Atome im Kubikzentimeter gebunden sind und unter Einwirkung von Licht zu erzwungenen Schwingungen angeregt werden, wobei der Energieverlust durch Strahlung durch ein Dämpfungsglied, das die Dämpfungskonstante γ' enthält, berücksichtigt wurde.

Das Verhalten eines Metalles läßt sich nun durch die Annahme einer gewissen Anzahl freier Elektronen und einer gewissen Anzahl harmonischer Oszillatoren beschreiben. Freie Elektronen und Oszillatoren tragen beide zur Polarisation bei, so daß unter Berücksichtigung beider Beiträge die folgenden Beziehungen für die optischen Konstanten geschrieben werden können (vergleiche die Gleichungen (4.24), (4.25), (4.60) und (4.61)):

$$\varepsilon_1 = 1 - \frac{\nu_1^2}{\nu^2 + \nu_2^2} + 4\pi e^2 m N_a \sum_i \frac{f_i(\nu_{0i}^2 - \nu^2)}{4\pi^2 m^2(\nu_{0i}^2 - \nu^2)^2 + \gamma'^2_i \nu^2}, \quad (4.64)$$

$$\varepsilon_2 = 2nk = \frac{\nu_2}{\nu} \frac{\nu_1^2}{\nu^2 + \nu_2^2} + 2e^2 N_a \sum_i \frac{f_i \nu \gamma'_i}{4\pi^2 m^2(\nu_{0i}^2 - \nu^2)^2 + \gamma'^2_i \nu^2}. \quad (4.65)$$

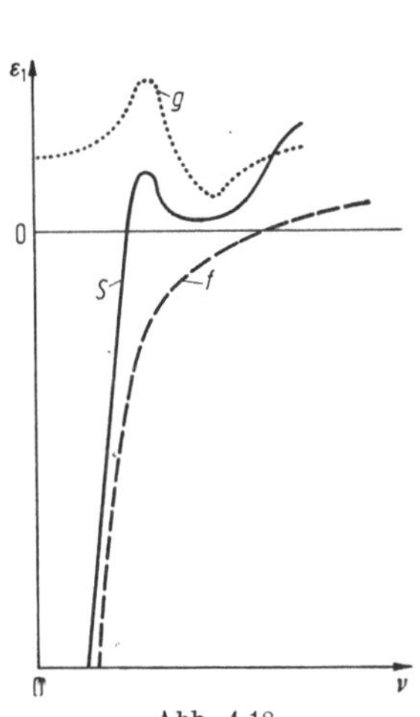

Abb. 4.18

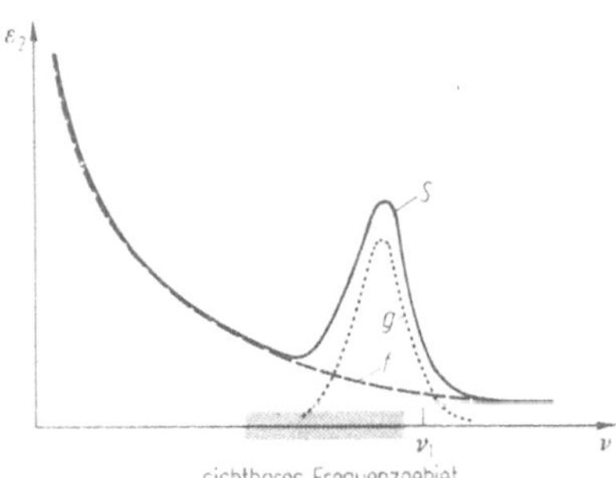

Abb. 4.19

Abb. 4.18 und 4.19. Frequenzabhängigkeit von $\varepsilon_1 = n^2 - k^2$ und $\varepsilon_2 = 2nk$ nach Gleichung (4.64) bzw. (4.65) ($i = 1$). f = Verlauf nach der Drudeschen Theorie (freie Elektronen, siehe Abb. 4.6 und 4.7); g = Verlauf nach der Theorie der gebundenen Elektronen (siehe Abb. 4.14 bzw. 4.15); s = Summenkurve (schematisch). In Abb. 4.19 ist eine Absorptionsbande im blauen Spektralgebiet gezeigt. Siehe auch Abb. 4.1.

In Abb. 4.18 und 4.19 sind die Funktionen ε_1 bzw. ε_2 nach Gleichung (4.64) und (4.65) schematisch in Abhängigkeit von der Frequenz aufgetragen. Die Abb. 4.18 und 4.19 zeigen also den Einfluß von freien und gebundenen Elektronen auf die optischen Konstanten. In Kapitel 8, Abschnitt 8.2, werden wir die experimentell erhaltene Frequenzabhängigkeit der optischen Konstanten einiger Metalle zeigen und diskutieren und mit den in diesem Kapitel aus den klassischen Formeln erhaltenen Resultaten vergleichen.

5 Quantenmechanische Behandlung der optischen Konstanten

In Kapitel 4 gingen wir von der Voraussetzung aus, daß die für das optische Verhalten von Metallen verantwortlichen Elektronen, Teilcheneigenschaften besitzen, und kamen mit dieser Arbeitshypothese zumindest bei kleinen Frequenzen zu befriedigenden und mit dem Experiment übereinstimmenden Ergebnissen. Leider hatte diese Behandlung einen Schönheitsfehler. Für die Erklärung und Berechnung der Ultrarotabsorption benutzten wir das Konzept der im Metall frei beweglichen Elektronen, während die Behandlung der Absorptionsbanden im sichtbaren und ultravioletten Spektralgebiet nur mit der Annahme von gebundenen Elektronen erklärt werden konnte. Es ist jedoch vom klassischen Standpunkt aus nicht ohne weiteres einzusehen, warum die Elektronen bei kleinen Frequenzen frei und bei höheren Frequenzen gebunden sein sollen. Eine zwanglose Erklärung dafür gelang erst mit Hilfe der Wellenmechanik, der wir uns in diesem Kapitel eingehend widmen wollen. Wir werden unser Ziel, die Berechnung der optischen Konstanten mit Hilfe der Wellenmechanik allerdings zunächst zurückstellen und die für das Verständnis dieser Berechnung notwendigen Grundgedanken der Wellenmechanik erörtern.

5.1 Welleneigenschaften des Elektrons

Wir wollen als Ausgangspunkt unserer Betrachtungen den heute fast selbstverständlichen Gedanken stellen, daß Welle und Teilchen nur zwei Erscheinungsformen derselben physikalischen Realität sind. Dies gilt bekanntlich sowohl für das Licht, als auch für die Materie. Die Teilcheneigenschaft des Elektrons mit Masse m und Ladung e wurde 1897 durch Thomson in einem Experiment entdeckt, bei dem er die Ablenkung eines Kathodenstrahles durch elektrische und magnetische Felder beobachtete. Der Nachweis für die freie Beweglichkeit der Elektronen in Metallen wurde durch Messung von Trägheitseffekten experimentell von Tolman erbracht. 1924 äußerte De Broglie den Gedanken, daß materielle Teilchen auch Welleneigenschaften haben müßten und verknüpfte Wellenlänge λ und Impuls p des Teilchens in der Beziehung

$$\lambda = \frac{h}{p} = \frac{2\pi\hbar}{p}, \tag{5.1}$$

wobei h die Plancksche Konstante und

$$\hbar = \frac{h}{2\pi} \tag{5.2}$$

ist. SCHRÖDINGER gab 1926 diesem Gedanken von DE BROGLIE eine mathematische Form.

Die Eigenschaften der Elektronen sollen im folgenden durch eine „De Broglie-Welle“ oder Materiewelle, d. h. durch eine Wellenfunktion Ψ dargestellt werden. Zur Interpretation dieser Wellenfunktion werden wir in den nachstehenden Abschnitten das Bornsche Postulat benutzen, das besagt, daß das Quadrat dieser Wellenfunktion, oder, da Ψ im allgemeinen komplex ist, die Größe $\Psi\Psi^*$, die Wahrscheinlichkeit dafür angibt, das Teilchen an einem bestimmten Ort anzutreffen. (Ψ^* ist die zu Ψ konjugiert komplexe Größe, vergleiche Anhang, Abschnitt A 2.3.) Mit anderen Worten

$$\Psi\Psi^* \,\mathrm{d}x\,\mathrm{d}y\,\mathrm{d}z = \Psi\Psi^* \,\mathrm{d}\tau \tag{5.3}$$

ist die Wahrscheinlichkeit, das Teilchen im Volumenelement $\mathrm{d}\tau$ anzutreffen.

Die uns hier interessierende Frage lautet: Wie verhalten sich die Elektronen im Potentialfeld eines Atomrumpfes oder einer Atomanordnung innerhalb eines Kristalls? Dieses Potentialfeld wird durch die potentielle Energie V beschrieben.

Die allgemeine Methode zur Lösung wellenmechanischer Probleme, die wir im folgenden immer wieder anwenden werden, ist die: Man sucht einen Ausdruck für die potentielle Energie, die dem augenblicklichen Problem angepaßt ist, setzt diesen Ausdruck in die SCHRÖDINGER-Gleichung ein und löst sie. Man erhält dann Lösungen von Ψ als Funktion von Raum und Zeit, die man mittels Gleichung (5.3) interpretiert. Aus dieser Beschreibung des Lösungsweges ist ersichtlich, daß im Unterschied zur klassischen Mechanik, bei der das Antreffen eines Teilchens an einem bestimmten Ort zu einer bestimmten Zeit vorausberechnet werden kann, in der Wellenmechanik mitunter nur Wahrscheinlichkeitsaussagen gemacht werden können. Wir werden aber sehen, daß dies auf den Aussagewert der Resultate keinen wesentlichen Einfluß hat.

5.2 Schrödinger-Gleichung

Die *zeitunabhängige* Schrödinger-Gleichung wird immer dann angewandt, wenn die Eigenschaften atomarer Systeme in stationären Zuständen berechnet werden sollen, d. h. wenn die Eigenschaften der Umgebung des Elektrons sich nicht mit der Zeit ändern. Dann hängt die potentielle Energie V nur vom Raum (und nicht noch von der Zeit) ab.

Daher ist die zeitunabhängige Schrödinger-Gleichung eine *Schwingungsgleichung* (siehe Anhang 1).

Wir zerlegen nun die Wellenfunktion Ψ in einen nur ortsabhängigen und einen nur zeitabhängigen Anteil:

$$\Psi(x, y, z, t) = \psi(x, y, z) \cdot e^{i\omega t}. \tag{5.4}$$

Es soll hier nicht die Schrödinger-Gleichung „abgeleitet" werden. Wir betrachten sie vielmehr als eine Fundamentalgleichung zur Beschreibung der Welleneigenschaften der Elektronen, wie die Newtonschen Grundgleichungen die Materieeigenschaften der Elektronen beschreiben. Die zeitunabhängige Schrödinger-Gleichung hat die Form:

$$\Delta \psi + \frac{2m}{\hbar^2} (E - V) \psi = 0, \tag{5.5}$$

wobei Δ der Laplace-Operator (A 1.18) und m die Masse des Elektrons ist. $E = E_{\text{kin}} + V$ ist die Gesamtenergie des Systems.

Die *zeitabhängige* Schrödinger-Gleichung ist eine *Wellengleichung*, da sie raum- *und* zeitabhängig ist (siehe Anhang 1). Man erhält sie aus Gleichung (5.5) durch Elimination der Gesamtenergie

$$E = \nu \cdot h = \omega \hbar, \tag{5.6}$$

wobei ω sich durch Differentiation von Gleichung (5.4) nach der Zeit zu

$$\omega = -\frac{i}{\Psi} \frac{\partial \Psi}{\partial t}$$

ergibt. Damit wird die zeitabhängige Schrödinger-Gleichung

$$\Delta \Psi - \frac{2m}{\hbar^2} V \Psi - \frac{2im}{\hbar} \frac{\partial \Psi}{\partial t} = 0. \tag{5.7}$$

5.3 Besondere Eigenschaften der Schwingungsprobleme

Die Lösung einer Schwingungsgleichung ist bis auf (im Anhang A 1.1 mit A und B bezeichnete) Konstanten bestimmt, über die man durch Einsetzen der eventuell vorhandenen Randwerte oder Anfangsbedingungen (z. B. $\psi = 0$ bei $x = 0$) verfügt. Wie wir in Abschnitt 5.4.2 sehen werden, sind beim Auftreten von Randbedingungen nur gewisse Schwingungsformen, wie z. B. bei einer schwingenden Saite, möglich. Man nennt durch gewisse Randwerte gekennzeichnete Schwingungsprobleme „Randwertprobleme" oder „Eigenwertprobleme". Bei einem Schwingungsproblem mit Randbedingungen treten also nicht alle möglichen Werte der Frequenz und damit wegen $E = \nu h$ nicht alle Werte der Energie auf. Die Werte, die auftreten (oder wie man auch sagt „erlaubt“ sind), nennt man Eigenwerte. Die zu den Eigenwerten gehörenden Funktionen ψ, die eine Lösung der Schwingungsgleichung sind und außerdem noch die Randbedingungen befriedigen, heißen Eigenfunktionen der Differentialgleichung.

Wir haben in Abschnitt 5.1 das Produkt $\psi\psi^*$ (Norm) in Beziehung zur Aufenthaltswahrscheinlichkeit gebracht. Die Wahrscheinlichkeit, ein Teilchen irgendwo im Raum anzutreffen, ist Eins, oder

$$\int \psi\psi^* \,\mathrm{d}\tau = \int |\psi|^2 \,\mathrm{d}\tau = 1 \tag{5.8}$$

(normierte Eigenfunktion).

In Abschnitt 5.8 werden wir die in der Mathematik und Physik gebräuchliche Orthogonalitätsbedingung für Eigenfunktionen benutzen:

$$\int \psi_m \psi_n^* \,\mathrm{d}\tau = 0 \;(\text{für } m \neq n)\,. \tag{5.9}$$

Sie legt die Beziehung zwischen zwei zu verschiedenen Eigenwerten E_m und E_n gehörenden Eigenfunktionen ψ_m und ψ_n fest.

5.4 Lösung der Schrödinger-Gleichung für drei spezielle Probleme

5.4.1 Freie Elektronen

Wir wollen zunächst die Schrödinger-Gleichung für einen einfachen, aber dennoch sehr wichtigen Fall lösen. Wir betrachten Elektronen, die sich entlang der positiven x-Achse mit der Geschwindigkeit v_x frei, also im potentialfreien Raum, bewegen. Dann ist die potentielle Energie $V = 0$, und die Schrödinger-Gleichung (5.5) nimmt nachstehende Form an:

$$\frac{\mathrm{d}^2\psi}{\mathrm{d}x^2} + \frac{2m}{\hbar^2} E\psi = 0\,. \tag{5.10}$$

Wir setzen zur Abkürzung den Faktor

$$\frac{2mE}{\hbar^2} = k^2\,. \tag{5.11}$$

Damit wird

$$E = \frac{\hbar^2}{2m} k^2\,. \tag{5.11a}$$

Die Lösung dieser Schwingungsgleichung ist (siehe Gleichung (A 1.5))

$$\psi = A\,\mathrm{e}^{ikx}\,, \tag{5.12}$$

wobei wegen der Gleichungen (5.11), (5.1) und

$$E = \frac{p^2}{2m} \tag{5.13}$$

$$k = \sqrt{\frac{2mE}{\hbar^2}} = \frac{p}{\hbar} = \frac{2\pi}{\lambda} \tag{5.14}$$

ist. Die Größe k ist nach Gleichung (5.14) dem Impuls p und wegen $\boldsymbol{p} = m\boldsymbol{v}$ auch der Geschwindigkeit der Elektronen proportional. Da Impuls und Geschwindigkeit gerichtete Größen sind, ist auch k eine gerichtete Größe. Wir schreiben k deshalb künftig als Vektor, der die Komponenten k_x, k_y und k_z hat

$$\boxed{|\boldsymbol{k}| = \frac{2\pi}{\lambda}.} \tag{5.15}$$

Da $\boldsymbol{k}$ umgekehrt proportional zur Wellenlänge λ ist, wird diese Größe auch mit „Wellenzahlvektor" bezeichnet. Der Wellenzahlvektor ist sorgfältig von der skalaren Absorptionskonstante k zu unterscheiden. Den Wellenzahlvektor werden wir in den folgenden Abschnitten häufig benützen. Wir beschreiben mit ihm die Welleneigenschaften eines Elektrons genauso, wie man in der klassischen Mechanik die Teilcheneigenschaften eines Elektrons mit dem Impuls beschreibt. $\boldsymbol{k}$ und $\boldsymbol{p}$ sind, wie aus Gleichung (5.14) hervorgeht, einander proportional. Der Proportionalitätsfaktor ist die Größe $1/\hbar$.

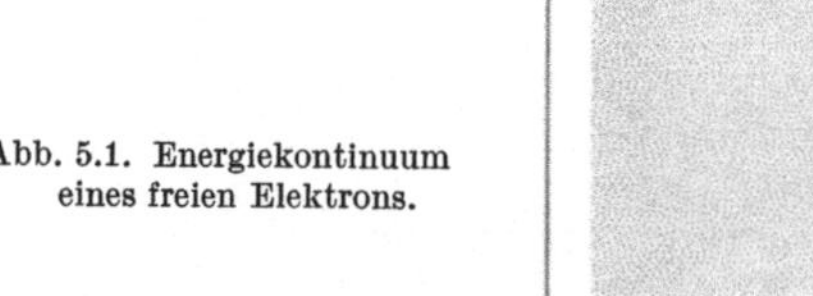

Abb. 5.1. Energiekontinuum eines freien Elektrons.

Wir kommen nun nochmals auf die Lösung unseres Problems (Gleichung (5.12)) zurück. Da bei der Berechnung der frei fliegenden Elektronen keine Randbedingungen berücksichtigt werden müssen, sind alle Werte der Energie „erlaubt", d. h. man erhält ein Energiekontinuum (Abb. 5.1). Freien Elektronen entsprechen in der Wellenmechanik nach (5.12) Sinus- oder Cosinuswellen.

5.4.2 Elektron im Potentialtopf

Wir betrachten nunmehr ein an seinen Atomrumpf gebundenes Elektron und behandeln das Problem der Einfachheit halber in der Weise, daß wir annehmen, daß das Elektron sich lediglich innerhalb zweier unendlich hoher Potentialschwellen frei bewegen kann (Abb. 5.2). Die Potentialschwellen sind also so geartet, daß das Elektron nicht außerhalb dieses „Potentialtopfes“ gelangen kann, d. h. die Wellenfunktion ist 0 für $x \leqq 0$ und $x \geqq a$. Wir behandeln zunächst wie in Abschnitt 5.4.1 den eindimensionalen Fall, d. h. wir nehmen an, daß das Elektron sich nur entlang der x-Achse bewegt. Wegen der Reflexion an den Wänden des Topfes kann sich die Elektronenwelle sowohl in der positiven als auch negativen x-Richtung ausbreiten. In dieser Hinsicht unterscheidet sich also das gegenwärtige von dem im vorhergehenden Abschnitt behandelten Problem.

Innerhalb des Topfes ist die potentielle Energie wiederum Null, so daß die Schrödinger-Gleichung für ein Elektron in diesem Bereich

$$\frac{\mathrm{d}^2\psi}{\mathrm{d}x^2} + \frac{2m}{\hbar^2} E\psi = 0 \tag{5.16}$$

lautet. Die Lösung ist wegen der beiden Ausbreitungsrichtungen der Elektronenwelle (siehe Gl. (A 1.5))

$$\psi = A\,\mathrm{e}^{i\alpha x} + B\,\mathrm{e}^{-i\alpha x}, \tag{5.17}$$

wobei wir zur Vereinfachung den konstanten Faktor von ψ in (5.16) mit α^2 bezeichnet haben:

$$\alpha = \sqrt{\frac{2m}{\hbar^2} E}\,. \tag{5.18}$$

Wir bestimmen nun die Konstanten A und B mit Hilfe der Randbedingungen:

Für $x = 0$ ist $\psi = 0$, daraus folgt

$$B = -A\,. \tag{5.19}$$

Für $x = a$ ist $\psi = 0$, daraus folgt $0 = A\,\mathrm{e}^{i\alpha a} + B\,\mathrm{e}^{-i\alpha a}$
und mit (5.19) und der Eulerschen Gleichung (A 2.2)

$$A\left[\mathrm{e}^{i\alpha a} - \mathrm{e}^{-i\alpha a}\right] = A \cdot 2i \sin \alpha a = 0\,. \tag{5.20}$$

Gleichung (5.20) ist nur erfüllt, wenn $\sin \alpha a = 0$ ist, d. h. wenn

$$\alpha a = n\pi, \qquad n = 0, 1, 2, 3 \ldots \tag{5.21}$$

ist. Setzt man den Wert für α aus (5.18) in Gleichung (5.21) ein, so folgt

$$E_n = \frac{\hbar^2}{2m}\alpha^2 = \frac{\hbar^2}{2m}\frac{\pi^2}{a^2}n^2; \quad n = 1, 2, 3, \ldots \tag{5.22}$$

(wir scheiden die Lösung $n = 0$ aus physikalischen Gründen aus). Der Unterschied zu dem in Abschnitt 5.4.1 behandelten Problem liegt nun darin, daß wegen der Randbedingungen, Lösungen der Schrödinger-Gleichung nur dann existieren, wenn die Energie bestimmte, durch Gleichung (5.22) festgelegte Werte annimmt (vgl. Gleichung (5.11a)

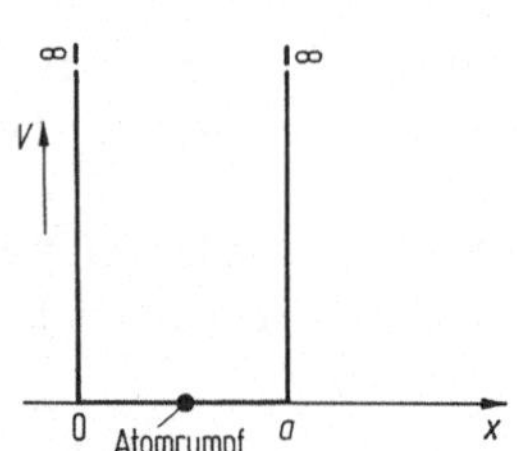

Abb. 5.2. Potentialtopf, dessen Wände aus unendlich hohen Potentialschwellen bestehen.

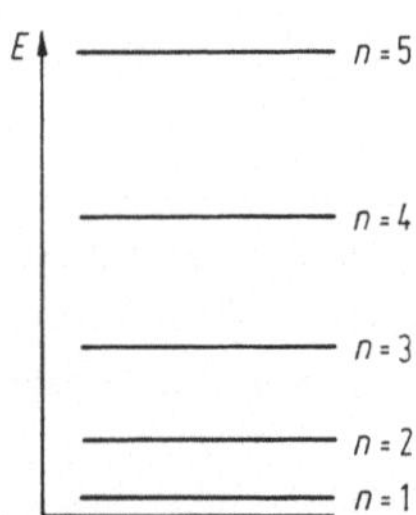

Abb. 5.3. Erlaubte Energieniveaus eines an seinen Atomrumpf gebundenen Elektrons. E ist hier die Anregungsenergie.

mit Gleichung (5.22)). Diese erlaubten Energiewerte nennt man Energieniveaus. Sie sind in Abb. 5.3 für den eindimensionalen Fall gezeigt. Da ein Elektron eines freien Atoms nur bestimmte Energieniveaus einnehmen kann, haben die Energien, die ausgestrahlt oder absorbiert werden, auch nur diskrete Werte[1].

Wir wollen nun die Wellenfunktion und die Aufenthaltswahrscheinlichkeit $\psi\psi^*$ innerhalb des Potentialtopfes nach dem in Abschnitt 5.1 angegebenen Verfahren bestimmen. In diesem Bereich ist nach Gleichung (5.17), (5.19) und (A 2.2)

$$\psi = 2Ai \sin \alpha x \tag{5.23}$$

[1] Bei der Berechnung des Wasserstoffatoms geht man von dem Coulombschen Anziehungspotential $V = -e^2/r$ aus. Die Lösung der Schrödinger-Gleichung ist dann weit schwieriger, als bei dem vorstehend gewählten Weg, führt aber im wesentlichen zum selben Ergebnis, nämlich zu diskreten Energiewerten. Ein Unterschied der beiden Resultate besteht jedoch: Beim rechteckigen Potentialfeld (Abb. 5.2) ergibt sich die Energie proportional zu n^2 (Gleichung (5.22)), während bei Anwendung des Coulomb-Potentials E proportional zu $1/n^2$ wird $\left(E = \frac{m e^4}{2\hbar^2}\frac{1}{n^2}\right)$. Dies hat zur Folge, daß im letzteren Fall, im Unterschied zu Abb. 5.3, die Energieniveaus sich bei höheren Energien zusammendrängen. Bei der Aufzeichnung von Termschemen wird diese Darstellungsart üblicherweise gewählt.

und

$$\psi^* = -2Ai \sin \alpha x. \tag{5.23a}$$

Die Norm $\psi\psi^*$ ergibt sich zu

$$\psi\psi^* = 4A^2 \sin^2 \alpha x. \tag{5.24}$$

Berücksichtigt man Gleichung (5.8), so kann man mit (5.24) schreiben

$$\int_0^a \psi\psi^* \, \mathrm{d}x = 4A^2 \int_0^a \sin^2(\alpha x) \, \mathrm{d}x =$$

$$= \frac{4A^2}{\alpha} \left[-\frac{1}{2} \sin \alpha x \cos \alpha x + \frac{\alpha x}{2} \right]_0^a = 1. \tag{5.25}$$

Einsetzen der Grenzen und Gleichung (5.21) in (5.25) liefert:

$$A = \sqrt{\frac{1}{2a}}. \tag{5.26}$$

Damit wird aus (5.23)

$$|\psi| = \sqrt{\frac{2}{a}} \sin \frac{n\pi}{a} x. \tag{5.27}$$

Die Funktionen der Gleichungen (5.24) und (5.27) sind in Abb. 5.4 für verschiedene n-Werte gezeigt. Aus Abb. 5.4a geht hervor, daß sich zwischen den Wänden des Potentialtopfes stehende Elektronenwellen

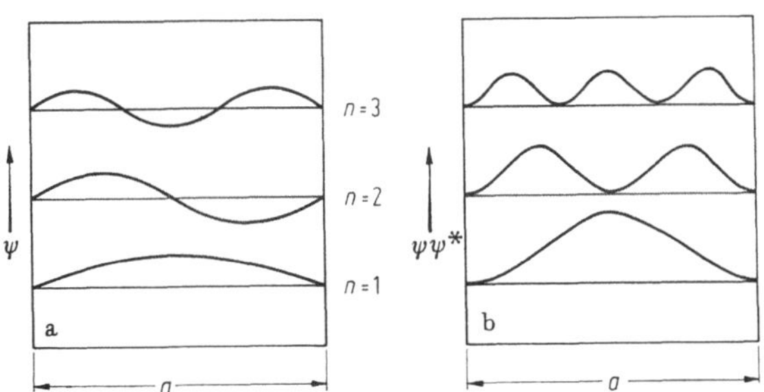

Abb. 5.4a u. b. ψ-Funktion und Aufenthaltswahrscheinlichkeit $\psi\psi^*$ für ein Elektron im Potentialtopf bei verschiedenen n-Werten.

ausbreiten, wobei ganzzahlige Vielfache einer halben Wellenlänge gleich der Länge a des Potentialtopfes sind. In mathematischer Behandlungsweise wie auch im Resultat ist also dieses Problem demjenigen einer schwingenden Saite analog.

Von besonderem Interesse ist der Verlauf der Funktion $\psi\psi^*$, d. h. die Aufenthaltswahrscheinlichkeit des Elektrons (Abb. 5.4b). Im klassischen Bild läuft das Elektron zwischen den Wänden hin und her, seine Aufenthaltswahrscheinlichkeit ist also gleichmäßig auf die ganze Topflänge verteilt. In der Wellenmechanik ist die Abweichung vom klassischen Fall bei $n = 1$ am größten, da dort die Aufenthaltswahrscheinlichkeit in der Mitte des Topfes am größten ist und an den Rändern verschwindet. Für höhere n-Werte, d. h. für höhere Energien nähert sich der wellenmechanisch gefundene Wert der Aufenthaltswahrscheinlichkeit immer mehr dem klassischen Wert.

Bisher betrachteten wir nur den eindimensionalen Fall. Eine ähnliche Rechnung für ein dreidimensionales unendlich hohes Potentialfeld (Box) liefert die zu (5.22) analoge Gleichung:

$$E_n = \frac{\hbar^2 \pi^2}{2ma^2} (n_x^2 + n_y^2 + n_z^2). \tag{5.28}$$

Die kleinste Energie nimmt ein Elektron in einer Box an, wenn $n_x = n_y = n_z = 1$ ist. Für die nächst höhere Energie gibt es drei verschiedene Kombinationsmöglichkeiten der n-Werte, nämlich $(n_x, n_y, n_z) = (1, 1, 2)$, $(1, 2, 1)$ oder $(2, 1, 1)$. Man nennt verschiedene Zustände mit gleicher Energie „entartete" Zustände.

Eine realistischere Lösung der Schrödinger-Gleichung für ein Atom unter Anwendung eines Coulomb-Potentials (siehe oben) führt zu erlaubten „Energieschalen". Jede Energieschale kann nur eine gewisse Anzahl von Elektronen aufnehmen. Die dem Atomkern nächste Schale (K-Schale, $n = 1$) zwei Elektronen (genannt $1s$-Elektronen), die nächst weitere Schale (L) zwei s-Elektronen und sechs p-Elektronen (genannt $2s$- bzw. $2p$-Elektronen), die M-Schale zwei s-, sechs p- und zehn d-Elektronen (genannt $3s$-, $3p$- bzw. $3d$-Elektronen) usw. Auf diese historisch bedingten Bezeichnungen und ihre sehr wichtige Bedeutung in der Spektroskopie soll hier nicht weiter eingegangen werden. Wir führen diese Nomenklatur aber ein, weil mit ihrer Hilfe die in der Festkörperphysik gebräuchlichen Energiebänder bezeichnet werden.

5.4.3 Elektronen im periodischen Gitterfeld

Nachdem wir in den vorangehenden Abschnitten zwei Extremfälle kennengelernt haben, nämlich das völlige freie und das an seinen Atomkern fest gebundene Elektron, ist das Ziel dieses Abschnittes, das Verhalten eines Elektrons im Kristall zu berechnen. Wir werden in der Diskussion dann sehen, daß die zuvor behandelten Extremfälle aus diesem allgemeinen Fall abgeleitet werden können.

Unsere erste Aufgabe ist, einen für den Festkörper geeigneten Ausdruck für das Potentialfeld, in dem sich das Elektron bewegen soll, aufzufinden. Aus Röntgenbeugungsuntersuchungen weiß man nun, daß die Atome im Kristall periodisch angeordnet sind. Für die Behandlung unseres Problems wird daher sicher eine periodische Wiederholung des in Abb. 5.2 gezeigten Potentialtopfes, also eine periodische Anordnung von Potentialmulden und Potentialbergen der Realität weitgehend angepaßt und auch für die Berechnung zweckmäßig sein. Solch ein periodisches Potentialfeld ist in Abb. 5.5 für den eindimensionalen Fall gezeigt[1]. Unser Potentialfeld weist Potentialmulden der Länge a auf, die wir mit Bereich I bezeichnen wollen. Diese Mulden sind durch Potentialberge der Höhe V_0 und Breite b voneinander getrennt (Bereich II), wobei V_0 größer als die Energie E des Elektrons sein soll.

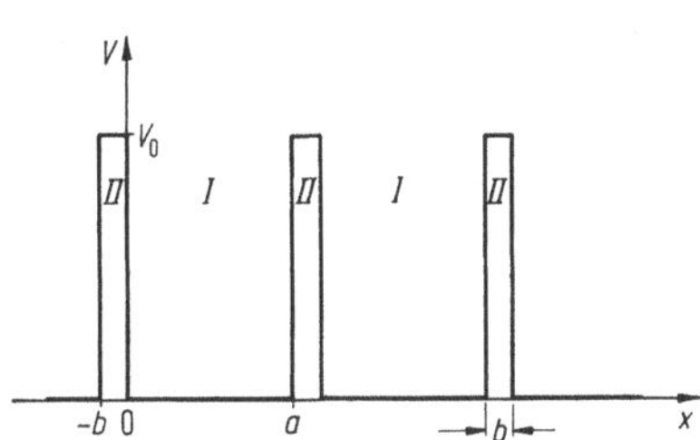

Abb. 5.5. Eindimensionales periodisches Potentialfeld (vereinfacht).

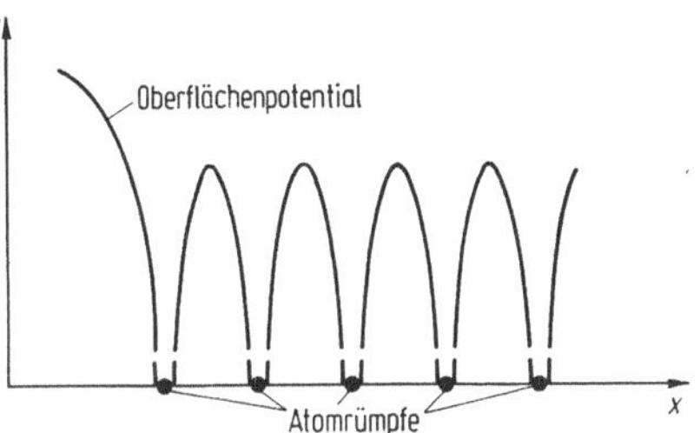

Abb. 5.6. Eindimensionales, periodisches Potentialfeld eines Kristalls.

Dieses Modell ist sicher eine grobe Vereinfachung des im Kristall wirklich auftretenden Potentialfeldes, da es die sehr enge Bindung der sich nahe am Atomkern befindenden Elektronen und die teilweise Wechselwirkung mit Nachbaratomen der entfernteren Elektronen nicht berücksichtigt. Ein Potentialfeld, das diese Unterschiede in Betracht zieht, ist in Abb. 5.6 gezeigt. Man sieht jedoch sofort ein, daß ein solches Modell für eine einfache Berechnung sehr viel weniger geeignet ist, als das in Abb. 5.5 gezeigte.

Wir schreiben nun die Schrödinger-Gleichung für die Bereiche I und II an:

$$\text{I} \qquad \frac{d^2\psi}{dx^2} + \frac{2m}{\hbar^2} E\psi = 0, \tag{5.29}$$

$$\text{II} \qquad \frac{d^2\psi}{dx^2} + \frac{2m}{\hbar^2} (E - V_0)\psi = 0. \tag{5.30}$$

[1] Kronig, R. de L., Penney, W. G.: Proc. Roy. Soc. London **130**, 499 (1931).

Zur Abkürzung setzen wir

$$\alpha^2 = \frac{2m}{\hbar^2} E \tag{5.31}$$

und

$$\beta^2 = \frac{2m}{\hbar^2} (V_0 - E). \tag{5.32}$$

BLOCH[1] zeigte, daß die Lösung dieser Gleichungen die Form hat:

$$\psi(x) = u(x) \cdot e^{ikx} \tag{5.33}$$

(Bloch-Funktion), wobei $u(x)$ eine periodische Funktion ist, welche die Periodizität des Gitters in der x-Richtung aufweist. Das heißt, daß $u(x + (a + b)) = u(x)$ ist. $u(x)$ ist also nicht mehr wie in Gleichung (5.12) oder (5.17) eine Konstante (Amplitude A), sondern ändert sich periodisch mit wachsendem x (modulierte Amplitude). $u(x)$ ist natürlich unterschiedlich für verschiedene Richtungen innerhalb des Kristallgitters. Die Größe k in Gleichung (5.33) ist wieder der in Gleichung (5.15) eingeführte Wellenzahlvektor, bzw., da die Rechnung im Eindimensionalen durchgeführt wird, dessen Komponente k_x. Wir werden in den folgenden Abschnitten, solange keine Verwechslungsmöglichkeit besteht, den Index weglassen.

Differenziert man die Bloch-Funktion (5.33) zweimal nach x, so erhält man:

$$\frac{d^2\psi}{dx^2} = \left(\frac{d^2u}{dx^2} + \frac{du}{dx} 2ik - k^2 u\right) e^{ikx}. \tag{5.34}$$

Gleichung (5.34) setzen wir in die Gleichungen (5.29) und (5.30) ein, unter Berücksichtigung der Abkürzungen (5.31) und (5.32).

$$\text{I} \qquad \frac{d^2u}{dx^2} + 2ik \frac{du}{dx} - (k^2 - \alpha^2) u = 0, \tag{5.35}$$

$$\text{II} \qquad \frac{d^2u}{dx^2} + 2ik \frac{du}{dx} - (k^2 + \beta^2) u = 0. \tag{5.36}$$

(5.35) und (5.36) haben die Form der Gleichung einer gedämpften Schwingung, deren allgemeine Lösung in Anhang 1.2 angegeben ist. Die Lösung von (5.35) und (5.36) ist:

$$\text{I} \qquad u = e^{-ikx} (A e^{i\alpha x} + B e^{-i\alpha x}), \tag{5.37}$$

$$\text{II} \qquad u = e^{-ikx} (C e^{-\beta x} + D e^{\beta x}). \tag{5.38}$$

[1] BLOCH, F.: Z. Phys. **52**, 555 (1928), **59**, 208 (1930).

Wir haben nun 4 Konstanten A, B, C, D, über die wir mittels der Randbedingungen verfügen können. Die Funktionen ψ bzw. $\mathrm{d}\psi/\mathrm{d}x$ und damit auch u und $\mathrm{d}u/\mathrm{d}x$ gehen an der Stelle $x = 0$ kontinuierlich von Gebiet I in Gebiet II über. Gleichung I = Gleichung II für $x = 0$ liefert:

$$A + B = C + D. \tag{5.39}$$

$\frac{\mathrm{d}u}{\mathrm{d}x}$ für I $= \frac{\mathrm{d}u}{\mathrm{d}x}$ für II bei $x = 0$ gibt:

$$A(i\alpha - ik) + B(-i\alpha - ik) = C(-\beta - ik) + D(\beta - ik). \tag{5.40}$$

Außerdem soll ψ und damit u periodisch in der Entfernung $(a + b)$ sein, d. h. Gleichung I an der Stelle $x = 0$ muß identisch Gleichung II an der Stelle $x = a + b$ sein oder einfacher, Gleichung I an der Stelle $x = a$ muß identisch Gleichung II an der Stelle $x = -b$ sein (siehe Abb. 5.5). Dies gibt

$$A\,\mathrm{e}^{(i\alpha - ik)a} + B\,\mathrm{e}^{(-i\alpha - ik)a} = C\,\mathrm{e}^{(ik+\beta)b} + D\,\mathrm{e}^{(ik-\beta)b}. \tag{5.41}$$

Schließlich soll auch $\frac{\mathrm{d}u}{\mathrm{d}x}$ periodisch in a + b sein:

$$A\,i(\alpha - k)\,\mathrm{e}^{ia(\alpha-k)} - B\,i(\alpha + k)\,\mathrm{e}^{-ia(\alpha+k)} = -C(\beta + ik)\,\mathrm{e}^{(ik+\beta)b} + \\ + D(\beta - ik)\,\mathrm{e}^{(ik-\beta)b}. \tag{5.42}$$

Die Konstanten A, B, C und D lassen sich mit diesen vier Gleichungen bestimmen, die, in die Gleichungen (5.37) und (5.38) eingesetzt, Werte für u ergeben. Damit können auch Lösungen der Wellenfunktion ψ mit Hilfe der Gleichung (5.33) angegeben werden. Wie in den beiden vorangehenden Abschnitten ist jedoch die Kenntnis der ψ-Funktion nicht von primärem Interesse, sondern vielmehr eine Bedingung, die angibt, wann Lösungen der Schrödinger-Gleichungen (5.29) und (5.30) existieren. Wir erinnern uns, daß ja gerade diese Beschränkungsbedingungen zu den Energieniveaus in Abschnitt 5.4.2 führten. Wir schlagen hier den selben Weg ein.

Sind die Gleichungen (5.39) bis (5.42) in sich konsistent, so muß die Determinante aus den Koeffizienten von A, B, C und D gleich Null sein. Die Rechnung liefert mit Hilfe der Eulerschen Formeln (Anhang A 2):

$$\frac{\beta^2 - \alpha^2}{2\alpha\beta} \sinh \beta b \sin \alpha a + \cosh \beta b \cos \alpha a = \cos k(a + b). \tag{5.43}$$

Zur Vereinfachung der Diskussion dieser Gleichung verabreden wir nun folgendes. Die Potentialschwellen in Abb. 5.5 sollen so sein, daß

b sehr klein und V_0 sehr groß wird, und zwar derart, daß das Produkt $V_0 b$, also die Fläche dieser Potentialschwellen endlich bleibt. Mit anderen Worten: wenn V_0 größer wird, verringert sich b entsprechend. Das Produkt $V_0 b$ wird die Stärke der Potentialschwelle genannt.

Bei sehr großem V_0 ist E in Gleichung (5.32) gegenüber V_0 vernachlässigbar, so daß

$$\beta = \sqrt{\frac{2m}{\hbar^2}} \sqrt{V_0} \tag{5.44}$$

ist. Multiplikation von (5.44) mit b ergibt:

$$\beta b = \sqrt{\frac{2m}{\hbar^2}} \sqrt{(V_0 b) b}. \tag{5.45}$$

Da $V_0 b$ verabredungsgemäß endlich bleiben soll und $b \to 0$ geht, wird βb sehr klein. Bei kleinem βb wird aber (siehe Tafeln der Hyperbelfunktionen)

$$\cosh \beta b \approx 1 \quad \text{und} \quad \sinh \beta b \approx \beta b.$$

Schließlich kann man noch α^2 gegenüber β^2 und b gegenüber a vernachlässigen (siehe Gleichung (5.31) und (5.32), bzw. Abb. 5.5), so daß Gleichung (5.43) die Form annimmt:

$$\frac{m}{\alpha \hbar^2} V_0 b \sin \alpha a + \cos \alpha a = \cos k a. \tag{5.46}$$

Mit der Abkürzung

$$P = \frac{m a V_0 b}{\hbar^2} \tag{5.47}$$

wird schließlich aus (5.46)

$$P \frac{\sin \alpha a}{\alpha a} + \cos \alpha a = \cos k a. \tag{5.48}$$

Dies ist die gesuchte Beziehung, welche die erlaubten Lösungen der Schrödinger-Gleichungen (5.29) und (5.30) angibt. Wir sehen, daß wegen der Randbedingungen, die hier zu einer Gleichung mit trigonometrischen Funktionen führen, ähnlich wie im vorhergehenden Abschnitt, nur gewisse Werte für α und damit wegen (5.31) für die Energie E definiert sind. Man übersieht die Verhältnisse am besten, wenn man die Funktion $P \frac{\sin \alpha}{\alpha a} + \cos \alpha a$ in Abhängigkeit von αa aufzeichnet, was in Abb. 5.7 mit $P = \frac{3}{2} \pi$ getan ist. Das Besondere ist nun, daß die rechte Seite von (5.48) nur gewisse Werte dieser Funktion erlaubt, da $\cos k a$ nur zwischen $+1$ und -1 definiert ist (außer bei imaginärem k). Dies ist in Abb. 5.7 gezeigt, in der die erlaubten Werte der Funktion $P\,\frac{\sin\alpha a}{\alpha a} + \cos\alpha a$ durch stark ausgezogene Linien auf der αa-Achse markiert sind.

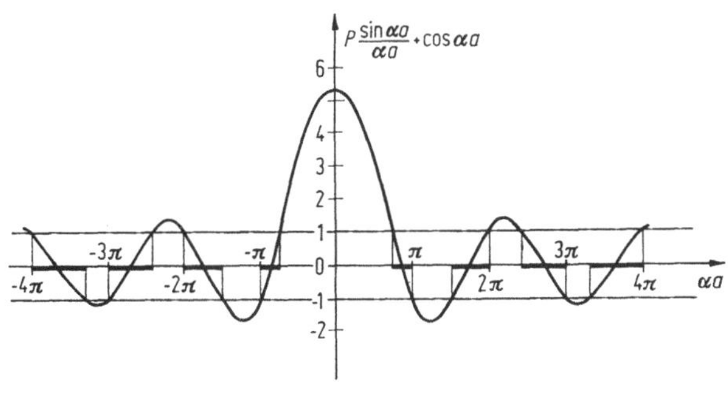

Abb. 5.7.

Funktion $P\,\frac{\sin\alpha a}{\alpha a} + \cos\alpha a$ in Abhängigkeit von αa. P wurde hier willkürlich $\frac{3}{2}\,\pi$ gesetzt.

Wir kommen damit zu folgendem sehr wichtigen Ergebnis: Da αa eine Funktion der Energie ist, bedeutet die eben genannte Beschränkung, daß ein Elektron, das sich im periodisch veränderlichen Potentialfeld bewegt, nur gewisse erlaubte *Energiezonen* besetzen kann. Energien außerhalb dieser erlaubten Zonen oder „Bänder" sind „verboten". Man sieht aus Abb. 5.7, daß bei wachsenden Werten von αa, d. h. bei wachsender Energie, die verbotenen Bänder schmaler werden. Die Größe der erlaubten und verbotenen Energiebereiche ändert sich mit der Variation von P. Im folgenden sollen 4 Fälle besprochen werden:

a) Die Potentialschwellen-Stärke $V_0 b$ sei groß, dann wird nach Gleichung (5.47) auch P groß und die Kurve in Abb. 5.7 verläuft steiler. Die erlaubten Bänder sind schmal.

b) Ist die Schwellenstärke und damit P klein, so werden die erlaubten Bänder breiter (siehe Abb. 5.8).

c) Wird die Potentialschwelle immer kleiner und verschwindet schließlich, so geht P gegen 0, und man erhält aus Gleichung (5.48)

$$\cos\alpha a = \cos k a \tag{5.49}$$

oder $\alpha = k$. Daraus folgt mit Gleichung (5.31)

$$E = \frac{\hbar^2 k^2}{2m}.$$

Dies ist die aus Abschnitt 5.4.1 bekannte Gleichung (5.11 a) für freie Elektronen.

d) Bei sehr großer Potentialschwellen-Stärke geht $P \to \infty$. Da aber die linke Seite von Gleichung (5.48) innerhalb der Grenzen ± 1, also endlich bleiben muß, folgt daraus $\sin \alpha a \to 0$. Dies ist nur möglich, wenn $\alpha a = n\pi$ oder

$$\alpha^2 = \frac{n^2 \pi^2}{a^2} \tag{5.50}$$

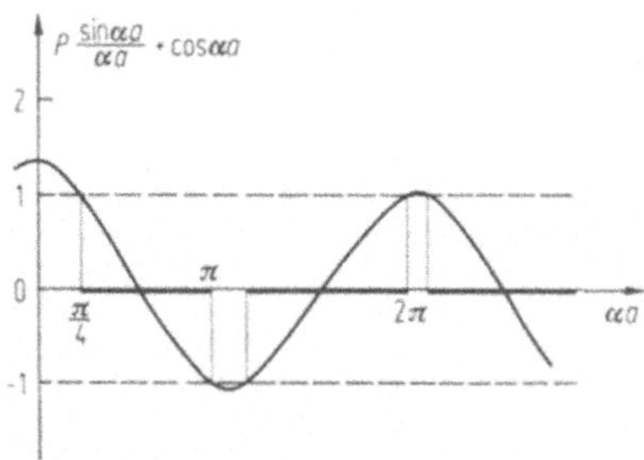

Abb. 5.8. Funktion $P \frac{\sin \alpha a}{\alpha a} + \cos \alpha a$ über αa bei $P = \pi/10$.

ist. Aus Gleichung (5.31) und (5.50) folgt

$$E = \frac{\pi^2 \hbar^2}{2ma^2} n^2 .$$

Man erhält das Ergebnis von Abschnitt 5.4.2, Gleichung (5.22).

Wir fassen zusammen (Abb. 5.9): Bei starker Bindung der Elektronen, d. h. hoher Potentialschwelle erhält man scharfe Energieniveaus

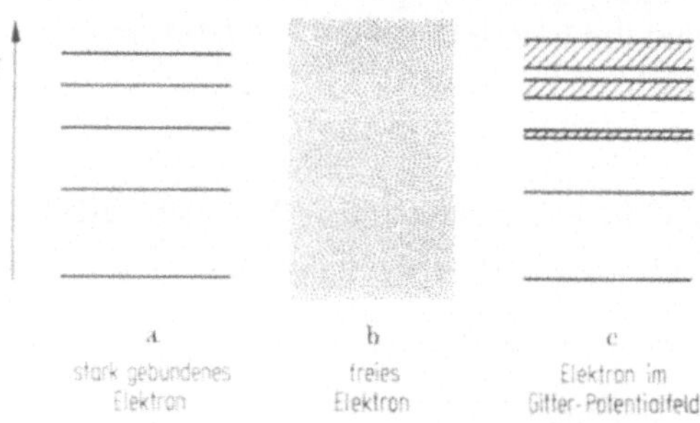

Abb. 5.9. Erlaubte Energieniveaus für a) gebundene Elektronen; b) freie Elektronen und c) Elektronen im Festkörper. Siehe hierzu Fußnote auf S. 49.

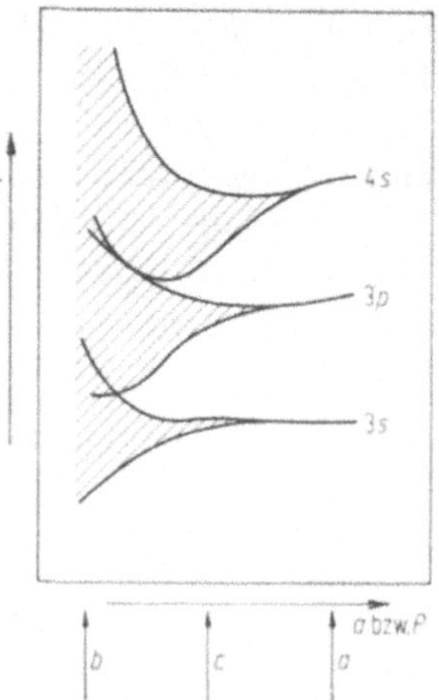

Abb. 5.10. Aufweitung der scharfen Energieniveaus in Bänder und schließlich in einen kontinuierlichen Energiebereich bei abnehmendem Atomabstand (nach SLATER).

(Elektron im Potentialfeld *eines* Atomkerns). Bei mangelnder Bindung erhält man ein kontinuierliches Energieniveau (freie Elektronen). Bewegt sich ein Elektron im periodischen Potentialfeld, so erhält man Energiebänder (Festkörper).

Die Aufweitung der Energieniveaus in Energiebänder und der Übergang zum kontinuierlichen Energiebereich infolge zunehmender Wechselwirkung der Atome mit abnehmendem gegenseitigen Abstand ist in Abb. 5.10 gezeigt. Man sieht, daß z. B. das $3s$-Energieniveau zum $3s$-Band aufweitet. Die Pfeile a, b und c beziehen sich auf die drei Skizzen der Abb. 5.9.

5.5 Energiebänder in Kristallen

5.5.1 Eindimensionale Zonenbilder

Wir sind nunmehr in der Lage, weitere wichtige Aussagen zu machen, die zum Verständnis der Vorgänge in Kristallen und insbesondere der optischen Eigenschaften der Metalle wesentlich beitragen. Wir tragen hierzu die Energie der Gitterelektronen über den Elektronenimpuls oder wegen Gleichung (5.14) über den Wellenzahlvektor $\boldsymbol{k}$ auf. Zunächst behandeln wir wieder den eindimensionalen Fall.

Nach Gleichung (5.11) ist bei freien Elektronen die Beziehung zwischen E und k_x besonders einfach:

$$k_x = \text{const} \cdot E^{1/2}. \tag{5.51}$$

Trägt man E über k_x auf, so erhält man eine Parabel (Abb. 5.11).

Wir kommen nun auf Gleichung (5.49) zurück, die wir für $P = 0$ (freie Elektronen) aus Gleichung (5.48) erhalten haben. Da die Cosinusfunktion 2π-periodisch ist, können wir Gleichung (5.49) in der folgenden Form schreiben.

$$\cos \alpha a = \cos k_x a \equiv \cos (k_x a + n\, 2\pi). \tag{5.52}$$

wobei $n = 0, \ \pm 1, \pm 2, \ldots$ ist.
Dies ergibt

$$\alpha a = k_x a + n\, 2\pi. \tag{5.53}$$

Mit Gleichung (5.31)

$$\alpha = \sqrt{\frac{2m}{\hbar^2}}\, E^{1/2}$$

wird aus (5.53)

$$k_x + n\,\frac{2\pi}{a} = \sqrt{\frac{2m}{\hbar^2}}\, E^{1/2}. \tag{5.54}$$

Aus (5.54) folgt, daß sich die Parabel der Abb. 5.11 periodisch in dem Intervall $n \cdot 2\pi/a$ wiederholt (Abb. 5.12). Die Energie ist also hier eine periodische Funktion von k_x mit der Periode $2\pi/a$.

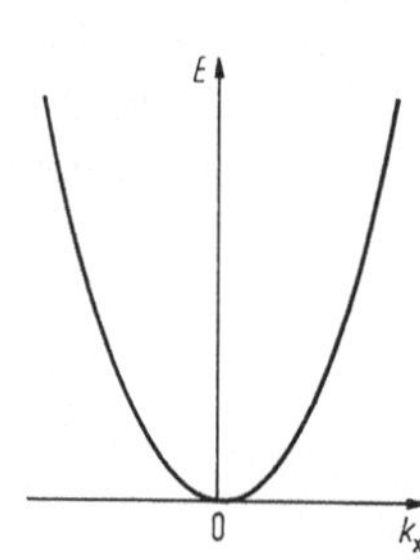

Abb. 5.11. Elektronenenergie E in Abhängigkeit der Wellenzahl k_x für freie Elektronen.

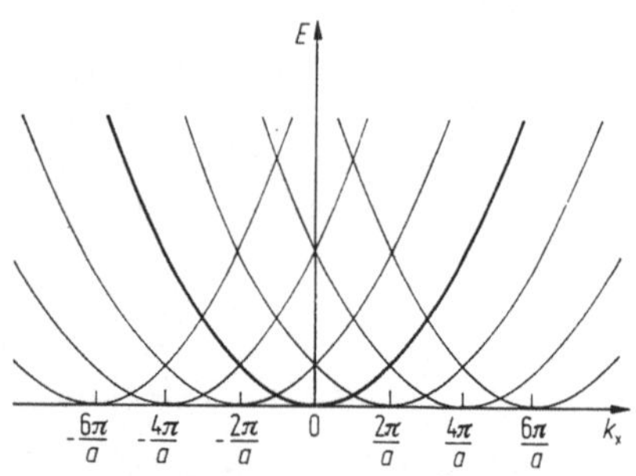

Abb. 5.12. Periodische Wiederholung der Abb. 5.11 an den Stellen $k_x = n \cdot 2\pi/a$.

Bewegt sich nun ein Elektron in einem periodischen Potentialfeld, so treten, wie in Abb. 5.7 gezeigt wurde, immer dann Diskontinuitäten der Energie auf, wenn $\cos k_x a$ einen Höchst- oder Tiefstwert einnimmt, d. h. wenn $\cos k_x a = \pm 1$ ist. Dies ist aber nur dann der Fall, wenn

$$k_x a = n\pi; \qquad n = \pm 1, \pm 2, \pm 3, \ldots$$

oder

$$k_x = n \cdot \frac{\pi}{a}. \tag{5.55}$$

An den Unstetigkeitsstellen tritt eine Abweichung des für freie Elektronen gültigen parabolischen $E(k_x)$-Verlaufs auf und die Parabeläste münden in die benachbarten Parabeln ein[1]. Dies ist in Abb. 5.13 gezeigt.

Die vorangehenden Überlegungen führen zu einem wichtigen Ergebnis. Die Elektronen verhalten sich im Kristall für die meisten k_x-Werte angenähert wie freie Elektronen, ausgenommen, wenn k_x sich dem Wert $n \cdot \pi/a$ nähert.

Neben dem „periodischen Zonenschema" (Abb. 5.13) sind noch zwei weitere Zonenbilder gebräuchlich. Wir werden uns in den folgenden Abschnitten insbesondere des „reduzierten Zonenschemas" (Abb. 5.14a)

---

[1] Wenn sich zwei Energiefunktionen mit gleicher Symmetrie schneiden, so folgt auf Grund einer quantenmechanischen Regel, nämlich des Kreuzungsverbots (non crossing rule), daß die Eigenfunktionen wegen der Wechselwirkungen derart aufgespalten werden, daß sie sich nicht kreuzen.

bedienen, das einen Ausschnitt der Abb. 5.13 zwischen den Grenzen $\pm \pi/a$ darstellt. Im „ausgedehnten Zonenbild", Abb. 5.14b sind die Abweichungen von der für die freien Elektronen gültigen Parabel an den kritischen Stellen $k_x = n \cdot \pi/a$ besonders gut sichtbar.

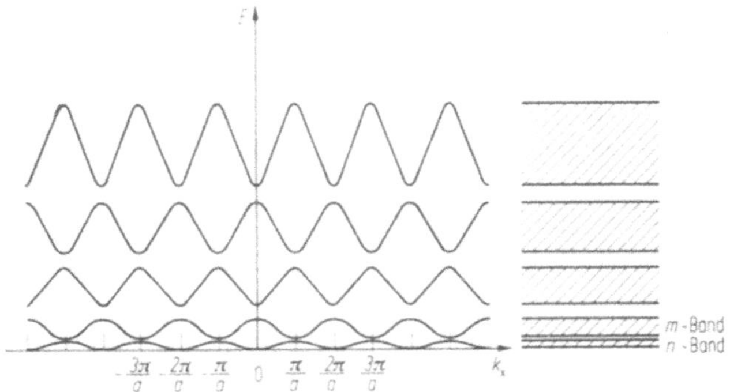

Abb. 5.13. Periodisches Zonenschema.

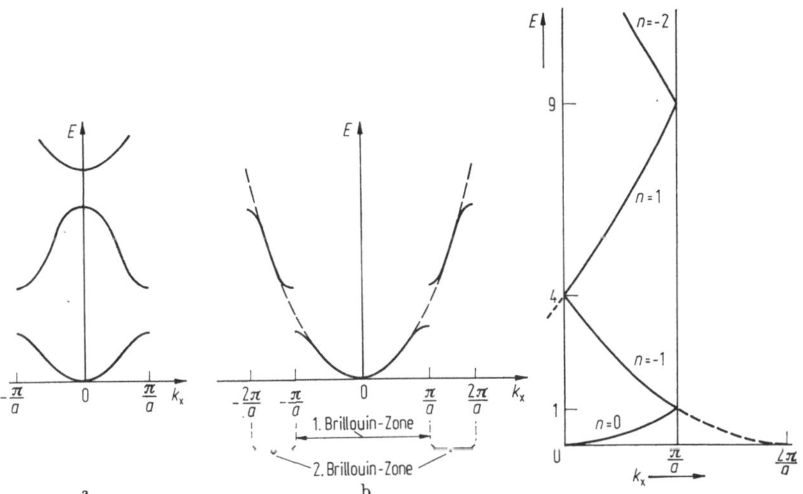

Abb. 5.14. a) Reduziertes Zonenschema; b) ausgedehntes Zonenschema. Die Bedeutung der Brillouin-Zonen wird in Abschnitt 5.5.2 erklärt.

Abb. 5.15. „Bänder der freien Elektronen", dargestellt im reduzierten Zonenschema.

Gelegentlich ist es nützlich, *freie* Elektronen im reduzierten Zonenbild darzustellen. Dazu denkt man sich die Breite des verbotenen Bandes immer kleiner, bis diese Energielücke schließlich ganz verschwunden ist. Dies führt zu den in Abb. 5.15 gezeigten „Bändern der freien Elektronen", die hier innerhalb der Grenzen $0 \leqq k_x \leqq \pi/a$ aufgetragen sind. Natürlich geht bei freien Elektronen der gewohnte Bandcharakter verloren, und man erhält, wie in Abschnitt 5.4.1 ausgeführt wurde, einen kontinuierlichen Energiebereich. Der Verlauf der einzelnen Bänder in Abb. 5.15 geht wiederum aus der $2\pi/a$-Periodizität hervor, wie ein Vergleich mit Abb. 5.12 zeigt. Mit Gleichung (5.54)

$$E = \frac{\hbar^2}{2m}\left(k_x + n\,\frac{2\pi}{a}\right)^2; \qquad n = 0, \pm 1, \pm 2, \ldots \tag{5.56}$$

kann man durch Einsetzen von verschiedenen n-Werten den Verlauf dieser Bänder berechnen.

Es ist üblich, den Ursprung der Energieskala in das untere Ende des Valenzbandes, also des bei Metallen ersten nicht vollständig mit Elektronen aufgefüllten Bandes, zu legen. Dieses Band werden wir im folgenden mit n-Band bezeichnen. Das darüberliegende Band soll m-Band heißen. Insbesondere bei Halbleitern wird es auch Leitungsband genannt.

5.5.2 Brillouin-Zonen

Wir betrachten nun das Verhalten eines Elektrons im Felde eines quadratischen Gitters. Die Elektronenbewegung in zwei Dimensionen kann wieder durch einen Wellenzahlvektor $\boldsymbol{k}$ mit den Komponenten k_x und k_y parallel der x- bzw. y-Achse beschrieben werden. Man erhält dann ein zweidimensionales Feld von erlaubten Energiebereichen, die den erlaubten Energiebändern entsprechen. Sie werden Brillouin-Zonen genannt. Von einem Energieband zum anderen bzw. von einer Brillouin-Zone zur anderen kann man nur durch Elektronensprünge gelangen.

Die Konstruktion der Zonen soll am Beispiel eines quadratischen Gitters erläutert werden (Abb. 5.16). Für die erste Brillouin-Zone werden auf den kürzesten Gittervektoren (G_1) im reziproken Gitter[1] die Mittellote errichtet. Die eingeschlossene Fläche ist die erste Brillouin-Zone. Für die folgenden Zonen werden die Mittellote auf den nächst kürzeren Gittervektoren errichtet. Es ist dabei zu beachten, daß für die Zonen höherer Ordnung die verlängerten Begrenzungslinien der Zonen niederer Ordnung als zusätzliche Begrenzungslinien mit verwandt werden müssen. Die ersten vier Brillouin-Zonen sind in Abb. 5.17 und die ersten vier kürzesten Gittervektoren G_1 bis G_4 in Abb. 5.16 gezeichnet.

Dreidimensionale Brillouin-Zonen werden analog konstruiert und bilden Raumkörper (siehe z. B. Abb. 5.22). Die erste und zweite Brillouin-Zone eines eindimensionalen Gitters ist in Abb. 5.14 b eingetragen.

[1] Auf das reziproke Gitter werden wir in Abschnitt 8.1 näher eingehen.

Der besondere Wert der Brillouin-Zonenbilder liegt darin, daß mit ihrer Hilfe die Verhältnisse bei Beschleunigung eines Elektrons unter einem Winkel zur x- oder y-Achse einfach übersehen werden können.

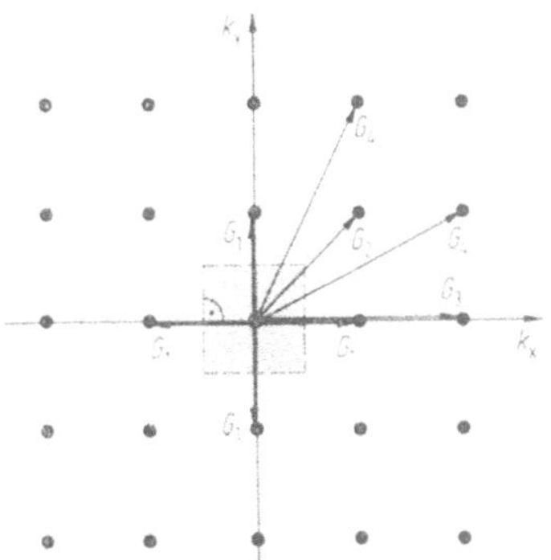

Abb. 5.16. Vier kürzeste Gittervektoren im reziproken Gitter und erste Brillouin-Zone eines quadratischen Gitters.

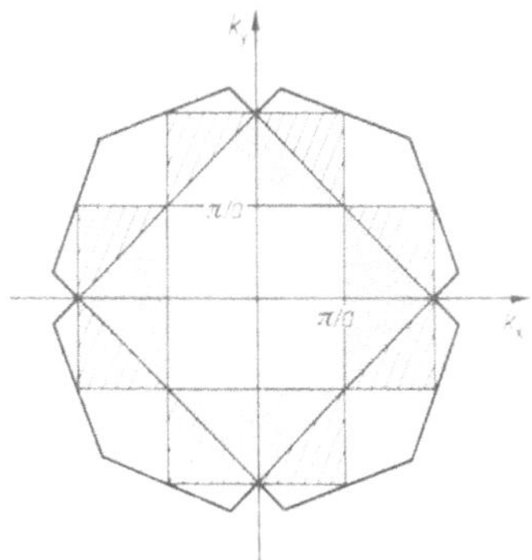

Abb. 5.17. Die vier ersten Brillouinzonen eines quadratischen Gitters.

Zum Beispiel ist im quadratischen Gitter nach Gleichung (5.55) und (5.14) bei einer Bewegung unter 45° zur x-Achse der größte Impuls, den ein Elektron in der ersten Brillouin-Zone erreichen kann,

$$p_{\max} = \frac{\pi}{a} \hbar \sqrt{2} \tag{5.57}$$

im Unterschied zum größten Impuls bei Bewegung entlang der x- oder y-Achse

$$p_{\max} = \frac{\pi}{a} \hbar . \tag{5.58}$$

Die Überlappung von Energiebändern, auf die wir im Abschnitt 5.5.3 eingehen, lassen sich mit Hilfe der Brillouin-Zonen zwanglos erklären. Wir werden die Brillouin-Zonen im Abschnitt 8.1 häufig verwenden.

Das Auftreten von erlaubten und verbotenen Energiezonen bei der Elektronenbewegung in Kristallen läßt sich auch auf ganz anderem Weg erklären und soll der unmittelbaren Anschaulichkeit wegen hier kurz beschrieben werden.

Wir betrachten eine Elektronenwelle, die sich in einem Kristall unter dem Winkel ϑ zu den Gitterebenen ausbreitet (Abb. 5.18). Bei einem bestimmten Einfallswinkel ϑ tritt nun wegen Interferenz, der an den Gitteratomen gestreuten Elektronenwellen eine Verstärkung der

Strahlen 1′ und 2′ auf. Jeder auf diese Weise gebeugte Strahl kann, wie BRAGG gezeigt hat, aufgefaßt werden, als ob er von einem Spiegel, der parallel zu den Gitterebenen liegt, reflektiert wurde. Bei diesem kritischen Winkel wird der durchgehende Strahl beträchtlich geschwächt. Dies ist immer dann der Fall, wenn der Gangunterschied $2a \sin \vartheta$

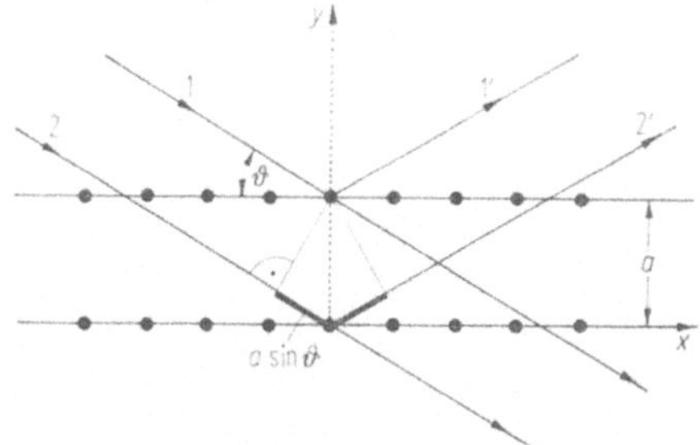

Abb. 5.18. Bragg-Reflexion der Elektronenwelle im Gitter bei kritischem Einfallswinkel ϑ.

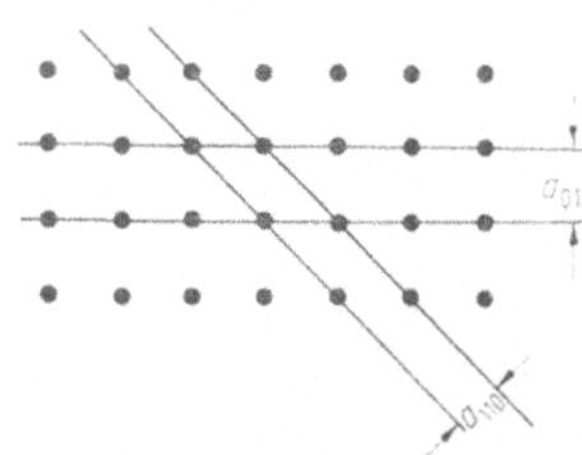

Abb. 5.19. Gitterebenen eines quadratischen Gitters.

gleich einem ganzen Vielfachen der Elektronenwellenlänge λ ist, also wenn

$$2a \sin \vartheta = n\lambda; \qquad n = 1, 2, 3, \ldots \tag{5.59}$$

(Bragg-Beziehung). Mit Gleichung (5.15) wird aus (5.59)

$$2a \sin \vartheta = n \frac{2\pi}{k}$$

und damit

$$k_{\text{krit}} = n \frac{\pi}{a \sin \vartheta}, \tag{5.60}$$

woraus bei einer Elektronenbewegung entlang einer Koordinatenachse, d. h. für senkrechten Einfall Gleichung (5.55) folgt. Mit $\vartheta = 45°$ erhält man Gleichung (5.57).

Gleichung (5.60) führt zu dem Ergebnis, daß bei wachsender Elektronenenergie schließlich ein kritischer $\boldsymbol{k}$-Wert erreicht wird, bei dem eine Reflexion der Elektronenwelle an den Gitterebenen eines Kristalls stattfindet und damit ein Elektronenstrom durch das Gitter verhindert wird. Dann bilden die einfallenden und die Bragg-reflektierten Elektronenwellen stehende Wellen aus. Der kritische $\boldsymbol{k}$-Wert wird um so früher erreicht, je größer die Gitterkonstante a ist. Mit anderen Worten, die kritischen $\boldsymbol{k}$- oder Energiewerte, bei denen Reflexion stattfindet, werden zuerst bei Ebenen mit kleinen Millerschen Indizes erreicht (Abb. 5.19).

5.5.3 Kurven und Flächen gleicher Energie

Wir sahen in den vorangehenden Abschnitten, daß die Elektronen innerhalb eines erlaubten Bandes oder einer erlaubten Zone verschiedene Energien bis zum kritischen Wert E_{krit} einnehmen können. Zu jedem

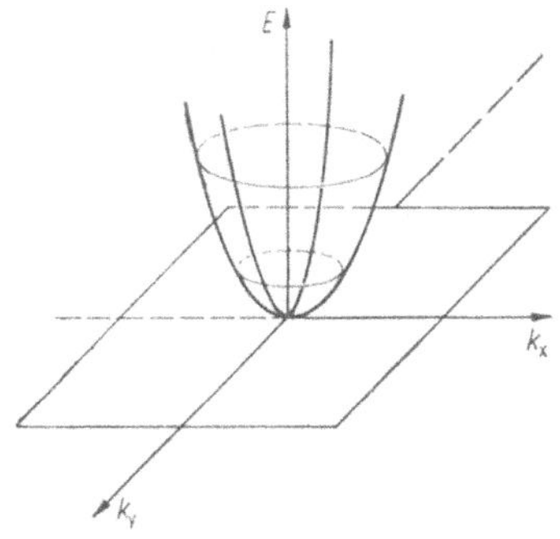

Abb. 5.20. Elektronenenergie E in Abhängigkeit des Wellenzahlvektors $\boldsymbol{k}$ (zweidimensional) zur Veranschaulichung der Kurven gleicher Energie für freie Elektronen.

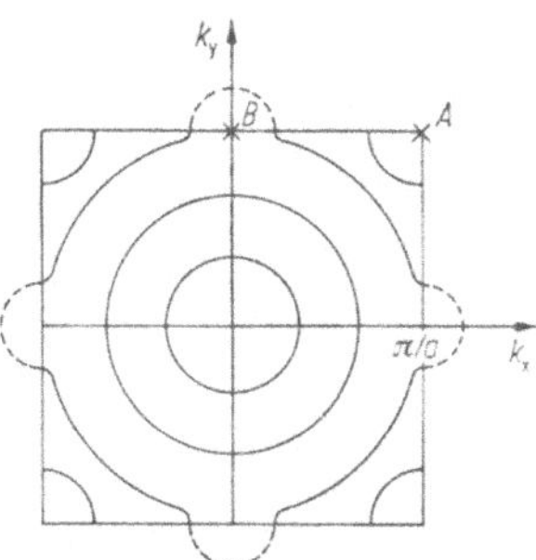

Abb. 5.21. Kurven gleicher Energie innerhalb der ersten Brillouin-Zone für ein quadratisches Gitter.

Wert des Wellenzahlvektors $\boldsymbol{k}$ gehört eine Energie E. In der k_x-k_y-Fläche liegen Punkte gleicher Energie auf einer Kurve, die für freie Elektronen Kreisform hat (Abb. 5.20). Bewegt sich das Elektron

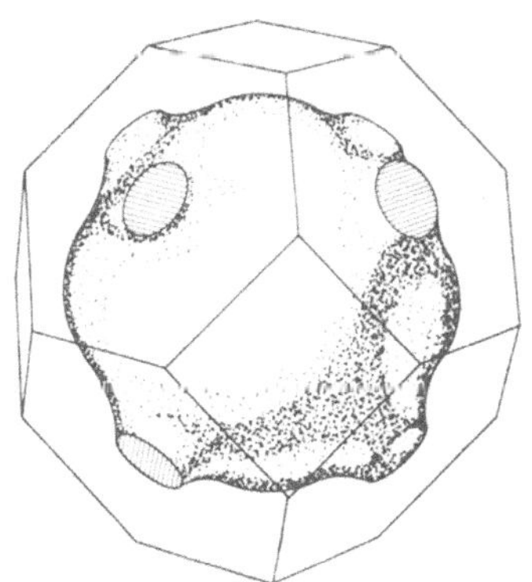

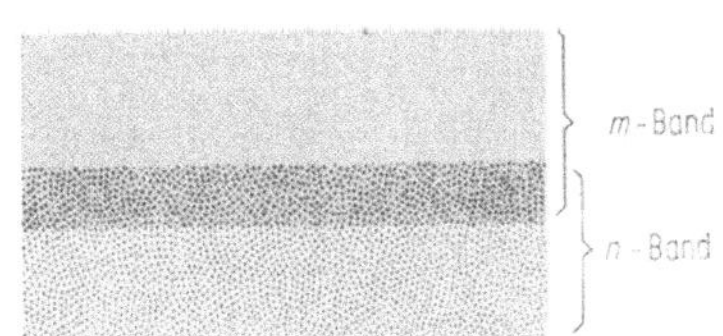

Abb. 5.23. Überlappung von Energiebändern.

← Abb. 5.22. Eine spezielle Fläche gleicher Energie (Fermi-Fläche, siehe Abschnitt 5.5.4 und die erste Brillouin-Zone für Kupfer (nach PIPPARD[1]).

in einem zweidimensionalen quadratischen Gitter, so erhält man also bei kleinen Elektronenenergien Kreise für die Kurven gleicher Energie. Nähert man sich aber dem Rand einer Brillouin-Zone, so treten Ab-

[1] PIPPARD, A. B.: The Dynamics of Conduction Electrons, New York/London/Paris: Gordon & Breach 1965.

weichungen von der Kreisform auf. In Abb. 5.21 sind Kurven gleicher Energie in der ersten Brillouin-Zone für ein zweidimensionales, quadratisches Gitter gezeichnet.

Im dreidimensionalen $\boldsymbol{k}$-Raum erhält man Flächen gleicher Energie. Sie sind bei freien Elektronen Kugeln und bei Abweichung von parabolischem E-($\boldsymbol{k}$)-Verlauf komplizierte Flächen. In Abb. 5.22 ist eine solche Fläche gleicher Energie für einen Spezialfall gezeigt.

Es sei besonders darauf hingewiesen, daß die zum Punkt A in Abb. 5.21 gehörende Energie größer ist, als die zu Punkt B gehörende Energie. Daraus folgt, daß Kurven gleicher Energie der ersten Brillouin-Zone in die zweite Zone hineinreichen können (in Abb. 5.21 gestrichelt gezeichnet). Dies führt zu einer Überlappung der Energiebänder, wie sie für ein eindimensionales Gitter in Abb. 5.23 schematisch gezeigt ist.

5.5.4 Fermi-Energie und Fermi-Fläche

Die höchste Energie, die ein Elektron bei $T = 0\,K$ einnehmen kann, wird mit Fermi-Energie E_F bezeichnet. Die zugehörige Fläche gleicher Energie im dreidimensionalen $\boldsymbol{k}$-Raum heißt Fermi-Fläche. Die in Abb. 5.22 gezeigte Energiefläche ist die Fermi-Fläche für Kupfer.

Die Fermi-Energie ist für jedes System eine besondere Konstante. Eine weitere Definition der Fermi-Energie lernen wir im Abschnitt 5.5.5 kennen. Wir sehen dort, daß bei der Fermi-Energie die Fermi-Funktion $F(E) = 1/2$ ist. Ein Ausdruck für die Fermi-Energie ist in Gleichung (5.69) angegeben.

5.5.5 Fermi-Verteilungsfunktion

In den bisherigen Abschnitten dieses Kapitels betrachteten wir im wesentlichen *ein* Elektron im Feld von Atomen oder im Festkörper. Dieses Elektron war meistens ein äußerstes, also ein Valenzelektron.

In diesem Abschnitt wollen wir nunmehr beschreiben, wie die vorhandenen Elektronen eines Kristalls sich auf die verfügbaren Energieniveaus verteilen. Da im cm^3 rund 10^{22} Atome sind und jedes Atom eine mit der Ordnungszahl identische Anzahl von Elektronen besitzt, wird es wenig sinnvoll sein, den Aufenthaltsort und die kinetische Energie *jedes einzelnen* Elektrons feststellen zu wollen. Wir werden aber sehen, daß Wahrscheinlichkeitsaussagen befriedigende Ergebnisse liefern. Die Wahrscheinlichkeit dafür, daß ein bestimmtes Energieniveau durch ein Elektron besetzt ist, wird durch die Fermi-Funktion $F(E)$ angegeben.

$$F(E) = \frac{1}{\exp\left(\frac{E - E_F}{kT}\right) + 1}. \tag{5.61}$$

Ist ein Energieniveau E vollständig mit Elektronen besetzt, so ergibt sich $F(E) = 1$; für ein unbesetztes Energieniveau erhält man $F(E) = 0$. E_F ist die in Abschnitt 5.5.4 eingeführte Fermi-Energie, k die Boltzmann-Konstante und T die absolute Temperatur. Trägt man die Fermi-Funktion nach Gleichung (5.61) für $T = 0$ über der Energie auf, so erhält man die in Abb. 5.24 gezeigte Fermi-Verteilungsfunktion. Aus Abb. 5.24 ist ersichtlich, daß bei $T = 0$ alle Niveaus, die eine kleinere Energie als E_F haben, vollkommen mit Elektronen gefüllt sind, wogegen höhere Energieniveaus unbesetzt bleiben.

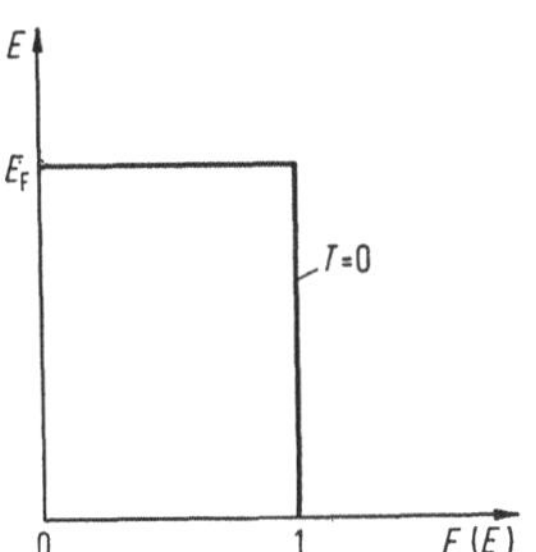

Abb. 5.24. Fermi-Funktion $F(E)$ in Abhängigkeit von der Energie E bei $T = 0$.

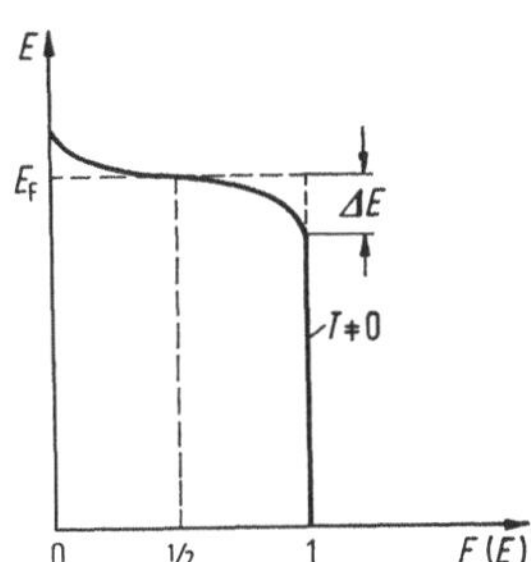

Abb. 5.25. Fermi-Verteilungsfunktion bei $T \neq 0$.

Bei höheren Temperaturen ($T \neq 0$) hat die Fermi-Verteilungsfunktion die in Abb. 5.25 gezeigte Form. Der Abfall der Funktion $F(E)$ von 1 auf 0 geschieht bei höheren Temperaturen nicht in einer Stufe, sondern ist „verschmiert", d. h. auf ein Energieintervall $2\Delta E$ ausgedehnt. Dieser Abfall ist in Abb. 5.25 stark übertrieben gezeichnet. In Wirklichkeit ist bei Raumtemperatur ΔE etwa 1% von E_F.

Bei hohen Temperaturen kann das obere Ende der Fermi-Verteilung durch die Werte der klassischen (Boltzmann)-Statistik angenähert werden. Von besonderem Interesse ist der Wert der Fermi-Funktion $F(E)$ bei $E = E_F$ und $T \neq 0$. Wie man Gleichung (5.61) entnimmt, ist nämlich in diesem Sonderfall $F(E) = 1/2$, was zu einer Definition der Fermi-Energie dient.

5.5.6 Zustandsdichte und Besetzungsdichte

Wir interessieren uns nun für die Frage, wie die Energieniveaus über ein Band verteilt sind. Wir beschränken uns dabei auf das Valenzband, weil dort die Elektronen wegen ihrer schwachen Bindung an den Atomkern als frei betrachtet werden können. Wir nehmen an, daß die freien Elektronen, oder wie man auch sagt, das Elektronengas in einem rechteckigen Potentialtopf enthalten ist und aus diesem nicht entweichen kann. Die Dimensionen dieses Potentialtopfes seien identisch mit den Abmessungen des gerade betrachteten Kristalls. Damit ist aber unser Problem dem in Abschnitt 5.4.2 behandelten Fall *eines* Elektrons in einem Potentialtopf ähnlich. Die Lösung der Schrödinger-Gleichung in Verbindung mit den entsprechenden Randbedingungen liefert die zu Gleichung (5.28) analoge Beziehung:

$$E_n = \frac{\pi^2 \hbar^2}{2ma^2} (n_x^2 + n_y^2 + n_z^2),$$

wobei n_x, n_y und n_z Hauptquantenzahlen sind. Wir greifen nun eine beliebige Energie E_n heraus. Zu jedem Energieniveau E_n (auch Energie-*Zustand* genannt) eines Elektrons in einer dreidimensionalen Box gehört ein bestimmter Satz von Quantenzahlen n_x, n_y, n_z. Ein Energiezustand kann daher durch einen Punkt im Quantenzahlenraum dargestellt werden (Abb. 5.26). In diesem Raum ist n der Radius vom Ursprung des Koordinatensystems zu einem Punkt (n_x, n_y, n_z), wobei

$$n^2 = n_x^2 + n_y^2 + n_z^2 \tag{5.62}$$

ist. Gleiche Werte der Energie E_n liegen auf der Oberfläche einer Kugel mit Radius n. Alle Punkte innerhalb der Kugel repräsentieren daher

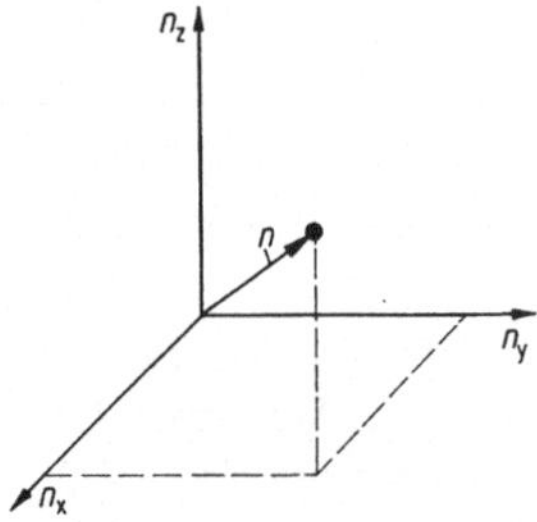

Abb. 5.26. Darstellung eines Energiezustandes im Quantenzahlenraum.

Quantenzustände mit Energien, die kleiner als E_n sind. Die Zahl der Quantenzustände, die Energien gleich oder kleiner als E_n besitzen, sind proportional dem Volumen dieser Kugel. Da die Quantenzahlen positive, ganze Zahlen sind, können die n-Werte nur im positiven Oktanten des n-Raumes definiert sein. 1/8 des Volumens der Kugel mit dem Radius

n gibt daher die *Zahl der Energiezustände* η *an, deren Energie gleich oder kleiner* E_n *sind.* Mit (5.28) und (5.62) ergibt sich daher

$$\eta = \frac{1}{8} \cdot \frac{4}{3} \pi n^3 = \frac{\pi}{6} \left(\frac{2ma^2}{\pi^2 \hbar^2}\right)^{3/2} E^{3/2}. \tag{5.63}$$

Differentiation von η nach der Energie E gibt die *Zahl der Energiezustände im Energieintervall* $\mathrm{d}E$, also die Dichte der Energiezustände, kurz *Zustandsdichte* $Z(E)$ genannt, an:

$$\frac{\mathrm{d}\eta}{\mathrm{d}E} = Z(E) = \frac{\pi}{4} \left(\frac{2ma^2}{\pi^2 \hbar^2}\right)^{3/2} E^{1/2} = \frac{V}{4\pi^2} \left(\frac{2m}{\hbar^2}\right)^{3/2} E^{1/2} \tag{5.64}$$

(a^3 = Volumen V, das die Elektronen einnehmen können).

Die Zustandsdichte über die Energie aufgetragen, gibt nach Gleichung (5.64) eine Parabel. Abb. 5.27 zeigt, daß am unteren Bandende sehr viel weniger Energieniveaus zur Verfügung stehen, als bei höheren Energien. Die Fläche, innerhalb der Kurve in Abb. 5.27 ist definitionsgemäß die Zahl der Zustände mit einer Energie gleich oder kleiner einer beliebigen Energie E_n. Für ein Flächenelement $\mathrm{d}\eta$ gilt daher

$$\mathrm{d}\eta = Z(E)\,\mathrm{d}E,$$

wie aus Gleichung (5.64) und Abb. 5.27 hervorgeht.

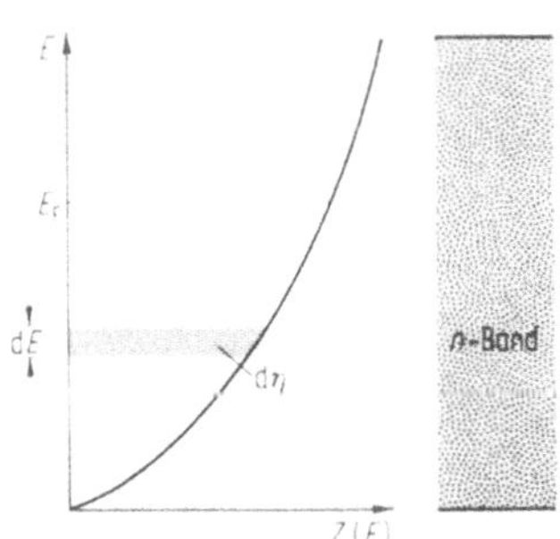

Abb. 5.27. Zustandsdichte $Z(E)$ innerhalb eines Bandes bei der Annahme von freien Elektronen. Die im Text erwähnte beliebige Energie E_n kann z. B. die Fermi Energie E_F sein.

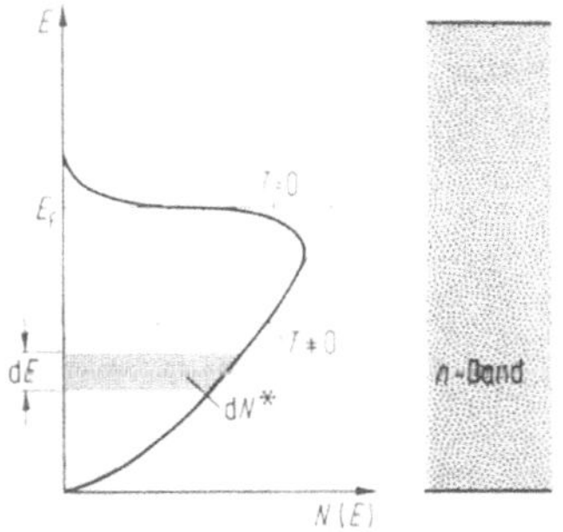

Abb. 5.28. Besetzungsdichte $N(E)$ innerhalb eines Bandes für freie Elektronen.

Die *Zahl der Elektronen* $N(E)$ *innerhalb eines Energieintervalls* $\mathrm{d}E$ berechnet sich aus dem Produkt aus Zahl der möglichen Energieniveaus $Z(E)$ und der Wahrscheinlichkeit der Besetzung dieser Energieniveaus.

Es ist dabei zu beachten, daß nach dem Pauli-Prinzip jeder Energiezustand mit je einem Elektron positiven oder negativen Spins besetzt, d. h. jeder Energiezustand mit zwei Elektronen besetzt werden kann. Es ist also

$$N(E) = 2 \cdot Z(E) \cdot F(E) \tag{5.65}$$

oder mit Gleichung (5.64) und (5.61)

$$N(E) = \frac{V}{2\pi^2}\left(\frac{2m}{\hbar^2}\right)^{3/2} E^{1/2} \cdot \frac{1}{\exp\left(\frac{E - E_F}{kT}\right) + 1}. \tag{5.66}$$

$N(E)$ wird (Elektronen-)Besetzungsdichte genannt. Man sieht sofort, daß bei $T = 0$ und $E < E_F$, da $F(E)$ hier $= 1$ ist, bis auf den konstanten Faktor 2 die Funktion $N(E)$ wie $Z(E)$ verläuft. Bei $E = E_F$ wird jedoch $N(E)$ Null, weil bei dieser Energie $F(E)$ Null ist. Bei $T \neq 0$ und $E \approx E_F$ bewirkt die Fermi-Verteilung (Gleichung (5.61)) ein Verschmieren des Abfalls von $N(E)$, (Abb. 5.28).

Die Fläche innerhalb der Kurve in Abb. 5.28 gibt die Zahl der Elektronen N^* an, die eine Energie gleich oder kleiner einer Energie E_n haben.

Für ein Flächenelement gilt

$$\mathrm{d}N^* = N(E)\,\mathrm{d}E. \tag{5.67}$$

Mit Gleichung (5.67) kann man einen Ausdruck für die Fermi-Energie berechnen. Wir tun dies für den einfachen Fall $T = 0$ und $E = E_F$. Integration vom unteren Bandende bis zur Fermi-Energie E_F gibt mit (5.66)

$$N^* = \int_0^{E_F} N(E)\,\mathrm{d}E = \int_0^{E_F} \frac{V}{2\pi^2}\left(\frac{2m}{\hbar^2}\right)^{3/2} E^{1/2}\,\mathrm{d}E = \frac{V}{3\pi^2}\left(\frac{2m}{\hbar^2}\right)^{3/2} E_F^{3/2}. \tag{5.68}$$

Nennt man $N' = N^*/V$ die Zahl der Elektronen pro Einheitsvolumen, so wird aus (5.68)

$$E_F = (3\pi^2 N')^{2/3}\,\frac{\hbar^2}{2m}. \tag{5.69}$$

5.5.7 Vollständige Dichtefunktion in einem Band

Im unteren Teil eines Valenzbandes erhalten wir einen parabolischen Verlauf der Dichtefunktion $Z(E)$. Oberhalb des Valenzbandes, also im verbotenen Energiebereich, sind definitionsgemäß keine Energieniveaus besetzt. $Z(E)$ muß also dort Null sein. Daraus ergibt sich ein Maximum für $Z(E)$ ungefähr in der Bandmitte. Die theoretische Be-

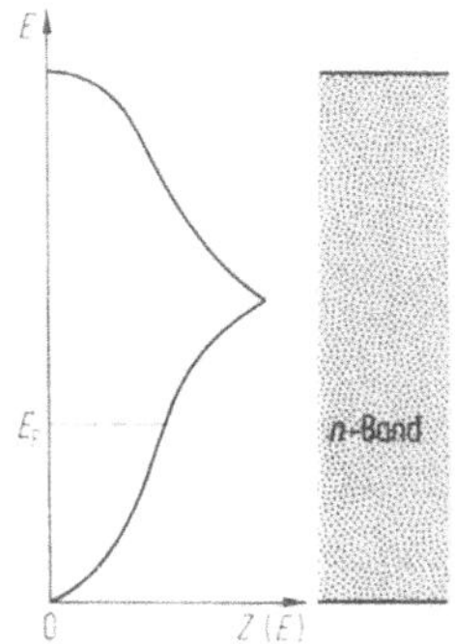

Abb. 5.29. Vollständige Dichtefunktion innerhalb eines Bandes.

handlung, auf die wir hier nicht eingehen, liefert den in Abb. 5.29 gezeigten Verlauf der Dichtefunktion über das vollständige Band.

5.6 Folgerungen aus dem Bandmodell

In Abschnitt 5.5.6 erwähnten wir, daß nach dem Pauli-Prinzip jedes Energieband eines aus N Atomen bestehenden Kristalls Platz für $2N$ Elektronen, also für zwei Elektronen pro Atom, hat. Ist das oberste Band eines Kristalls mit 2 Elektronen pro Atom besetzt, ist das Band also vollständig gefüllt, so ist eine Bewegung der Elektronen bei Anlegen eines äußeren Feldes oder bei Einstrahlung von Licht nicht möglich (so wie es vergleichsweise unmöglich ist, ein Auto auf einem vollständig besetzten Parkplatz zu bewegen). Zur Bewegung eines Elektrons muß dieses nämlich Energie aufnehmen. Höhere Energieniveaus sind aber bei voll besetztem Band nicht erlaubt. (Auf die Möglichkeit einer Energieabsorption, die von Elektronensprüngen ins nächst höhere Band begleitet sind, kommen wir weiter unten und im nächsten Abschnitt zu sprechen.) Festkörper mit voll besetztem obersten Band (Valenzband) sind daher Isolatoren, Abb. 5.30a.

In Festkörpern mit einem Valenzelektron pro Atom (z. B. Alkalimetalle) ist das Valenzband im wesentlichen halb gefüllt. Eine Elektronenbewegung bei Anlegen eines äußeren Feldes ist möglich, der Kristall hat metallisches Verhalten (Abb. 5.30b).

Zweiwertige Metalle sollten nach dieser Überlegung Isolatoren sein. Daß dies nicht der Fall ist, liegt an der bereits erwähnten, teilweisen Überlappung der obersten Bänder, die bei schwacher Bindung der

Valenzelektronen an ihren Atomkern auftritt (siehe Abb. 5.23). Da die Elektronen stets die geringste potentielle Energie einnehmen, findet bei Bandüberlappung ein teilweises Abfließen der Valenzelektronen auf den unteren Teil des nächst höheren Bandes statt, so daß auch bei zweiwertigen Festkörpern teilweise aufgefüllte Bänder auftreten können (Abb. 5.30c).

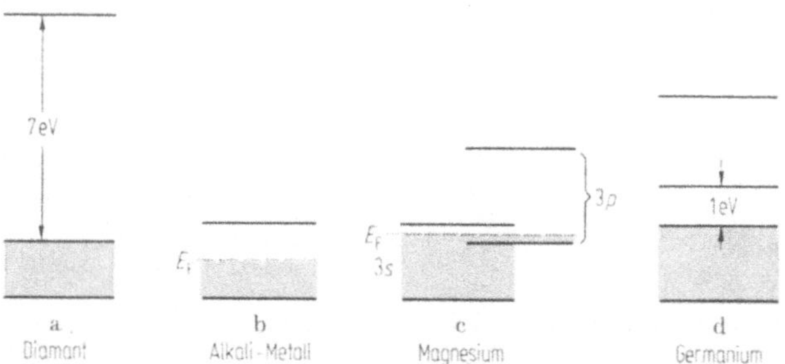

Abb. 5.30. Vereinfachte Darstellung der Energiebänder für a) Isolatoren, b) Alkalimetalle, c) zweiwertige Metalle, d) Eigenhalbleiter.

Bei Halbleitern besteht wegen der Überlappungen das Valenz- und das Leitungsband jeweils aus gemischten s- und p-Zuständen. Die 8 möglichen höchsten $s+p$-Zustände (2 s- und 6 p-Zustände) spalten sich in zwei voneinander getrennte $s+p$-Bänder auf, die aus je *einem* s- und 3 p-Zuständen bestehen. Der untere s-Zustand kann *ein* Elektron pro Atom, die drei unteren p-Zustände können *drei* Elektronen pro Atom aufnehmen. Das Valenzband faßt demnach $4N$ Elektronen. (Das gleiche gilt für das Leitungsband.) Da Germanium oder Silizium 4 Valenzelektronen besitzen, ist das Valenzband vollständig mit Elektronen gefüllt. Bei Eigenhalbleitern ist die verbotene Energiezone sehr schmal, so daß durch eine genügend große Anregungsenergie Elektronen vom voll besetzten Valenzband ins leere Leitungsband angehoben werden können (Abb. 5,30d).

Es soll nicht unerwähnt bleiben, daß auch bei den Alkalimetallen wegen des sehr schwach gebundenen Valenzelektrons eine Bandüberlappung stattfindet. (Bei Natrium z. B. überlappt das $3p$-Band das $3s$-Band.) Für unsere obige Klassifizierung der Festkörper in Isolatoren, Metalle und Halbleiter ist diese Eigenschaft jedoch ohne Belang. Die genaue Kenntnis der Bandstruktur ist jedoch für die Erklärung einer Anzahl von Festkörpereigenschaften von großem Nutzen. Man erhält diese Bandstrukturen sowohl durch Modellrechnungen, als auch teilweise durch experimentelle Untersuchungen z. B. durch Messung der optischen Konstanten. Wir werden in Abschnitt 8.2 darauf näher eingehen.

5.7 Absorption des Lichts durch Bandübergänge

Nachdem wir in den zurückliegenden Abschnitten die wichtigsten Begriffe und Gedanken der Elektronentheorie kennengelernt haben, wollen wir uns nunmehr wieder den optischen Eigenschaften der Metalle widmen. Wenn Lichtquanten (Photonen) genügend großer Energie auf einen Festkörper treffen, können die in diesem Kristall enthaltenen Elektronen in ein höheres Energieniveau angehoben werden, vorausgesetzt, daß unbesetzte höhere Energiezustände vorhanden sind. Bei diesen Übergängen bleibt in der Regel der Gesamtimpuls von Elektron und Photon konstant (Impulserhaltungssatz). Im optischen Spektralbereich ist der Impuls eines Photons und damit dessen Wellenzahlvektor (Gleichung (5.14)) sehr viel kleiner, als der eines Elektrons. Deshalb ist auch $\boldsymbol{k}_{\text{phot}}$ viel kleiner, als der Durchmesser einer Brillouin-Zone (Abb. 5.31). Elektronenanregungen, bei denen $\boldsymbol{k}$ konstant bleibt (vertikale Anregungen), nennt man „direkte Interband-Übergänge"[1] (Abb. 5.31).

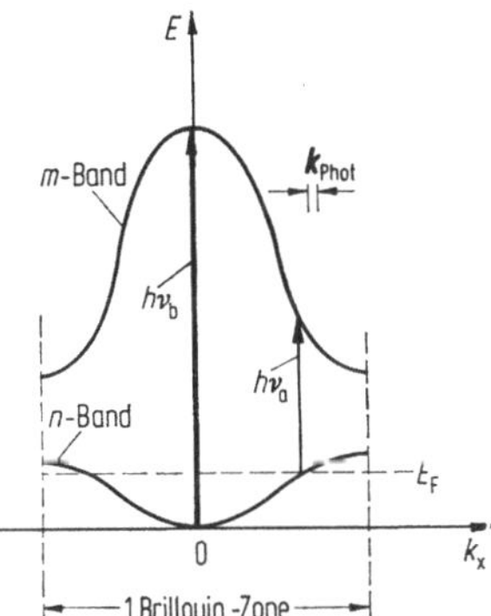

Abb. 5.31. Reduziertes Zonenschema und direkte Interbandübergänge.

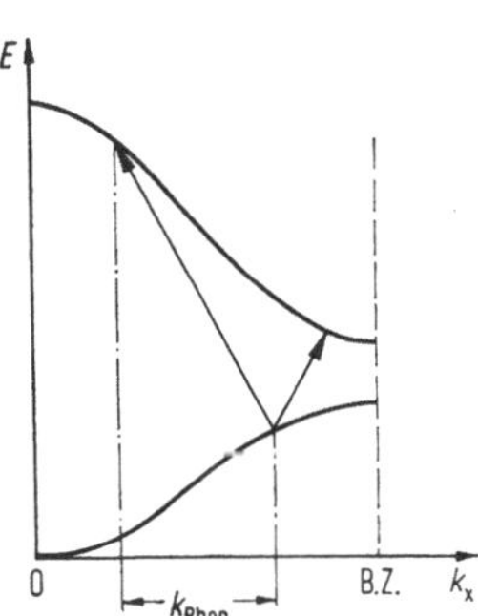

Abb. 5.32. Indirekte Interbandübergänge.

Bis zu einem gewissen Grad kann auch bei einem Interbandübergang ein Lichtquant unter Beteiligung eines *Phonons* (Gitterschwingungsquants) absorbiert werden (Abb. 5.32). Wir müssen uns zum Verständnis dieses „indirekten Interbandübergangs"[2] vergegenwärtigen, daß ein Gitterschwingungsquant nur eine sehr kleine Energie, jedoch einen

[1] In der vor 1960 erschienenen Literatur wird dieser Absorptionsmechanismus mit primärer Quantenabsorption oder innerer photoelektrischer Absorption bezeichnet.

[2] Indirekte Interbandübergänge werden in der älteren Literatur „sekundäre Quantenabsorption" genannt.

dem Elektron vergleichbaren (d. h. relativ großen) Impuls aufnehmen kann. Bei einem indirekten Bandübergang wird also der überschüssige Impuls (d. h. Wellenzahlvektor) in Form eines Phonons an das Gitter abgegeben, oder, allgemeiner ausgedrückt, ein Phonon wird mit dem Gitter ausgetauscht.

Indirekte Übergänge sind aus optischen Daten nur schwer zu erkennen und werden meistens bei der Interpretation der optischen Spektren vernachlässigt. Ob dies zu Recht geschieht, ist im Augenblick noch sehr umstritten. Indirekte Interbandübergänge spielen aber bei der Erklärung der Photoemission eine wichtige Rolle.

Wir wollen im folgenden in unserem (die tatsächlichen Verhältnisse vereinfachenden) Modell (Abb. 5.31) direkte Interbandübergänge vom n- ins m-Band betrachten. Die geringste Energie wird bei diesen Übergängen von denjenigen Elektronen absorbiert, deren Energie gleich der Fermi-Energie E_F ist[1], die also bereits die höchstmögliche Energie (bei $T = 0$) besitzen. Sie ist in Abb. 5.31 mit $h\nu_a$ bezeichnet. Entsprechend ist $h\nu_b$ die *größte* Energie, die zu einem Interbandübergang vom n- ins m-Band führt. Interbandübergänge finden also innerhalb bestimmter Energiegrenzen $h\nu_a$ und $h\nu_b$ statt. Man erhält daher eine Absorptionsbande, die ungefähr die in Abb. 4.15 gezeigte Form hat. Schließlich können auch Interbandübergänge zwischen weiter entfernten Bändern durch Absorption von größeren Energien angeregt werden. Man erhält so eine Vielzahl von Absorptionsbanden, die sich teilweise überlagern.

Die am Anfang dieses Kapitels aufgeworfene Frage, wieso es möglich ist, daß Elektronen sich sowohl frei als auch gebunden verhalten, kann nunmehr beantwortet werden. Bereits bei kleinen Frequenzen des auf das Metall fallenden Lichtes (kleine Photonenenergien) findet die Anregung der Elektronen unter Beteiligung eines Phonons innerhalb *eines* Bandes statt. Wir nennen diese Art der Anregung daher *Intra*-Bandübergang (Abb. 5.33). Nun können die Elektronen von einem besetzten Energiezustand wegen des Pauli-Prinzips nur in einen leeren Energiezustand angehoben werden. Daher tritt diese Art der Photonenabsorption nur in Metallen auf, da nur bei diesen ungefüllte Bänder vorhanden sind. (Dies erklärt, daß Isolatoren im Gegensatz zu Metallen keine Ultrarotabsorption aufweisen.) Die größte Photonenenergie (E_{max}), die auf diese Weise absorbiert werden kann, entspricht dem Anheben eines Elektrons vom unteren zum oberen Bandende (Abb. 5.33). Alle Energien, die kleiner als E_{max} sind, können kontinuierlich absorbiert werden. Die Intrabandübergänge sind den optischen Anregungen in einem Metall mit *freien* Elektronen analog.

---

[1] Bei Kristallen mit komplizierteren Bandstrukturen kann diese Aussage nicht ohne weiteres aufrechterhalten werden. Siehe Abschnitt 8.2.

Bei einer kritischen Frequenz des einfallenden Lichtes setzen dann die bereits besprochenen *Inter*-Bandübergänge ein, d. h. die Elektronen können nun in ein höheres Band angehoben werden. Dabei werden, wie

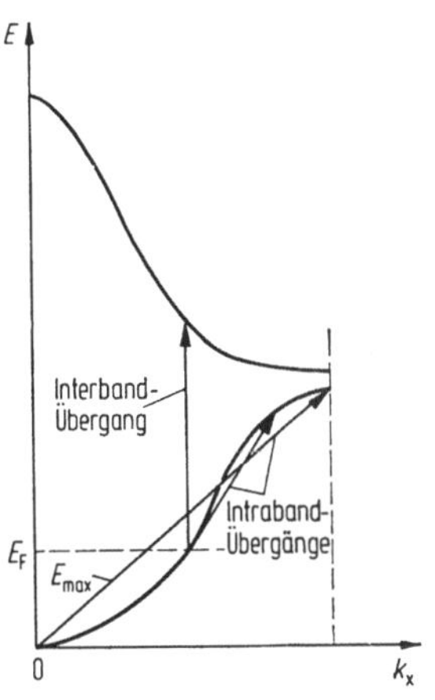

Abb. 5.33. Bandübergänge, eingetragen im reduzierten Zonenschema eines Metalls. Die größte Energie, die durch Intrabandübergänge absorbiert werden kann, erhält man durch Projektion des mit E_{max} bezeichneten Pfeiles auf die E-Achse.

gezeigt wurde, nur bestimmte Energiebeträge absorbiert. Es ist ersichtlich, daß dieser Absorptionsmechanismus bei um so kleineren Frequenzen beginnt, je geringer der Energieunterschied der in Frage kommenden Bänder ist. Dies erklärt die unterschiedlichen Reflexions- und Absorptionsspektren der Metalle. Interbandübergänge können sowohl bei Metallen als auch bei Isolatoren und Halbleitern auftreten. Sie sind den optischen Anregungen in einem Metall oder Isolator mit *gebundenen* Elektronen analog. In einem mittleren Frequenzbereich können sowohl Intraband als auch Interbandübergänge stattfinden. (Vergleiche hierzu insbesondere Abb. 8.16 und 8.17.)

Das Verdienst der Wellenmechanik war es, zu zeigen, daß die einfachen, klassischen Konzepte, nämlich die frei beweglichen und die an ihren Atomrumpf gebundenen Elektronen den Kern der sich im Metall abspielenden Mechanismen korrekt darstellt. Diese Ideen bilden noch heute die Basis für unser Verständnis wichtiger Metalleigenschaften. Die Interpretation der Reflexionsspektren der Metalle mit Hilfe der Intraband- und Interbandübergänge hat in den letzten zehn Jahren entscheidende Fortschritte gemacht und hat sehr zur Bestätigung der theoretisch erarbeiteten Bandstrukturen beigetragen. Wir werden deshalb in Abschnitt 8.2 diesen Fragenkreis nochmals aufgreifen und an Hand von einigen neueren Originalarbeiten vertiefen.

5.8 Dispersion

In Abschnitt 5.4.3 benutzten wir zur Berechnung des Verhaltens der Elektronen im periodischen Gitter das in Abb. 5.5 gezeigte Potentialfeld. Wir nahmen bei diesen Betrachtungen stillschweigend an, daß das Potentialfeld sich nicht mit der Zeit ändert. Diese Voraussetzung müssen wir aufgeben, wenn wir die Wechselwirkungen von Licht mit einem Festkörper betrachten. Durch das elektrische Wechselfeld des auf den Kristall fallenden Lichtes wird das Potentialfeld des Gitters periodisch gestört. Wir müssen also zu der bisher benutzten potentiellen Energie ein der Störung entsprechendes Korrekturglied, ein sogenanntes „Störungspotential" V' hinzufügen.

$$V = V_0 + V' \tag{5.70}$$

(V_0 = ungestörte potentielle Energie). Es ist verständlich, daß dieses Störungspotential mit der Frequenz ν des einfallenden Lichtes oszilliert.

Wir nehmen wieder eine linear polarisierte Lichtwelle an. Der Augenblickswert der Feldstärke $\boldsymbol{E}$ soll den Wert

$$E = A \cos \omega t \tag{5.71}$$

haben, wobei A der Höchstwert der Feldstärke ist. Dann wird das Störungspotential (potentielle Energie der Störung $K \cdot x$)

$$V' = \mathrm{e}\, E x = \mathrm{e}\, A \cos (\omega t) \cdot x . \tag{5.72}$$

Da das Potential sich nunmehr mit der Zeit ändert, benötigen wir zur Berechnung unseres Problems die zeitabhängige Schrödinger-Gleichung (5.7)

$$\Delta \Psi - \frac{2m}{\hbar^2} V \Psi - \frac{2im}{\hbar} \frac{\partial \Psi}{\partial t} = 0,$$

die mit Gleichung (5.70) und (5.72) lautet:

$$\Delta \Psi - \frac{2m}{\hbar^2} (V_0 + \mathrm{e}\, A x \cos \omega t)\, \Psi - \frac{2im}{\hbar} \frac{\partial \Psi}{\partial t} = 0 . \tag{5.73}$$

Unser Ziel ist nun, die optischen Konstanten, ähnlich wie in den Abschnitten 4.2, 4.3 oder 4.6, aus der Polarisation zu berechnen. Wir müssen jetzt aber folgendes beachten: In der Wellenmechanik wird das Elektron nicht als Massenpunkt, sondern als über den Raum $\mathrm{d}\tau$ verschmiert gedacht. Der in der klassischen Mechanik bestimmte Aufenthaltsort wird durch die Aufenthaltswahrscheinlichkeitsdichte $\Psi\Psi^*$ ersetzt (Gleichung (5.3)). An die Stelle der klassischen Polarisation (Gleichung (4.4))

$$P = N \cdot \mathrm{e} \cdot x$$

tritt deshalb in der Wellenmechanik der Ausdruck

$$P = N \cdot \mathrm{e} \int x \Psi \Psi^* \, \mathrm{d}\tau . \tag{5.74}$$

Wir werden also eine Lösung Ψ der „gestörten Schrödinger-Gleichung“ (5.73) suchen und mittels der Norm $\Psi\Psi^*$ und Gleichung (5.74) die Polarisation berechnen. Die Beziehung für die optischen Konstanten, die man auf diese Weise erhält, ist in Gleichung (5.92) aufgeführt.

Im folgenden soll nun der eben skizzierte Weg im einzelnen durchgeführt werden. Der erste Schritt ist, die raum- *und* zeitabhängige Schrödinger-Gleichung mittels eines geeigneten Ansatzes in eine nur raumabhängige Gleichung zu verwandeln. Die gestörte Schrödinger-Gleichung (5.73) schreiben wir mit Hilfe der Euler-Formel (A 2.1) um in

$$\Delta\Psi - \frac{2m}{\hbar^2} V_0 \Psi - \frac{2im}{\hbar} \frac{\partial\Psi}{\partial t} = \frac{2m}{\hbar^2} \mathrm{e} A x \frac{1}{2} [\mathrm{e}^{i\omega t} + \mathrm{e}^{-i\omega t}] \Psi . \tag{5.75}$$

Die linke Seite von Gleichung (5.75) hat nun wieder die Form der ungestörten Schrödinger-Gleichung (5.7). Wir nehmen an, daß die Störung sehr klein ist. Dann können wir in das Störglied (rechte Seite von Gleichung (5.75)) den bereits bekannten Ausdruck (Gleichung (5.4))

$$\Psi_i^0(x, y, z, t) = \psi_i^0(x, y, z) \, \mathrm{e}^{i\omega_i t}$$

für die ungestörte i-te Eigenfunktion einsetzen. Dies ergibt

$$\Delta\Psi - \frac{2m}{\hbar^2} V_0 \Psi - \frac{2im}{\hbar} \frac{\partial\Psi}{\partial t} = \frac{m}{\hbar^2} \mathrm{e} A x \psi_i^0 [\mathrm{e}^{i(\omega_i+\omega)t} + \mathrm{e}^{i(\omega_i-\omega)t}] . \tag{5.76}$$

Die rechte Seite ziehen wir zur Vereinfachung der Rechnung zusammen:

$$\Delta\Psi - \frac{2m}{\hbar^2} V_0 \Psi - \frac{2im}{\hbar} \frac{\partial\Psi}{\partial t} = \frac{m}{\hbar^2} \mathrm{e} A x \psi_i^0 \, \mathrm{e}^{i(\omega_i \pm \omega)t} . \tag{5.77}$$

Zur Lösung der Gleichung (5.76) versuchen wir einen Ansatz, der aus einer ungestörten Lösung und zwei Gliedern mit den Kreisfrequenzen $(\omega_i + \omega)$ und $(\omega_i - \omega)$ besteht:

$$\Psi = \Psi_i^0 + \psi_+ \mathrm{e}^{i(\omega_i + \omega)t} + \psi_- \mathrm{e}^{i(\omega_i - \omega)t} . \tag{5.78}$$

Diesen Lösungsansatz ziehen wir wieder zusammen in

$$\Psi = \Psi_i^0 + \psi_\pm \mathrm{e}^{i(\omega_i \pm \omega)t}$$

Setzt man die zweimalige Differentiation dieses Ansatzes nach dem Ort und einmalige Differentiation nach der Zeit in Gleichung (5.77) ein, so erhält man

$$\underline{\Delta \Psi_i^0} + \Delta \psi_\pm \mathrm{e}^{i(\omega_i \pm \omega)t} - \underline{\frac{2m}{\hbar^2} V_0 \Psi_i^0} - \frac{2m}{\hbar^2} V_0 \psi_\pm \mathrm{e}^{i(\omega_i \pm \omega)t} -$$

$$\underline{- \frac{2im}{\hbar} \frac{\partial \Psi_i^0}{\partial t}} + \frac{2m}{\hbar} (\omega_i \pm \omega) \psi_\pm \mathrm{e}^{i(\omega_i \pm \omega)t} = \frac{m}{\hbar^2} eAx\psi_i^0 \mathrm{e}^{i(\omega_i \pm \omega)t} \quad (5.79)$$

Die unterstrichenen Glieder in (5.79) verschwinden nach Gleichung (5.7), wenn Ψ_i^0 die Lösung der ungestörten Schrödinger-Gleichung ist. Bei den verbleibenden Gliedern hebt sich der Exponentialfaktor heraus, so daß wir mit $\hbar\omega = h\nu = E$ erhalten:

$$\Delta \psi_\pm + \frac{2m}{\hbar^2} \psi_\pm (E_i \pm h\nu - V_0) = \frac{m}{\hbar^2} eAx\psi_i^0. \quad (5.80)$$

Mit Gleichung (5.80) ist unser erstes Ziel erreicht, nämlich eine zeitunabhängige (gestörte) Schrödinger-Gleichung. Wir lösen diese Gleichung mit einem in der „Störungsrechnung" häufig angewandten Verfahren: Wir entwickeln die Funktion $x\psi_i^0$ der rechten Seite von (5.80) nach Eigenfunktionen

$$x\psi_i^0 = a_{1i}\psi_1^0 + a_{2i}\psi_2^0 + \cdots + a_{ni}\psi_n^0 + \cdots = \sum a_{ni}\psi_n^0 \quad (5.81)$$

und multiplizieren (5.81) mit ψ_n^{0*} und integrieren über den ganzen Raum $\mathrm{d}\tau$. Dann wird wegen Gleichung (5.8) und (5.9)

$$\int x\psi_i^0\psi_n^{0*}\,\mathrm{d}\tau = a_{1i}\underbrace{\int \psi_1^0\psi_n^{0*}\,\mathrm{d}\tau}_{0} \underbrace{+\cdots+}_{0} a_{ni}\underbrace{\int \psi_n^0\psi_n^{0*}\,\mathrm{d}\tau}_{1} + \cdots = a_{ni}. \quad (5.82)$$

Ganz analog entwickeln wir die Funktion $\psi_\pm$ nach Eigenfunktionen

$$\psi_\pm = \Sigma b_{\pm n}\psi_n^0. \quad (5.83)$$

Einsetzen von (5.81) und (5.83) in (5.80) ergibt:

$$\sum b_{\pm n}\left(\underline{\Delta\psi_n^0} + \frac{2m}{\hbar^2} E_i\psi_n^0 \pm \frac{2m}{\hbar^2} h\nu\psi_n^0 - \underline{\frac{2m}{\hbar^2} V_0\psi_n^0}\right) = \frac{m}{\hbar^2} \mathrm{e}A \sum a_{ni}\psi_n^0. \quad (5.84)$$

Aus der ungestörten, zeitunabhängigen Schrödinger-Gleichung (5.5) folgt

$$\Delta \psi_n^0 - \frac{2m}{\hbar^2} V_0 \psi_n^0 = -\frac{2m}{\hbar^2} E_n \psi_n^0 , \tag{5.85}$$

so daß man die unterstrichenen Glieder der Gleichung (5.84) gleich der rechten Seite von (5.85) setzen kann. Dann folgt aus (5.84)

$$\frac{2m}{\hbar^2} \sum \psi_n^0 b_{\pm n} (E_i - E_n \pm h\nu) = \frac{2m}{\hbar^2} \frac{eA}{2} \sum \psi_n^0 a_{ni} \tag{5.86}$$

und daraus mit

$$E_i - E_n = E_{ni} = h\nu_{ni} \tag{5.87}$$

durch Koeffizientenvergleich

$$b_{\pm n} = \frac{eA a_{ni}}{2(E_i - E_n \pm h\nu)} = \frac{eA a_{ni}}{2h(\nu_{ni} \pm \nu)} . \tag{5.88}$$

Mit (5.88) und (5.83) lassen sich nun die Funktionen ψ_+ und ψ_- bestimmen. Wir setzen diese Funktionen zusammen mit Gleichung (5.4) in den Lösungsansatz (5.78) ein und erhalten damit eine Lösung der zeitabhängigen, gestörten Schrödinger-Gleichung (5.73)

$$\Psi = \psi_i^0 e^{i\omega_i t} + \frac{1}{2h} \sum e A a_{ni} \psi_n^0 \left[\frac{e^{i(\omega_i + \omega)t}}{\nu_{ni} + \nu} + \frac{e^{i(\omega_i - \omega)t}}{\nu_{ni} - \nu} \right] . \tag{5.89}$$

Damit wird

$$\Psi^* = \psi_i^{0*} e^{-i\omega_i t} + \frac{1}{2h} \sum e A a_{ni}^* \psi_n^{0*} \left[\frac{e^{-i(\omega_i + \omega)t}}{\nu_{ni} + \nu} + \frac{e^{-i(\omega_i - \omega)t}}{\nu_{ni} - \nu} \right] . \tag{5.89a}$$

Um die Polarisation aus Gleichung (5.74) zu berechnen, müssen wir das Produkt $\Psi\Psi^*$ bilden. Wie man aus den Gleichungen (5.89) und (5.89a) sieht, entstehen bei dieser Multiplikation neben zeitabhängigen auch zeitunabhängige Glieder, die für unser Problem nicht berücksichtigt zu werden brauchen, da sie nur eine additive Konstante zur Polarisation geben (Lichtstreuung). Der zeitlich variable Teil der Norm $\Psi\Psi^*$ lautet:

$$\Psi\Psi^* = \frac{eA}{2h} \left[\sum a_{ni}^* \psi_n^{0*} \psi_i^0 \underbrace{\left(\frac{e^{-i\omega t}}{\nu_{ni} + \nu} + \frac{e^{i\omega t}}{\nu_{ni} - \nu} \right)}_{Q} + \right.$$

$$\left. + \sum a_{ni} \psi_n^0 \psi_i^{0*} \underbrace{\left(\frac{e^{i\omega t}}{\nu_{ni} + \nu} + \frac{e^{-i\omega t}}{\nu_{ni} - \nu} \right)}_{R} \right] .$$

Die Ausdrücke in den runden Klammern kürzen wir zur Vereinfachung mit Q und R ab. Für die Polarisation ergibt sich dann wegen Gleichung (5.74)

$$P = \frac{N e^2 A}{2h} \left[\sum a_{ni}^* Q \underbrace{\int x \psi_n^{0*} \psi_i^0 \, d\tau}_{a_{ni}} + \sum a_{ni} R \underbrace{\int x \psi_n^0 \psi_i^{0*} d\tau}_{a_{ni}^*}\right],$$

woraus sich wegen Gleichung (5.82) mit

$$a_{ni} \cdot a_{ni}^* = |a_{ni}|^2 \equiv a_{ni}^2$$

$$P = \frac{N e^2 A}{2h} \sum a_{ni}^2 (Q + R) \tag{5.90}$$

ergibt. Eine numerische Rechnung unter Anwendung der Eulerschen Gleichung (A 2.1) liefert für

$$Q + R = \frac{2\nu_{ni} e^{-i\omega t}}{\nu_{ni}^2 - \nu^2} + \frac{2\nu_{ni} e^{i\omega t}}{\nu_{ni}^2 - \nu^2} = \frac{4\,\nu_{ni} \cos \omega t}{\nu_{ni}^2 - \nu^2},$$

so daß wir schließlich für die Polarisation mit Gleichung (5.71)

$$P = \frac{N e^2 E}{\pi \hbar} \sum a_{ni}^2 \frac{\nu_{ni}}{\nu_{ni}^2 - \nu^2} \tag{5.91}$$

erhalten. Mit (2.18) und (4.5) folgt dann aus (5.91)

$$\boxed{\varepsilon_1 = n^2 - k^2 = 1 + \frac{4 N e^2}{\hbar} \sum a_{ni}^2 \frac{\nu_{ni}}{\nu_{ni}^2 - \nu^2}.} \tag{5.92}$$

Mit (5.92) wurde eine Gleichung für die Berechnung der optischen Konstanten ε_1 auf wellenmechanischem Wege gefunden. Ein Vergleich mit der klassisch gefundenen Dispersionsformel (4.62) ergibt für die damals empirisch eingeführte Oszillatorenstärke f_i den Ausdruck

$$\boxed{f_i = \frac{4 \pi m}{\hbar} a_{ni}^2 \nu_{ni}.} \tag{5.93}$$

Aus Gleichung (5.87) ist ersichtlich, daß $h\nu_{ni}$ diejenige Energie ist, die ein Elektron beim Übergang vom n-Band in das i-te Band (z. B. das m-Band, Abb. 5.31) absorbiert. Statt der in Abschnitt 4.6.5 eingeführten Eigenfrequenz ν_{0i} des i-ten Oszillators tritt im wellenmechanischen Bild also eine Frequenz ν_{ni}, die einem erlaubten Übergang eines Elektrons vom n-Band in das i-te Band entspricht.

Aus (5.82) ersieht man, daß a_{ni} proportional der Übergangswahrscheinlichkeit für den Sprung eines Elektrons vom n-ten in das i-te Band ist.

5.9 Effektive Masse

In Abschnitt 4.3.2 erwähnten wir, daß sich eine bessere Übereinstimmung von Experiment und klassischer Rechnung für den Wert der Dielektrizitätskonstanten ε_1 (und damit für $n^2 - k^2$) durch Einführung einer effektiven Masse m^* erreichen läßt. Wir sind nunmehr in der Lage, einen Ausdruck für die effektive Masse mittels wellenmechanischer Überlegungen anzugeben.

Wir gehen von der Gruppengeschwindigkeit einer Elektronenwelle aus, die sich im Kristallgitter ausbreitet. Mit (5.6) erhält man

$$v = \frac{\mathrm{d}w}{\mathrm{d}k} = \frac{1}{\hbar}\frac{\mathrm{d}E}{\mathrm{d}k}. \tag{5.94}$$

Daraus ergibt sich für die Beschleunigung

$$b = \frac{\mathrm{d}v}{\mathrm{d}t} = \frac{1}{\hbar}\frac{\mathrm{d}^2E}{\mathrm{d}k^2}\frac{\mathrm{d}k}{\mathrm{d}t}. \tag{5.95}$$

Die Abhängigkeit der Energie E vom Wellenzahlvektor $\boldsymbol{k}$ ist aus den vorhergehenden Abschnitten bekannt. Wir bestimmen nun den Faktor $\mathrm{d}k/\mathrm{d}t$. Die Zunahme der Energie ($\mathrm{d}E$) eines Elektrons im elektrischen Feld F auf einem Wegelement $\mathrm{d}s$ ist mit Gleichung (5.94)

$$\mathrm{d}E = K\,\mathrm{d}s = \mathrm{e}Fv\,\mathrm{d}t = \frac{\mathrm{e}F}{\hbar}\frac{\mathrm{d}E}{\mathrm{d}k}\mathrm{d}t. \tag{5.96}$$

Daraus ergibt sich die gesuchte Abhängigkeit k von t

$$\frac{\mathrm{d}k}{\mathrm{d}t} = \frac{\mathrm{e}F}{\hbar} \tag{5.97}$$

und mit (5.95) die Beschleunigung des Elektrons

$$b = \frac{\mathrm{e}F}{\hbar^2}\frac{\mathrm{d}^2E}{\mathrm{d}k^2}. \tag{5.98}$$

Ein Vergleich mit der klassisch erhaltenen Beschleunigung eines Elektrons im Feld F

$$b = \frac{K}{m} = \frac{\mathrm{e}F}{m} \tag{5.99}$$

ergibt für die effektive Masse

$$m^* = \hbar^2 \left(\frac{d^2E}{dk^2}\right)^{-1}. \tag{5.100}$$

In Abb. 5.34 ist die Abhängigkeit $\left(\frac{d^2E}{dk_x^2}\right)^{-1}$, d. h. die Abhängigkeit m^* von k_x innerhalb der ersten Brillouin-Zone eines eindimensionalen Gitters, aufgezeichnet. Der $E(k_x)$-Verlauf wurde der Abb. 5.14 entnommen.

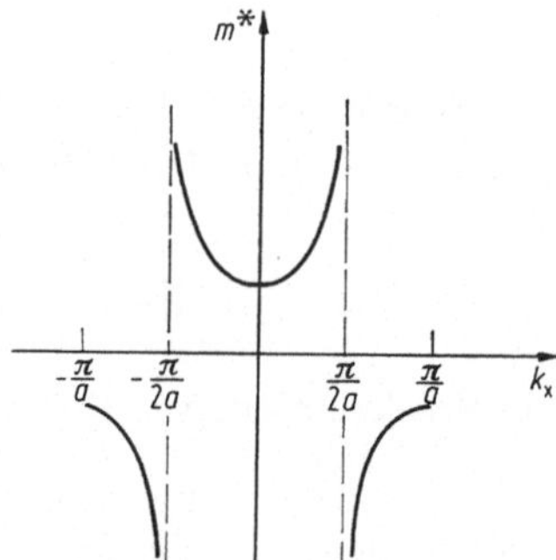

Abb. 5.34. Verlauf der effektiven Masse m^* innerhalb der ersten Brillouin-Zone (vergleiche Abb. 5.17).

Aus Abb. 5.34 ist ersichtlich, daß die Elektronen im oberen Bandteil eine negative effektive Masse besitzen. Ein Elektron mit negativer effektiver Masse wird mit „Defektelektron“ oder „Loch“ bezeichnet. Es ist jedoch richtiger, dem Defektelektron eine positive effektive Masse und eine positive Ladung zuzuschreiben. Ein Elektron-Loch-Paar nennt man „Exiton“. Defektelektronen spielen bei Kristallen mit voll besetztem Valenzband, also z. B. bei Eigenhalbleitern, eine wichtige Rolle. Metalle, die in verschiedenen kristallographischen Richtungen unterschiedliche Eigenschaften haben (Isotropie), weisen für jede Richtung ein anderes m^* auf. Die effektive Masse ist dann ein Tensor.

6 Anomaler Skineffekt

6.1 Allgemeine Bemerkungen

In Kapitel 4 wurde darauf hingewiesen, daß die Drudeschen Beziehungen zur Berechnung der optischen Konstanten immer dann relativ gut erfüllt sind, wenn die für das Experiment verwandten Lichtfrequenzen genügend weit von einer Absorptionsbande entfernt sind. Deshalb können wir mit einer guten Übereinstimmung von Experiment und klassischer Elektronentheorie rechnen, wenn die Frequenzen im nahen und fernen Ultrarot liegen. Man hat jedoch schon recht bald nach Aufstellung der Theorie der freien Elektronen erkannt, daß unter gewissen Umständen selbst in diesem Spektralbereich eine geringfügige Diskrepanz zwischen Experiment und Rechnung auftritt. So liefert ein kleinerer Wert für die Gleichstromleitfähigkeit σ_0 und damit ein größeres ν_2 eine bessere Übereinstimmung von Theorie und Experiment, wie in Abschnitt 4.3.2 dargelegt wurde. Man führte diese Abweichungen zunächst auf Meßungenauigkeiten und später auf Oberflächeneffekte zurück. Heute wird dagegen gelegentlich angenommen, daß hierfür der anomale Skineffekt verantwortlich ist.

Es sollen in diesem Kapitel besonders die Bedingungen für das Auftreten des anomalen Skineffektes und die entsprechenden Korrekturformeln angegeben werden. Dagegen erscheint es wenig sinnvoll, die überaus aufwendige Rechnung zur Aufstellung dieser Formeln nachzuvollziehen. Es sei für Einzelheiten der Rechnung auf die ausführlichen Arbeiten von DINGLE[1], REUTER und SONDHEIMER[2], PIPPARD[3] und GINSBURG und MOTULEWITCH[4] hingewiesen.

Der *normale Skineffekt* ist in der Hochfrequenztechnik seit langem bekannt. Er beschreibt die Erscheinung, daß bei hochfrequenten Wechselströmen die Stromdichte in einem Leiter nicht wie bei Gleichstrom über den ganzen Querschnitt konstant ist: Der Strom wird wegen der Selbstinduktion fast vollkommen in die äußersten Schichten eines Drahtes verdrängt, wodurch der Widerstand stark erhöht, d. h. die Leitfähigkeit verkleinert wird. Die Ausbreitung von hochfrequenten

---

[1] DINGLE, R. B.: Physica **19**, 311, 348, 729 (1953).
[2] REUTER, G. E., SONDHEIMER, E. H.: Proc. Roy. Soc. **195**, 336 (1948).
[3] PIPPARD, A. B.: Proc. Roy. Soc. **191 A**, 370, 385, 399 (1947),
[4] GINSBURG, W. L., MOTULEWITSCH, G. P.: Fortschr. d. Phys. **3**, 309 (1955).

elektromagnetischen Schwingungen, wie z. B. Radiowellen oder Licht in einer Metalloberfläche kann mit dem Skineffekt beschrieben werden.

Wesentlich für die Berechnung des normalen Skineffektes, d. h. der Anwendbarkeit der Drudeschen Formeln, ist die Voraussetzung, daß die elektrische Feldstärke innerhalb einer genügend großen Strecke als konstant angesehen werden kann. Mit dieser stillschweigend gemachten Annahme erhielten wir in Abschnitt 2.2 aus den Maxwellschen Gleichungen einen exponentiellen Abfall der Amplitude des auf das Metall fallenden Lichtes (Abb. 2.2). Ist diese Voraussetzung jedoch nicht mehr erfüllt, so wird der Skineffekt „anomal". Das elektrische Feld klingt dann nicht mehr nach einem Exponentialgesetz, sondern in einer komplizierten Art und sehr schnell ab.

6.2 Bedingungen für das Auftreten des anomalen Skineffekts

In Abschnitt 4.1 definierten wir als mittlere freie Weglänge l diejenige Wegstrecke, die ein Elektron in einem Metall zwischen zwei Zusammenstößen mit Atomen eines nicht ideal gebauten Gitters zurücklegt. Wir erwähnten, daß eine Abweichung vom idealen Gitter sowohl durch Gitterdefekte als auch durch Wärmeschwingungen der Atome auftreten kann. Es ist daher verständlich, daß bei sehr tiefen Temperaturen die mittlere freie Weglänge größer wird (siehe auch Tabelle 6.1). Der Skineffekt wird nun immer dann anomal, wenn die mittlere freie Weglänge der Elektronen nicht mehr klein gegenüber der Tiefe der Skinschicht ($\delta = c/\omega k$, Gleichung 2.32) ist, d. h., wenn

$$l \ll \delta \tag{6.1}$$

nicht mehr erfüllt ist. Wie aus Tabelle 6.1 hervorgeht, ist die Bedingung (6.1) bei Raumtemperatur im wesentlichen erfüllt. Geht man jedoch zu tiefen Temperaturen über, so wird l beträchtlich größer als δ, d. h. der Skineffekt wird anomal.

Auch bei Änderung der Lichtfrequenz kann der Skineffekt anomal werden. Es hat sich als zweckmäßig erwiesen, drei Frequenzgebiete zu unterscheiden:

1. Bei genügend kleinen Frequenzen ist die Tiefe der Skinschicht δ groß gegenüber l (siehe Tabelle 6.1). Die Drudesche Theorie behält ihre Gültigkeit, der Skineffekt ist normal; Gleichung (6.1). Die Richtungsänderung der Elektronen erfolgt hauptsächlich durch Wechselwirkungen (Stöße) mit Gitteratomen.

2. Bei sehr hohen Frequenzen ist die Skinschicht sehr klein. Es kommt aber ein weiterer Gesichtspunkt hinzu: Die Richtungsänderung der Elektronen wird nunmehr durch das elektrische Wechselfeld des

Lichtes hervorgerufen, d. h. die Elektronen haben nur wenig oder gar keine Gelegenheit mit Gitteratomen zu kollidieren, weil sie schon viel früher durch den Wechsel der elektrischen Feldrichtung zur Umkehr gezwungen werden. Die Distanz, die ein Elektron während einer halben Periode des elektrischen Wechselfeldes zurücklegt, ist also bei sehr hohen Frequenzen sehr klein und unter Umständen klein gegenüber der Skinschicht, so daß man auch hier annehmen darf, daß die Schwingungen der Elektronen in einem homogenen Feld erfolgen. Damit ist aber die in Abschnitt 6.1 erwähnte Bedingung für die Anwendbarkeit der Formeln für den normalen Skineffekt erfüllt. Es können also auch bei sehr hohen Frequenzen die Drudeschen Formeln benützt werden, solange keine Interbandübergänge auftreten. Ein Beispiel möge diesen Punkt noch etwas erhellen. Im sichtbaren Spektralgebiet ist die Distanz, die ein Elektron während einer vollständigen Schwingung durchläuft, von der Größenordnung $v_F/2\pi\nu$, d. h. $\approx 10^{-7}$ cm (v_F siehe Tabelle 6.1). Es ist also diese Wegstrecke klein gegenüber der Skinschicht δ ($\approx 4 \cdot 10^{-6}$ cm).

3. Bei Frequenzen, die nicht in die Gebiete 1. und 2. fallen, ist der Skineffekt anomal, d. h., es muß berücksichtigt werden, daß die Feldstärke innerhalb der freien Weglänge der Elektronen sich ändert.

Die obigen Überlegungen werden in Abb. 6.1 veranschaulicht, in der schematisch das Reflexionsvermögen von Silber bei der Temperatur des

Tabelle 6.1. *Typische Werte für gute metallische Leiter zur Berechnung des Skineffekts*

Größe	Symbol und Dimension	Raumtemperatur	Temp. des flüssigen Heliums
Mittlere freie Wegelänge der Elektronen[1]	l [cm]	$3 \cdot 10^{-6}$	$3-10 \cdot 10^{-3}$
Tiefe der Skinschicht $\left(\delta = \frac{c}{2\pi\nu k}\right)$ für sichtbares Licht	δ [cm]	$4 \cdot 10^{-6}$	
Tiefe der Skinschicht für kleine Frequenzen ($\nu \approx 10^{12}$ sec^{-1})	δ [cm]	$5 \cdot 10^{-4}$	
Relaxationszeit	τ [sec]	$5 \cdot 10^{-14}$	$3 \cdot 10^{-11}$
Geschwindigkeit der Elektronen an der Fermi-Fläche	v_F [cm/sec]	$6 \cdot 10^{7}$	
Gleichstromleitfähigkeit	σ_0 [sec^{-1}]	$5 \cdot 10^{17}$	$5 \cdot 10^{20}$
Dämpfungsfrequenz (siehe Tab. 4.2)	ν_2 [sec^{-1}]	$4 \cdot 10^{12}$	$4 \cdot 10^{9}$

[1] Bei schlechten Leitern wird l kleiner.

flüssigen Heliums in Abhängigkeit von der Frequenz gezeigt ist. Die ausgezogene Kurve wurde aus den Formeln für den anomalen Skineffekt berechnet. Man sieht, daß in der Tat eine Abweichung von der

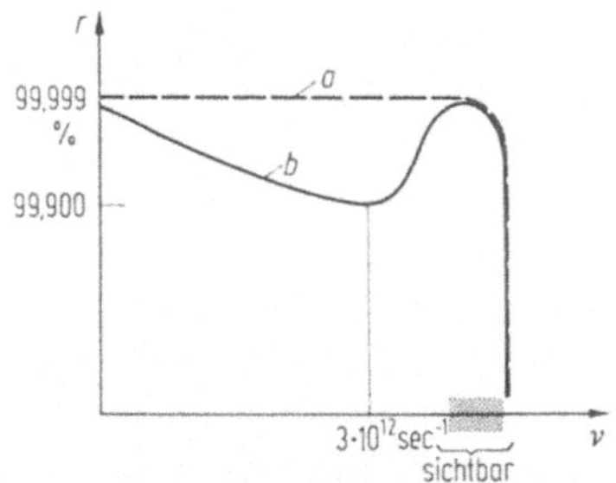

Abb. 6.1. Reflexionsvermögen bei senkrechtem Lichteinfall in Abhängigkeit von der Frequenz a) nach der klassischen (Drude-) Theorie, b) nach der Theorie des anomalen Skineffekts (schematisch nach Rechnungen von REUTER und SONDHEIMER).

Drudeschen Theorie in einem mittleren Frequenzgebiet auftritt. Das Reflexionsvermögen durchläuft bei einer Frequenz von etwa $3 \cdot 10^{12}$ sec^{-1} ein Minimum, das in Abb. 6.1 stark übertrieben gezeichnet ist. Die Abweichung von der Drudeschen Theorie beträgt bei dieser Frequenz etwa 0,1%. [Die Größe $1 - r$ wächst bei derselben Frequenz um 1%, d. h. von 10^{-5} (klassischer Fall) auf $1{,}5 \cdot 10^{-3}$ (anomaler Skineffekt).]

Der anomale Skineffekt tritt also sowohl bei tiefen Temperaturen als auch in einem bestimmten Frequenzgebiet, das im Ultrarot liegt, auf.

6.3 Berechnung der optischen Konstanten

6.3.1 Gleichungen für diffuse Reflexion ($p = 0$)

Die Stromdichte $\boldsymbol{J}$ läßt sich, wie in Abschnitt 4.3 mitgeteilt wurde, bei niederen Frequenzen und bei Anwendung von Gleichstrom durch das Ohmsche Gesetz berechnen:

$$\boldsymbol{J} = \sigma \boldsymbol{E}. \tag{6.2}$$

Im Fall des anomalen Skineffekts ist nun $\boldsymbol{J}$ nicht mehr durch die Feldstärke $\boldsymbol{E}$ im gleichen Punkt, sondern wegen der oben genannten Gründe auch noch durch das Feld in der Umgebung dieses Punktes bestimmt. Damit nimmt die Stromdichte die Form eines bestimmten Integrals an. Der so erhaltene Ausdruck ergibt zusammen mit den Maxwellschen Gleichungen eine Integro-Differentialgleichung, die DINGLE für zwei Spezialfälle löste. DINGLE nahm zunächst an, daß die Elektronen, die mit der Metalloberfläche in Wechselwirkung treten, ideal oder metallisch, d. h. nach dem Gesetz ,,Einfallswinkel gleich Reflexionswinkel" reflektiert werden ($p = 1$). Andererseits kann man auch annehmen, daß die Elektronen an der Oberfläche diffus reflektiert werden ($p = 0$). Als p definiert man denjenigen Anteil der Elektronen, die an der Metalloberfläche metallisch reflektiert werden. Für den Fall der diffusen Reflexion ($p = 0$) errechnete DINGLE für die optischen Konstanten[1]:

$$\varepsilon_1 = n^2 - k^2 = 1 - \frac{\nu_1^2}{\nu^2 + (\nu_2 + 0{,}469\,\nu_2')^2}, \tag{6.3}$$

$$\varepsilon_2 = 2nk = \frac{1}{\nu}\,\frac{\nu_1^2(\nu_2 + 0{,}375\,\nu_2')}{\nu^2 + (\nu_2 + 0{,}222\,\nu_2')^2}, \tag{6.4}$$

mit

$$\nu_2' = \frac{\nu_1 v_F}{c}, \tag{6.5}$$

wobei v_F die Geschwindigkeit der Elektronen an der Fermi-Fläche ist. Sie ergibt sich mit (4.29) zu

$$v_F = \sqrt{\frac{2E_F}{m}} = \frac{l}{\tau} = l\pi\nu_2. \tag{6.6}$$

6.3.2 Dämpfungsfrequenz und Gleichstromleitfähigkeit

Bevor wir die Beziehungen für $p = 1$ und für das Reflexionsvermögen angeben, sollen die obigen Formeln diskutiert werden. Ein Vergleich der Gleichungen (6.3) und (6.4) mit den analogen Gleichungen (4.24) und (4.25) zeigt, daß immer dann, wenn man den anomalen Skineffekt berücksichtigen muß, die Dämpfungsfrequenz ν_2 um das Produkt const ν_2' vergrößert wird. Die Elektronen werden also bei Berücksichtigung des anomalen Skineffekts und Annahme einer diffusen Reflexion stärker gedämpft als man im klassischen Fall erwarten würde. Aus Gleichung (4.21)

$$\sigma_0 = \frac{\nu_1^2}{2\nu_2} \tag{6.7}$$

geht hervor, daß bei größerem ν_2 die Gleichstromleitfähigkeit σ_0 kleiner wird. Die Beobachtung, daß im ultraroten Frequenzgebiet kleinere Werte von σ_0 eine bessere Übereinstimmung mit dem Experiment liefern (siehe Abschnitt 4.3.2), findet also mit der Theorie des anomalen Skineffekts eine Erklärung.

[1] Die hier angegebene Schreibweise geht aus der von Dingle angegebenen Form für einen kleinen Wert von $(\nu_2 + \text{const.}\ \nu_2')^2/\nu^2$ hervor. Sie findet sich bei H. KRONMÜLLER (Diplomarbeit, TH Stuttgart 1956).

6.3.3 Tiefe Temperaturen

Bei tiefen Temperaturen wird die Leitfähigkeit größer und damit wegen Gleichung (6.7) die Dämpfungsfrequenz ν_2 kleiner (siehe auch Tabelle 6.1). Dann fällt das Korrekturglied (const $\cdot \nu_2'$) mehr ins Gewicht. Dies soll an einem Beispiel für einen guten Leiter gezeigt werden. Das Korrekturglied $0{,}469 \cdot \nu_2'$ in Gleichung (6.3) hat die Größenordnung von etwa $2 \cdot 10^{12}\,\mathrm{sec}^{-1}$. Bei Raumtemperatur ist es daher nur halb so groß wie die Dämpfungsfrequenz $\nu_2 \approx 4 \cdot 10^{12}\,\mathrm{sec}^{-1}$. Bei Heliumtemperaturen jedoch fällt ν_2 auf etwa $4 \cdot 10^9\,\mathrm{sec}^{-1}$ ab, so daß das „Korrekturglied" nunmehr um etwa 3 Zehnerpotenzen größer als ν_2 wird.

In Tabelle 6.2 sind Werte von $1 - r$ für Kupfer angegeben. Ein Vergleich ergibt, daß bei Heliumtemperatur die beste Übereinstimmung zwischen Experiment und Theorie mit der Annahme einer diffusen Reflexion erfolgt.

Tabelle 6.2. *Werte von $a = 1 - r$ (r = Reflexionsvermögen) in Prozent für Kupfer bei zwei Temperaturen. Fernes Infrarot.*

Temperatur	a [%] Experimentell	a [%], berechnet für: Normaler Skineffekt	Anomaler Skineffekt $p = 0$ (Diff. Reflexion)	Anomaler Skineffekt $p = 1$ (metall. Reflexion)
Raumtemp.	1,3 [1]	0,31	0,52	0,32
Flüssiges Helium	0,41 [2]	0,002	0,21	0,0025

[1] FÖRSTERLING, K., FRÉEDERICKSZ, V.: Ann. Phys. **40**, 201 (1913). Der angegebene Wert ist für $\lambda = 4{,}2\,\mu$m. K. WEISS (Ann. Phys. **2**, 1 (1948)) erhält für ein Spektralgebiet von 2 bis 18 μm $a = 1{,}17\%$.

[2] BIONDI, M. A.: Phys. Rev. **166**, 667 (1967) (Zwischen 1,3 μm und 10,9 μm fällt a von 0,45% auf 0,41%.) Die Proben wurden elektropoliert.

6.3.4 Zahl der freien Elektronen

Wir haben in den vorangehenden Abschnitten gesehen, daß immer dann, wenn der anomale Skineffekt in Betracht gezogen werden muß, die Dämpfungsfrequenz ν_2 eine Korrektur erfährt. Dies ist verständlich, da in ν_2 die mittlere freie Weglänge implizit enthalten ist. Es ist nämlich wegen Gleichung (6.6)

$$\nu_2 = \frac{1}{\pi\tau} = \frac{v_F}{\pi l}. \tag{6.8}$$

Bei Gleichungen, in denen ν_2 nicht vorkommt, braucht also auch in der Regel der anomale Skineffekt *nicht* berücksichtigt zu werden. Die für die Bestimmung der Zahl der freien Elektronen überaus wichtige Beziehung (4.31)

$$n^2 - k^2 = 1 - \frac{\nu_1^2}{\nu^2} = 1 - \frac{N_f e^2}{\pi m \nu^2}$$

ist daher auch bei tiefen Temperaturen gültig.

Experimentelle Untersuchungen von LENHAM und TREHERNE[1] haben ergeben, daß im fernen ultraroten Spektralgebiet die Größe N_f bei manchen Metallen geringfügig frequenzabhängig ist. In diesem Spektralbereich ist die Voraussetzung für Gleichung (4.31) ($\nu^2 \gg \nu_2^2$) nicht immer erfüllt. Weitere Einzelheiten werden in Abschnitt 8.3 diskutiert.

6.3.5 Gleichung für metallische Reflexion ($p = 1$)

Es soll nun noch ein Ausdruck für die optischen Konstanten für den Fall der metallischen Reflexion angegeben werden: Es gilt für $p = 1$

$$\varepsilon_1 = n^2 - k^2 = 1 - \frac{\nu_1^2}{\nu^2 + \nu_2^2 - \frac{\nu_2'^2}{5}}. \tag{6.9}$$

Diese Gleichung erhält man aus der von DINGLE angegebenen Formel für kleine Werte von $(\nu_2^2 - \nu_2'^2/5)/\nu^2$. Aus Gleichung (6.9) geht hervor, daß bei $p = 1$ das Quadrat der Dämpfungsfrequenz verkleinert wird.

6.3.6 Reflexionsvermögen

Das Reflexionsvermögen r bzw. die Größe $1 - r$ wurde von DINGLE wie folgt angegeben[2]:

Für $p = 0$ gilt:

$$1 - r \approx \sqrt{3}\,\beta \left(\frac{\sqrt{3}}{4} + \underline{q}\right) - \beta p^2 \left[\frac{16 \ln 2}{105} + \frac{8723}{80640} + \frac{83\sqrt{3}}{192} q + \frac{3}{4} q^2 + \underline{\frac{\sqrt{3}}{8} q^3}\right], \tag{6.10}$$

für $p = 1$ gilt

$$1 - r \approx \underline{\sqrt{3}\,\beta q} + \beta p^2 \left(\frac{2}{3} + \frac{2}{\sqrt{3}} q - \underline{\frac{\sqrt{3}}{8} q^3}\right) \tag{6.11}$$

---

[1] LENHAM, A. P., TREHERNE, D. M.: J. Optical Soc. Am. **57**, 476 (1967).

[2] Die Gleichungen 6.10 und 6.11 finden sich in dieser Form bei W. L. GINSBURG und G. P. MOTULEWITSCH, Fortschr. d. Phys. **3**, 309 (1955).

mit
$$\beta = \frac{v_F}{c}, \tag{6.12}$$

$$q = \frac{c\nu_1}{v_F \sigma_0 \sqrt{3}}, \tag{6.13}$$

$$p = \frac{\sqrt{3}\, v_F \nu_1}{2\nu c}. \tag{6.14}$$

Die unterstrichenen Glieder entsprechen dem normalen Skineffekt.

6.4 Ergebnisse

Im folgenden werden einige Arbeiten referiert, in denen experimentelle Ergebnisse mit der Theorie des anomalen Skineffekts verglichen werden. Wie wir sehen, kommen die genannten Autoren nicht zum gleichen Resultat. Es wäre daher wünschenswert, wenn noch mehr experimentelle Untersuchungen auf diesem Gebiet zur Klärung der strittigen Fragen angestellt würden.

6.4.1

Die nachstehend zitierten Resultate von LENHAM und TREHERNE[1] wurden bei Raumtemperatur im ultraroten Spektralgebiet an massiven und aufgedampften Schichten erhalten. Zum besseren Vergleich mit der Theorie trugen die Autoren ihre Meßergebnisse im Argand-Diagramm auf (siehe Abschnitt 4.4.5). Bei dieser Darstellungsart muß bei Gültigkeit der Drudeschen Formeln der Faktor $-\varepsilon_2/\lambda\varepsilon_1$ über den gesamten Wellenlängenbereich konstant bleiben. Bei Berücksichtigung der Theorie des anomalen Skineffekts errechneten LENHAM und TREHERNE für $p = 0$ eine nach oben und für $p = 1$ eine nach unten gewölbte Kurve. Sie benutzten für ihre Berechnungen für Kupfer, Gold und Silber eine effektive Elektronendichte von je einem freien Elektron pro Atom und Gleichstromleitfähigkeiten von 5,3, 4,2 bzw. $5{,}7 \cdot 10^{17}\,\mathrm{sec}^{-1}$. In Abb. 6.2 ist gezeigt, daß die Form der experimentellen Kurven am besten mit der Form der theoretischen Kurve für $p = 0$ übereinstimmt. In diesem Zusammenhang sei darauf hingewiesen, daß bei tiefen Temperaturen ebenfalls eine bessere Übereinstimmung zwischen Experiment und Theorie auftrat, wenn man die Formeln für diffuse Reflexion ($p = 0$) verwandte (siehe Abschnitt 6.3.3).

Zu einem anderen Resultat kamen H. E. BENNETT und J. M. BENNETT[2], die ihre Messungen an Metallspiegeln durchführten, die im Hochvakuum (10^{-9} Torr) auf besonders ebenen Quarzprismen aufgedampft

[1] LENHAM, A. P., TREHERNE, D. M.: J. Optical Soc. Am. **56**, 683 (1966).

[2] BENNETT, H. E., BENNETT, J. M.: Optical Properties and Electronic Structure of Metals and Alloys, Proceedings of the International Colloquium held in Paris, September 1965, Amsterdam: North-Holland Publishing Comp. 1966, S. 175ff.

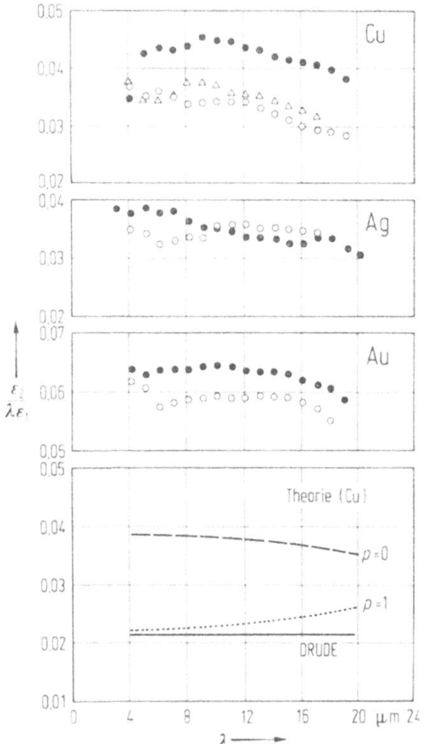

Abb. 6.2. $-\varepsilon_2/\lambda\varepsilon_1$ in Abhängigkeit von der Wellenlänge für drei verschiedene Metalle, gemessen an massiven, handpolierten (○), massiven, elektropolierten (△) und dicken aufgedampften (●) Proben (geneigter Einfallswinkel). Die berechneten Kurven wurden aus der Theorie des anomalen Skineffekts mit $p = 0$ (diffuse Reflexion), $p = 1$ (ideale Reflexion) und mit den Drudeschen Formeln erhalten (nach LENHAM und TREHERNE).

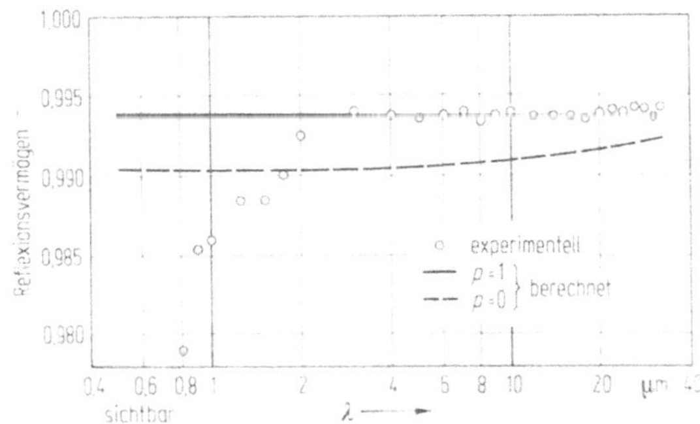

Abb. 6.3. Reflexionsvermögen im Ultrarot von im Hochvakuum aufgedampftem Gold, experimentell und berechnet nach der Theorie des anomalen Skineffekts für $p = 0$ und $p = 1$. Die Messungen wurden in Stickstoffatmosphäre durchgeführt (nach H. E. BENNETT und J. M. BENNETT).

wurden. Diese Autoren fanden eine bessere Übereinstimmung von Experiment und Theorie des anomalen Skineffekts bei Benutzung der Formeln für $p = 1$ (siehe Abb. 6.3). Die Ergebnisse scheinen anzuzeigen, daß bei besonders ebener Probenoberfläche die Lichtreflexion metallisch, d. h. ideal erfolgt.

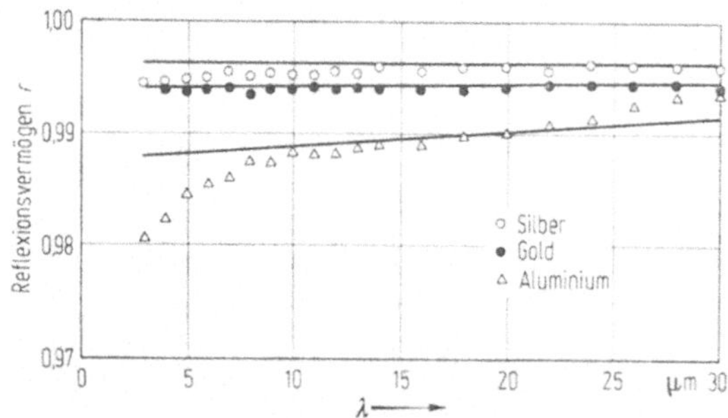

Abb. 6.4. Reflexionsvermögen im Ultrarot von im Hochvakuum aufgedampftem Silber, Gold und Aluminium. Die ausgezogenen Kurven wurden aus den Drudeschen Formeln ohne Berücksichtigung des anomalen Skineffekts berechnet. (Mit $\sigma_{Ag} = 5{,}41 \cdot 10^{17}\,\mathrm{sec}^{-1}$, $\sigma_{Au} = 3{,}68 \cdot 10^{17}\,\mathrm{sec}^{-1}$ und $\sigma_{Al} = 3{,}18 \cdot 10^{17}\,\mathrm{sec}^{-1}$. Nach H. E. Bennett und J. M. Bennett.)

In Abb. 6.4 ist das Reflexionsvermögen von drei Metallen über der Wellenlänge im ultraroten Spektralbereich aufgetragen. Bennett und Bennett führten die Messungen wiederum an im Hochvakuum aufgedampften Schichten aus. Die in Abb. 6.4 ausgezogenen Kurven wurden mit Hilfe der Drudeschen Formeln berechnet und hierzu die Gleichstromleitfähigkeiten für massive Metalle benutzt und die Annahme gemacht, daß Silber und Gold je ein freies Elektron und Aluminium 2,6 freie Elektronen pro Atom besitzen. Unter diesen Voraussetzungen ergibt sich eine gute Übereinstimmung von Experiment und Drudescher Theorie, d. h. der anomale Skineffekt braucht offensichtlich nicht berücksichtigt zu werden. Ob diese Voraussetzungen jedoch gerechtfertigt sind, müssen weitere Untersuchungen zeigen.

Weitere Literatur

Takimoto, N.: A Theory of the Anomalous Skin Effekt in a Metal Film. J. Phys. Soc. Japan **25**, 390 (1968).

Kliewer, K. L., Fuchs, R.: Anomalous Skin Effekt for Specular Electron Scattering and Optical Experiments at Non-Normal Angles of Incidence. Phys. Rev. **172**, 607 (1968).

Roberts, S.: Optical Properties of Copper. Phys. Rev. **118**, 1509 (1960).

Lenham, A. P., Treherne, D. M.: Interpretation of the Infrared Optical Constants of Metals. J. Optical Soc. Am. **56**, 1076 (1966); **57**, 476 (1967).

Sokolov, A. V.: Opticheskiye svoistva metallov, Moscow: Fizmatgiz (1961). Englische Übersetzung: Optical Properties of Metals, New York: American Elsevier Publishing Co. 1967.

7 Experimentelle Bestimmung der optischen Konstanten von Metallen

7.1 Elliptische Polarisation

Fällt linear polarisiertes Licht auf eine Metalloberfläche, so ist das reflektierte Licht in der Regel elliptisch polarisiert[1]. Die meisten Methoden zur Messung der optischen Konstanten von Metallen beruhen in irgendeiner Form auf der Analyse dieses reflektierten, elliptisch polarisierten Lichtes. Deshalb soll in diesem Abschnitt an die Grundtatsachen der Polarisation erinnert werden.

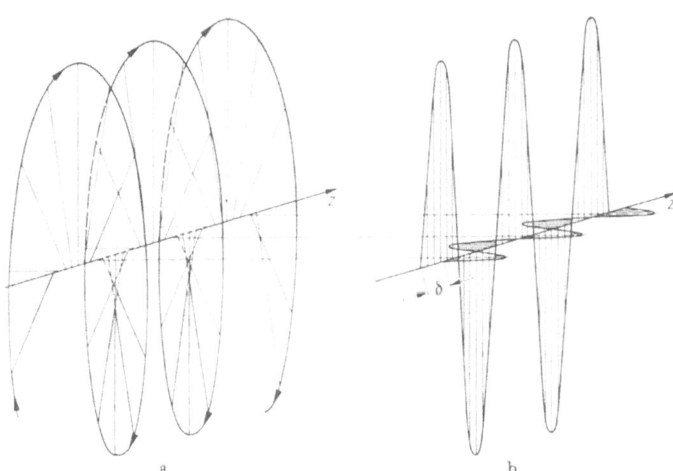

Abb. 7.1. a) Momentbild einer elliptisch polarisierten Welle und b) deren Zerlegung in zwei zueinander senkrecht schwingende, linear polarisierte Wellen mit Phasendifferenz δ (nach POHL).

Ist Licht linear polarisiert, so schwingt der senkrecht zur Ausbreitungsrichtung schwingende elektrische Vektor $\boldsymbol{E}$ („Lichtvektor") nur in einer Ebene. Bei elliptisch polarisiertem Licht (Abb. 7.1a) ändert sich die Länge *und die Richtung* des Lichtvektors periodisch. Die Spitze des

[1] Auf die Sonderfälle α oder $\psi = 0°$ oder $90°$ kommen wir in Abschnitt 7.2 zu sprechen.

Lichtvektors läuft entlang einer fortlaufenden Schraube mit der Ausbreitungsrichtung als Achse. Die Projektion dieser Schraube auf die x-y-Ebene ist eine Ellipse (Abb. 7.2).

Elliptisch polarisiertes Licht läßt sich in zwei zueinander senkrecht schwingende, linear polarisierte Wellen zerlegen, zwischen denen ein „Gangunterschied“ Δ (ausgedrückt in Bruchteilen einer Wellenlänge) oder, was gleichbedeutend ist, eine Phasendifferenz δ (ausgedrückt in Bruchteilen von 2π) besteht (Abb. 7.1 b). Man unterscheidet zwei Sonderfälle der elliptischen Polarisation: Ist der Gangunterschied zweier senkrecht zueinander schwingenden, linear polarisierter Wellen 0, $\lambda/2$ oder λ, so ist die resultierende Schwingung auch linear polarisiert. Ist der Gangunterschied hingegen $\lambda/4$ und haben die senkrecht zueinander schwingenden Lichtvektoren die gleiche Länge, so ist das resultierende Licht „zirkular“ polarisiert. Der Lichtvektor läuft dann entlang einer kreisförmigen, fortschreitenden Schraubenlinie.

Die beiden in der x- bzw. y-Richtung schwingenden, linear polarisierten Wellen können in der folgenden Form dargestellt werden:

$$x = A \sin \omega t \tag{7.1}$$

$$y = B \sin (\omega t + \delta)\,. \tag{7.2}$$

A und B sind konstante Amplituden und δ ist die bereits erwähnte Phasen(winkel)differenz zwischen den beiden linear polarisierten Wellen. Die resultierende Welle erhält man durch Eliminieren der Zeit t. Aus (7.2) folgt

$$y = B \sin \omega t \cdot \cos \delta + B \cos \omega t \cdot \sin \delta\,. \tag{7.3}$$

Mit (7.1) ergibt sich daraus

$$y = B \frac{x}{A} \cos \delta + B \sin \delta \sqrt{1 - \frac{x^2}{A^2}}\,. \tag{7.4}$$

Quadriert man Gleichung (7.4), so erhält man die Ellipsengleichung

$$\frac{x^2}{A^2} + \frac{y^2}{B^2} - \frac{2xy}{AB} \cos \delta = \sin^2 \delta\,. \tag{7.5}$$

Mit den oben genannten Sonderbedingungen für A, B und δ entsteht aus (7.5) eine Geraden- bzw. Kreisgleichung.

Unpolarisiertes Licht kann als elliptisch polarisiertes Licht, bei dem Form und Orientierung der Ellipse sich ständig ändert, aufgefaßt werden. Es läßt sich nicht auf zwei linear polarisierte Wellen zurückführen.

7.2 Reflexion von linear polarisiertem Licht an Metalloberflächen

Wir betrachten zunächst linear polarisiertes Licht, dessen Schwingungsebene 45° gegen die Normale zur Einfallsebene geneigt ist (Abb. 7.2). Den Winkel zwischen Schwingungsebene und Normale zur Einfallsebene nennt man Azimut ψ[1]. Das Azimut des einfallenden Lichtes heißen wir ψ_e, das des reflektierten Lichtes ψ_r. Das Azimut des reflektierten Lichtes definieren wir zu

$$\tan \psi_r = \frac{R_p}{R_s} \tag{7.6}$$

(siehe Abb. 7.2).

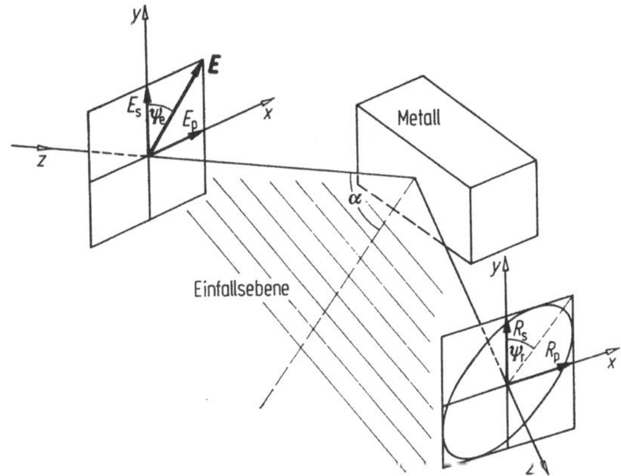

Abb. 7.2. Reflexion von linear polarisiertem Licht an einer Metalloberfläche $\psi_e = 45°$; $\alpha > \bar{\alpha}$. (In der Abbildung ist keine Aussage über die positive Zählrichtung der p- und s-Komponenten gemacht.)

Fällt linear polarisiertes Licht senkrecht auf eine Metalloberfläche ($\alpha = 0°$), dann ist auch das reflektierte Licht linear polarisiert (dasselbe gilt natürlich für $\alpha = 90°$, d. h. streifender Einfall). Bei allen anderen Einfallswinkeln ist das reflektierte Licht elliptisch polarisiert. Bei streifendem Einfall zeigt der Lichtvektor $\boldsymbol{E}$ vor und nach der „Reflexion“ in dieselbe Richtung. Bei $\alpha = 0°$ ist, wie man Abb. 7.2 entnehmen kann, der Lichtvektor des reflektierten Strahls 90° gegen den Uhrzeigersinn gegenüber der Schwingungsrichtung des einfallenden Strahles gedreht. (Dies liegt an der Festlegung der positiven x-Richtung im Rechts-

[1] In der Literatur findet man gelegentlich ψ als den Winkel zwischen *Einfallsebene* und Schwingungsebene definiert. Dann treten in den nachstehenden Formeln Änderungen im Vorzeichen auf.

koordinatensystem.) Bei den dazwischen liegenden Einfallswinkeln nehmen die Schwingungsellipsen die in Abb. 7.3a gezeigten Lagen und Formen an. Die Ellipsen drehen von einem Extremfall ($\alpha = 0°$) in den

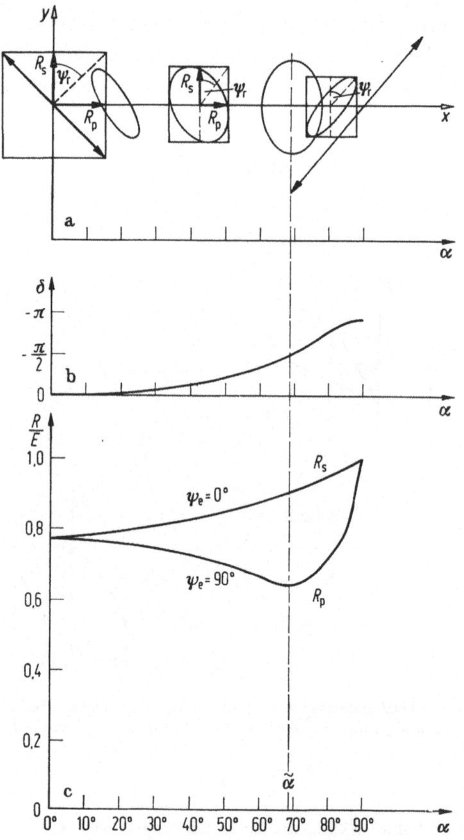

Abb. 7.3a–c. Abhängigkeit einiger bei der Reflexion an Metallen charakteristischer Größen vom Einfallswinkel α.

a) Lage und Form der Schwingungsellipse. Die x-y-Ebene liegt wie in Abb. 7.2. Das Einfallsazimut ist, wie in Abb. 7.2, $\psi_e = 45°$. b) Phasendifferenz δ zwischen R_p und R_s im Fall $\psi_e = 45°$. c) Quotient aus reflektierter und einfallender Amplitude des Lichtvektors. Das Azimut des einfallenden Lichtes ist einmal $\psi_e = 0°$, im anderen Fall $\psi_e = 90°$. Siehe hierzu Abb. 7.2.

anderen ($\alpha = 90°$) über. In Abb. 7.3a sind um einige Ellipsen, wie in Abb. 7.2, Rechtecke gezeichnet. Wir sehen, daß das Azimut des reflektierten Strahls nur Werte zwischen 0° und 45° einnimmt. Bei einem besonderen Einfallswinkel, den man Haupteinfallswinkel $\tilde{\alpha}$ nennt, liegen die Achsen der Schwingungsellipse parallel und senkrecht zur Einfallsebene.

Wir erwähnten bereits, daß elliptisch polarisiertes Licht sich in eine parallel (R_p) und eine senkrecht (R_s) zur Einfallsebene schwingende Komponente zerlegen läßt, zwischen denen eine Phasendifferenz δ besteht. Der Betrag dieser Phasendifferenz wächst mit wachsendem Einfallswinkel und ist beim Haupteinfallswinkel $-\pi/2$ (Abb. 7.3b).

Von besonderem Interesse für die Messung der optischen Konstanten ist der Verlauf des Quotienten aus reflektierter und einfallender Amplitude (R/E) bei wachsendem Einfallswinkel (Abb. 7.3c). Wir betrachten zwei Sonderfälle: Die Schwingungsebene des einfallenden, linear polarisierten Lichtes liegt einmal *in* der Einfallsebene ($\psi_e = 90°$) und das andere Mal *senkrecht* dazu ($\psi_e = 0°$). In beiden Fällen ist bei beliebigem Einfallswinkel das vom Metall reflektierte Licht immer noch linear polarisiert. In Abb. 7.3c ist der Quotient R/E für diese zwei Fälle in Abhängigkeit vom Einfallswinkel aufgetragen. Man sieht, daß im Fall $\psi_e = 90°$ beim Haupteinfallswinkel $\tilde{\alpha}$ die Größe R/E ein Minimum annimmt. (Diesem Minimum entspricht bei schwach absorbierenden Stoffen, z. B. Glas der Brewster-Winkel α_p, bei dem $(R/E)_p$ Null wird. Bei diesem Winkel wird also die parallel zur Einfallsebene schwingende Amplitudenkomponente nicht reflektiert. Wir werden in Abschnitt 7.4 darauf noch einmal zurückkommen.)

7.3 Fresnelsche Formeln

Die in Abschnitt 7.2 behandelten experimentellen Ergebnisse und die analogen Resultate für schwach absorbierende Stoffe werden durch die Fresnelschen Formeln wiedergegeben. Sie sind eine unmittelbare Folge der Maxwellschen Gleichungen, d. h. der Kontinuumstheorie. Die Herleitung dieser Formeln findet sich in jedem einschlägigen Lehrbuch der Physik und soll deshalb hier nicht nachvollzogen werden.

Bezeichnet man mit α den Einfallswinkel und mit β den Brechungswinkel, dann lauten die Fresnelschen Formeln für die senkrechten Amplitudenkomponenten des Lichtvektors

$$\frac{R_s}{E_s} = -\frac{\sin(\alpha-\beta)}{\sin(\alpha+\beta)} = -\frac{n_2\cos\beta - n_1\cos\alpha}{n_2\cos\beta + n_1\cos\alpha}, \tag{7.7}$$

wobei n_1 und n_2 die Brechungsindices der in Frage kommenden Medien sind (z. B. n_1 für Vakuum und n_2 für Metall).

Für die parallelen Komponenten gilt

$$\frac{R_p}{E_p} = -\frac{\tan(\alpha-\beta)}{\tan(\alpha+\beta)} = -\frac{n_2\cos\alpha - n_1\cos\beta}{n_2\cos\alpha + n_1\cos\beta}. \tag{7.8}$$

Ergeben sich im Laufe einer Rechnung R_s/E_s bzw. R_p/E_p negativ, so bedeutet dies, daß zwischen den einfallenden und den reflektierten Komponenten des Lichtvektors eine Phasendifferenz δ' von 180° (oder −180°) besteht. Mit anderen Worten, R ist E entgegengerichtet. Für *kleine Einfallswinkel* ($\alpha \to 0$; $\beta \to 0$) ergibt sich aus den Gleichungen (7.7) und (7.8) $R_s \approx -E_s$ und $R_p \approx -E_p$.

Wir entnehmen den Fresnel-Gleichungen noch eine weitere Information: Wird $\alpha + \beta$ größer als 90°, dann wird der Nenner des mittleren Ausdrucks von Gleichung (7.8) negativ und R_p/E_p positiv. Dies bedeutet, daß bei $(\alpha + \beta) > 90°$ kein Phasensprung zwischen R_p und E_p auftritt. Hingegen besteht zwischen E_s und R_s stets eine Phasendifferenz, da der Sinus zwischen 0° und 180° immer positiv bleibt (Gleichung (7.7)).

Es soll besonders darauf hingewiesen werden, daß in einigen Lehrbüchern die Gleichung (7.8), abweichend von der hier benutzten Schreibweise, mit positivem Vorzeichen notiert wird. Der Unterschied ergibt

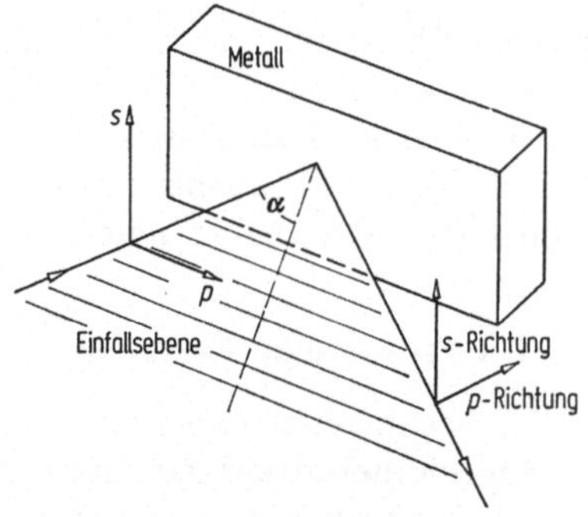

Abb. 7.4. Positive Zählrichtung (*nicht* Schwingungsrichtung!) der senkrecht und parallel zur Einfallsebene schwingenden Komponenten bei der Reflexion. Da bei kleinen Einfallswinkeln der reflektierte Strahl einen Phasensprung von 180° erleidet, ist die *Schwingungsrichtung* von R_s und R_p der positiven Zählrichtung genau entgegengerichtet, so daß also bei $\alpha \to 0°$ $R_s \approx -E_s$ und $R_p \approx -E_p$ ist. Daher muß bei dieser Konvention in beiden Fresnel-Gleichungen ein Minus-Zeichen auftreten.

sich durch verschiedene Definitionen der positiven Richtung der p-Komponente des reflektierten Strahls. Bei der von uns benutzten Definition (Abb. 7.4) zeigen die positiven Richtungen für die s- und p-Komponenten von einfallendem und reflektiertem Strahl in die gleiche Richtung. Die Rechtfertigung für die hier gewählte Definition liegt in der Forderung, daß bei kleinen Einfallswinkeln (mit dem Grenzfall einer senkrechten Inzidenz) Gleichung (7.7) in Gleichung (7.8) übergehen muß. Bei senkrechtem Lichteinfall ist nämlich keine Einfallsebene mehr definiert und damit eine Unterscheidung in p- und s-Komponente nicht mehr möglich. Die Gleichungen (7.7) und (7.8) gehen tatsächlich bei der von uns gewählten Konvention für kleine Einfallswinkel ineinander über. (Bei kleinen Winkeln darf der Sinus dem Tangens gleichgesetzt werden.)

Die meisten einschlägigen Publikationen der jüngsten Zeit bedienen sich der von uns gewählten Konvention. Bei Arbeiten, die eine abweichende Konvention benutzen, treten in den Formeln in der Regel Unterschiede im Vorzeichen auf. Diese Gleichungen können in die hier angegebenen Beziehungen durch Addieren von 180° zu den Phasenwinkeln δ übergeführt werden.

Für die in das Medium eindringenden Strahlen gelten die folgenden Formeln:

$$\frac{G_s}{E_s} = \frac{2\cos\alpha\sin\beta}{\sin(\alpha+\beta)} = \frac{2n_1\cos\alpha}{n_2\cos\beta + n_1\cos\alpha}, \qquad (7.9)$$

$$\frac{G_p}{E_p} = \frac{2\cos\alpha\sin\beta}{\sin(\alpha+\beta)\cos(\alpha-\beta)} = \frac{2n_1\cos\alpha}{n_2\cos\alpha + n_1\cos\beta}. \qquad (7.10)$$

7.4 Brewstersches Gesetz

Die Eichung der Winkelskala eines optischen Meßgerätes läßt sich mittels Reflexionsmessungen *an Glas* der Brechzahl n (bei bekannter Wellenlänge λ) in Verbindung mit dem Brewsterschen Gesetz

$$\tan\alpha_p = n \qquad (7.11)$$

leicht vornehmen. α_p ist der Polarisationswinkel (oder Brewster-Winkel). Bei diesem Einfallswinkel wird von einem Dielektrikum die parallel zur Einfallsebene schwingende Amplitudenkomponente nicht reflektiert. Gleichung (7.11) läßt sich aus der Fresnelschen Gleichung (7.8) ableiten. Aus (7.8) folgt für $R_p/E_p = 0$ und $n_1 = 1$ mit Gleichung (2.1)

$$\frac{\cos\beta_p}{\cos\alpha_p} = n = \frac{\sin\alpha_p}{\sin\beta_p}$$

oder

$$\cos\beta_p\sin\beta_p = \sin\alpha_p\cos\alpha_p \qquad (7.12)$$

oder

$$\sin 2\beta_p = \sin 2\alpha_p. \qquad (7.13)$$

Gleichung (7.13) ist nur erfüllt für $\alpha_p = \beta_p$ oder für $2\alpha_p = 180° - 2\beta_p$, d. h. für

$$\alpha_p = 90° - \beta_p. \qquad (7.14)$$

Nur Gleichung (7.14) ist physikalisch sinnvoll. Sie besagt, daß beim Brewster-Winkel der reflektierte Strahl senkrecht auf dem gebrochenen Strahl steht. Mit (7.14) ergibt sich aus dem Snelliusschen Brechungsgesetz (2.1) das Brewstersche Gesetz (7.11).

7.5 Formeln zur Berechnung der optischen Konstanten von Metallen aus Reflexionsmessungen

Es ist das Ziel dieses Abschnittes, einfache Beziehungen zur Berechnung der optischen Konstanten von Metallen aus meßbaren Größen abzuleiten. Da die meisten Untersuchungen an massiven Metallen durchgeführt werden, können wir uns bei unseren Betrachtungen auf die reflektierten Komponenten der Amplitude des Lichtvektors beschränken. Zur Vereinfachung der ziemlich umständlichen Berechnungen nehmen wir, wie in Abschnitt 7.2, an, daß die Schwingungsebene des einfallenden, linear polarisierten Lichtes 45° gegen die Einfallsebene geneigt ist. Dann wird nämlich $E_s = E_p$ (Abb. 7.2). Sollen die im folgenden abgeleiteten Formeln zur Berechnung der optischen Konstanten angewandt werden, so muß beim Experiment selbstverständlich auf diesen Umstand Rücksicht genommen werden[1].

Wir bilden zunächst den Quotient aus den Fresnelschen Formeln (7.8) und (7.7) und berücksichtigen $E_s = E_p$. Dann erhalten wir

$$\frac{R_p}{R_s} = \frac{\tan(\alpha - \beta) \cdot \sin(\alpha + \beta)}{\tan(\alpha + \beta) \cdot \sin(\alpha - \beta)} = \frac{\cos(\alpha + \beta)}{\cos(\alpha - \beta)} \tag{7.15}$$

oder

$$\frac{R_p}{R_s} \cos\alpha \cos\beta + \frac{R_p}{R_s} \sin\alpha \sin\beta = \cos\alpha \cos\beta - \sin\alpha \sin\beta$$

oder

$$\frac{\sin\alpha \sin\beta}{\cos\alpha \cos\beta} = \frac{1 - \dfrac{R_p}{R_s}}{1 + \dfrac{R_p}{R_s}}. \tag{7.16}$$

Wir eliminieren den Winkel β unter Verwendung des Snelliusschen Brechungsgesetzes (2.1) und setzen in dieses den komplexen Brechungsindex $\hat{n} = n - ik$ (Gleichung (2.16)) ein:

$$\frac{\sin\alpha \sin\alpha \quad \hat{n}}{\hat{n} \cdot \cos\alpha \sqrt{\hat{n}^2 - \sin^2\alpha}} = \frac{\tan\alpha \sin\alpha}{\sqrt{(n - ik)^2 - \sin^2\alpha}} = \frac{1 - \left(\widehat{\dfrac{R_p}{R_s}}\right)}{1 + \left(\widehat{\dfrac{R_p}{R_s}}\right)}. \tag{7.17}$$

[1] Gelegentlich wird das Einfallsazimut $\psi_e = 135°$ gesetzt. Dann wird $E_s = -E_p$. $\psi_e = 135°$ wird gewöhnlich dann verwandt, wenn die positive Richtung der p-Komponente entgegengesetzt der von uns eingeführten Richtung gewählt wird. Die Folge ist, daß in Gleichung (7.8) ein positives Vorzeichen auftritt. Diese beiden Vorzeichenwechsel heben sich auf, und man erhält dieselbe Beziehung wie in Gleichung (7.15). Benützt man jedoch $\psi_e = 135°$ und dieselbe Konvention wie die hier verwandte, so erhält man abweichende Endresultate. Um diese Gleichungen in die hier abgeleiteten überzuführen, muß man zu den Phasenwinkeln 180° addieren.

Gleichung (7.17) ist nunmehr, wie man aus der linken Seite ersieht, eine Beziehung zwischen komplexen Größen. Deshalb ist auch das Amplitudenverhältnis $\left(\frac{\widehat{R_p}}{R_s}\right)$ komplex. Wir ersetzen es durch den ebenfalls komplexen Ausdruck

$$\left(\frac{\widehat{R_p}}{R_s}\right) = \left|\left(\frac{\widehat{R_p}}{R_s}\right)\right| \cdot e^{i\delta} = \tan\psi_r \cdot e^{i\delta}, \tag{7.18}$$

wobei

$$\tan\psi_r = \left|\left(\frac{\widehat{R_p}}{R_s}\right)\right| \equiv \frac{R_p}{R_s} \tag{7.19}$$

wie in Gleichung (7.6) der (reelle) Betrag des Amplitudenverhältnisses und δ die Phasendifferenz zwischen R_p und R_s ist (siehe Anhang, Abschnitt A 2.3). Diese Substitution mag zunächst willkürlich erscheinen. Es zeigt sich aber, daß sie großen praktischen Wert hat. Da wir verabredungsgemäß nur Größen nach der Reflexion betrachten, werden wir im folgenden, solange keine Verwechslung auftreten kann, den Index r beim Azimut weglassen.

Wir führen nun in die rechte Seite von Gleichung (7.17) den Ausdruck der Gleichung (7.18) ein und erweitern den so erhaltenen Bruch mit der konjugiert komplexen Größe des Zählers $(1 - \tan\psi \cdot e^{-i\delta})$. Dann erhält man mit den Eulerschen Formeln (A 2.1) und (A 2.2):

$$\frac{1 - \tan\psi \cdot e^{i\delta}}{1 + \tan\psi \cdot e^{i\delta}} = \frac{1 - \tan\psi(e^{i\delta} + e^{-i\delta}) + \tan^2\psi}{1 + \tan\psi(e^{i\delta} - e^{-i\delta}) - \tan^2\psi} =$$

$$= \frac{1 - \tan\psi\, 2\cos\delta + \tan^2\psi}{1 + 2i\tan\psi\sin\delta - \tan^2\psi} = \frac{1 - \sin 2\psi\cos\delta}{\cos 2\psi + i\sin 2\psi\sin\delta}\,[1]. \tag{7.20}$$

Mit (7.20) wird aus (7.17)

$$\frac{\tan\alpha\sin\alpha}{\sqrt{(n - ik)^2 - \sin^2\alpha}} = \frac{1 - \sin 2\psi\cos\delta}{\cos 2\psi + i\sin 2\psi\sin\delta}. \tag{7.21}$$

Aus Gleichung (7.21) erhalten wir durch getrenntes Identisch-Setzen des Real- und Imaginärteils Gleichungen[2] für die Berechnung von n und k:

$$n^2 = \frac{1}{2}\left[\sqrt{(a^2 - b^2 + \sin^2\alpha)^2 + 4a^2b^2} + a^2 - b^2 + \sin^2\alpha\right] \tag{7.22}$$

$$k^2 = \frac{1}{2}\left[\sqrt{(a^2 - b^2 + \sin^2\alpha)^2 + 4a^2b^2} - (a^2 - b^2 + \sin^2\alpha)\right] \tag{7.23}$$

[1] Den letzten Ausdruck der Gleichung (7.20) erhält man, indem man den vorhergehenden mit $\cos^2\psi$ multipliziert.

[2] Handbuch der Physik, Bd. 20, Berlin: Springer 1928, S. 243.

mit

$$a = \frac{\sin\alpha \tan\alpha \cos 2\psi}{1 - \cos\delta \sin 2\psi}, \tag{7.24}$$

$$b = -a \sin\delta \tan 2\psi . \tag{7.25}$$

Die Gleichungen (7.22) und (7.23) sind sehr umfangreich. Daher wollen wir nun versuchen, sie in eine einfachere Form zu bringen, was nicht ohne gewisse Annahmen geschehen kann. Wir beschränken uns auf Fälle, bei denen $\sin^2\alpha$ als klein gegenüber $|n - ik|^2$ vernachlässigt werden darf[1]. Diese Vernachlässigung ist nicht für alle Metalle voll gerechtfertigt. Mit der Ungleichung

$$|n - ik|^2 \gg \sin^2\alpha \tag{7.26}$$

erhält man aus Gleichung (7.21)

$$\frac{\tan\alpha \sin\alpha}{n - ik} = \frac{1 - \sin 2\psi \cos\delta}{\cos 2\psi + i \sin 2\psi \sin\delta}, \tag{7.27}$$

woraus sich durch Vergleich der Real- und Imaginärteile folgende Gleichungen ergeben:

$$n = \frac{\tan\alpha \sin\alpha \cos 2\psi}{1 - \sin 2\psi \cos\delta}, \tag{7.28}$$

$$k = -n \tan 2\psi \sin\delta . \tag{7.29}$$

Die Gleichungen (7.28) und (7.29) erhält man auch aus den streng gültigen Formeln (7.22) und (7.23) durch Vernachlässigung von $\sin^2\alpha$. Dann folgt $n = a$ und $k = b$.

Die Absorptionskonstante k ist eine positive Zahl (siehe Abschnitt 2.2). Wir sahen in Abschnitt 7.2, daß unter den hier gewählten Voraussetzungen ψ_r niemals größer als 45° werden kann (siehe hierzu auch Abb. 7.3c in Verbindung mit Gleichung (7.6)). Die Größe $\tan 2\psi$ ist daher stets positiv. Weiter unten wird dargelegt, daß zwei Werte für den Phasenwinkel δ möglich sind. Nur derjenige gibt physikalisch sinnvolle Ergebnisse, für den $\sin\delta$ negativ wird. Dann wird nämlich die Absorptionskonstante (Gleichung (7.29)) positiv. Die gleichen Überlegungen gelten natürlich auch für die exakten Formeln (7.22) und (7.23) in Verbindung mit (7.25).

Wir betrachten nun noch einen Sonderfall: Fällt das Licht unter dem Haupteinfallswinkel $\bar{\alpha}$ auf ein Metall, dann wird die Phasendifferenz δ

[1] Bei Silber ist $|n - ik|^2 \equiv n^2 + k^2 \approx 16$; $\sin^2\alpha$ ist immer < 1.

zwischen R_p und R_s, wie wir in Abb. 7.3b gesehen haben, $-\pi/2$ und wir erhalten aus (7.28) und (7.29) die Cauchyschen Gleichungen

$$n = \tan\bar{\alpha}\sin\bar{\alpha}\cos 2\tilde{\psi}\,, \tag{7.30}$$

$$k = n\tan 2\tilde{\psi}\,, \tag{7.31}$$

wobei $\tilde{\psi}$ das „Hauptazimut", d. h. das Azimut bei $\alpha = \bar{\alpha}$ bedeutet.

Die Genauigkeit der Cauchyschen Formeln ist, wie eine Rechnung von WIENER zeigte[1], in der Regel nicht sehr groß. Eine Abweichung von 5—10% gegenüber den Werten, die mit den exakten Beziehungen erhalten werden, ist nicht selten.

Deshalb haben BEER[2] und DRUDE[3] zu den Cauchyschen Formeln Korrekturglieder hinzugefügt. Bei den Beer-Drudeschen Beziehungen

$$n = \sin\bar{\alpha}\tan\bar{\alpha}\cos 2\tilde{\psi}\left(1 + \frac{1}{2\tan^2\bar{\alpha}}\right), \tag{7.32}$$

$$k = n\tan 2\tilde{\psi}\left(1 - \frac{1}{\tan^2\bar{\alpha}}\right) \tag{7.33}$$

wird die Abweichung von den exakten Formeln auf 0,3% vermindert.

Für kleine Werte der Absorptionskonstanten k errechnete PFEIFFER[4] folgende Näherungen:

$$n = \tan\bar{\alpha}\sqrt{1 - \sin^2\bar{\alpha}\sin^2 2\tilde{\psi}}\,, \tag{7.34}$$

$$k = \sin\bar{\alpha}\sin 2\tilde{\psi}\tan\bar{\alpha}\,. \tag{7.35}$$

Bei kleinen Werten des Brechungsindexes erhält man aus den exakten Gleichungen

$$n = \sin\bar{\alpha}\tan\bar{\alpha}\cos 2\tilde{\psi}\,, \tag{7.36}$$

$$k = \tan\bar{\alpha}\sqrt{\sin^2\bar{\alpha}\sin^2 2\tilde{\psi} - \cos^2\bar{\alpha}}\,. \tag{7.37}$$

Weitere Näherungsformeln sind im Handbuch der Physik in dem Beitrag von W. KÖNIG[5] zu finden. Es sei in diesem Zusammenhang auf die Schlußbemerkung von Abschnitt 2.2 verwiesen.

Wir haben in Kapitel 4 und 5 gesehen, daß in den Formeln, die sich aus der Elektronentheorie der Metalle ergeben, der Brechungsindex und

---

[1] WIENER, O.: Abhandlungen d. Math.-phys. Kl. d. Sächs. Ges. d. Wiss. **30**, 495 (1908).

[2] BEER, A.: Pogg. Ann. **92**, 416 (1854).

[3] DRUDE, P.: Wied. Ann. **39**, 507 (1890).

[4] PFEIFFER, C.: Diss. Gießen (1912).

[5] KÖNIG, W.: Handbuch der Physik, Bd. 20, Berlin: Springer 1928

die Absorptionskonstante nicht einzeln, sondern in der Kombination $n^2 - k^2$ und $2nk$ vorkommen. Beziehungen für diese Größen lassen sich aus Gleichung (7.21) durch Quadrieren dieser Gleichung und einzelnem Identisch-Setzen der Real- und Imaginärteile erhalten. Aus (7.21) ergibt sich

$$\frac{\tan^2\alpha \sin^2\alpha}{n^2 - k^2 - 2nik - \sin^2\alpha} =$$

$$= \frac{(1 - \sin 2\psi \cos\delta)^2}{\cos^2 2\psi - \sin^2 2\psi \sin^2\delta + 2i \cos 2\psi \sin 2\psi \sin\delta}. \tag{7.38}$$

Daraus errechnen sich die streng gültigen Formeln[1]

$$n^2 - k^2 = \sin^2\alpha\left[1 + \frac{\tan^2\alpha\,(\cos^2 2\psi - \sin^2 2\psi \sin^2\delta)}{(1 - \sin 2\psi \cos\delta)^2}\right], \tag{7.39}$$

$$2nk = -\frac{\sin 4\psi \sin\delta \tan^2\alpha \sin^2\alpha}{(1 - \sin 2\psi \cos\delta)^2}. \tag{7.40}$$

Aus Gleichung (7.39) und (7.40) erhalten wir für den Haupteinfallswinkel $\bar{\alpha}$, bei welchem $\delta = -\pi/2$ wird, die für diesen Winkel streng gültigen Formeln

$$n^2 - k^2 = \sin^2\bar{\alpha}\,[1 + \tan^2\bar{\alpha} \cos 4\bar{\psi}], \tag{7.41}$$

$$2nk = \sin 4\bar{\psi} \tan^2\bar{\alpha} \sin^2\bar{\alpha}. \tag{7.42}$$

Die Berechnung der optischen Konstanten aus den in diesem Abschnitt abgeleiteten Formeln ergeben die sogenannten „Drude-Konstanten“. Sie sind *nicht* vom Einfallswinkel abhängig. (Näheres siehe Abschnitt 7.8.4).

Es sei angemerkt, daß eine Berechnung von $n^2 - k^2$ aus den Näherungsformeln (7.30) und (7.31) nicht zur Gleichung (7.41) führt. Ebenso erhält man aus den Näherungsformeln (7.28) und (7.29) nicht die Gleichung (7.39).

7.6 Bauelemente für optische Apparaturen

Bevor wir auf die Methoden zur Messung der optischen Konstanten von Metallen näher eingehen, wollen wir uns mit der Wirkungsweise und der spektralen Durchlässigkeit einiger in der Metalloptik häufig benutzter Bauelemente beschäftigen.

---

[1] Die Größen $n^2 - k^2$ und $2nk$ können auch graphisch bestimmt werden. Siehe J. R. Beattie u. G. K. T. Conn: Phil. Mag. **55**, 222 (1955).

7.6.1 Polarisatoren für sichtbares Licht

Polarisatoren bestehen aus optisch anisotropen Stoffen, wie Kalkspat. Fällt ein paralleles Lichtbündel auf Kalkspat, so wird es in der Regel in zwei Strahlen aufgespalten, die verschiedene Ausbreitungsrichtungen und verschiedene Ausbreitungsgeschwindigkeiten haben. (Auf Ausnahmen kommen wir gleich zu sprechen.) Bei einachsigen Kristallen ist die Wellenfläche des einen Strahles eine Kugel (ordentlicher Strahl o), die Wellenfläche des außerordentlichen Strahles (e) ein Ellipsoid

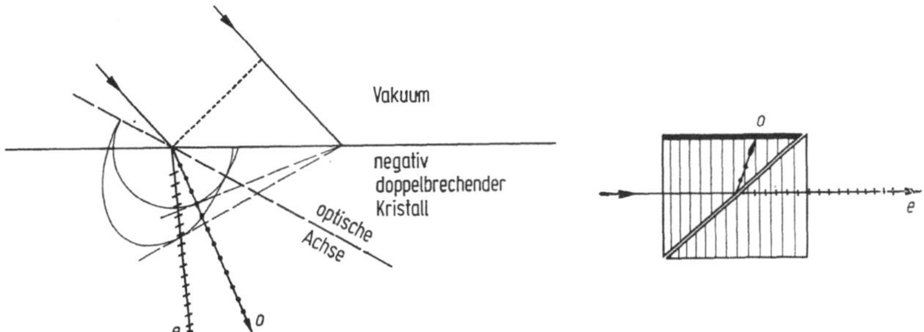

Abb. 7.5. Wellenflächen, Schwingungsrichtungen, Ausbreitungsrichtungen und optische Achse eines negativ doppelbrechenden Kristalls (Kalkspat); $n_o = 1{,}6584$, $n_e = 1{,}4864$ (Na-D-Linie). Die Schwingungsrichtungen sind durch Striche (Schwingungsrichtung *in* der Papierebene) und Punkte (Schwingungsrichtung *senkrecht* zur Papierebene) angegeben.

Abb. 7.6. Glan-Prisma (Luftspalt zwischen den Teilen); o = ordentlicher Strahl, e = außerordentlicher Strahl. Die optische Achse liegt in der Papierebene. Dies ist durch Striche angedeutet.

(Abb. 7.5). Jeder Strahl ist vollständig linear polarisiert. Die Schwingungsrichtungen der beiden Lichtvektoren von o und e stehen aufeinander senkrecht. Die „optische Achse“ ist eine *Richtung*, in der es nur eine Phasengeschwindigkeit gibt. Sie verbindet die Berührungspunkte von Kugel und Ellipsoid (siehe Abb. 7.5). Der ordentliche Strahl gehorcht dem Snelliusschen Brechungsgesetz, der außerordentliche Strahl gehorcht ihm nicht.

Die gebräuchlichsten Polarisatoren bestehen aus zwei doppelbrechenden Prismen, die so angeordnet sind, daß der ordentliche vom außerordentlichen Strahl getrennt wird (Abb. 7.6). Der außerordentliche Strahl verläßt den Polarisator coaxial zum einfallenden Licht, der ordentliche Strahl wird absorbiert.

Der Polarisator nach Glan besteht aus zwei Kalkspat-Prismen mit Luftspalt, deren optische Achsen parallel zur Eintrittsfläche und zu den Seitenflächen stehen (Abb. 7.6). Der ordentliche Strahl wird an der diagonalen Trennfläche total reflektiert und durch die geschwärzte Fassung absorbiert. Nur etwa ein tausendstel eines Prozentes des ordentlichen Strahls wird durchgelassen. Gewöhnliche Glan-Prismen können im UV bis etwa 0,25 μm, solche die aus besonders ausgesuchtem Kalkspat bestehen (UV Glan-Prismen), bis 0,21 μm benützt werden (siehe Abb. 7.7). Das Gesichtsfeld beträgt 9°. Bei Glan-Prismen für besonders starke Lichtquellen (z. B. Laser) tritt der ordentliche Strahl durch eine Seitenfläche aus.

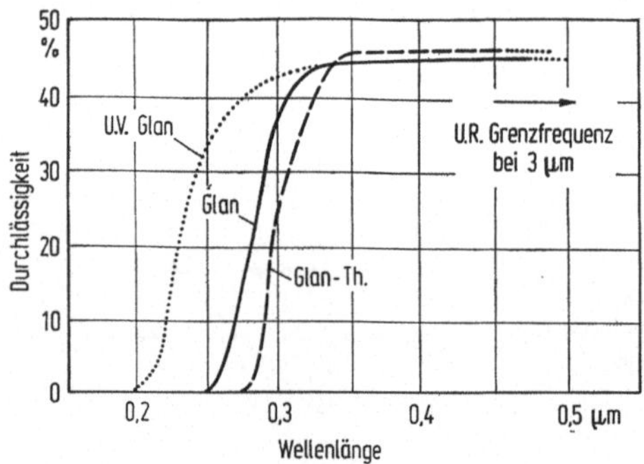

Abb. 7.7 Spektrale Durchlässigkeit verschiedener Polarisatoren.

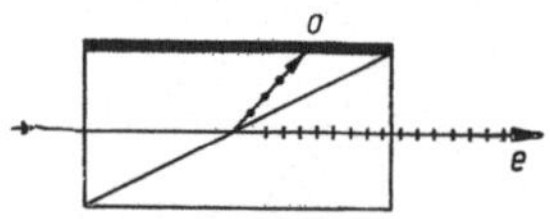

Abb. 7.8. Glan-Thomson-Prisma. Die beiden Teile sind zusammengekittet.

Der Polarisator nach GLAN-THOMSON hat je nach Länge des Prismas einen nutzbaren Winkel von 17—30° (Abb. 7.8). Da aber seine Flächen zusammengekittet sind, läßt er sich im ultravioletten Spektralbereich je nach Wahl des Kitts (z. B. Kanadabalsam) nur bis etwa 0,3 μm verwenden. UV-Glan-Thomson-Prismen sind bis 0,23 μm verwendbar. Wegen der Wärmeempfindlichkeit des Kitts sind diese Polarisatoren nur in Verbindung mit nicht zu starken Lichtquellen zu gebrauchen.

Polarisatoren nach NICOL haben ein Gesichtsfeld von etwa 24°. Bei ihnen tritt jedoch eine Parallelverschiebung des Strahlenganges ein, was ein Wandern des austretenden Lichtbündels bei Drehung des Polarisators hervorruft. Da auch die Polarisation nicht über den ganzen Querschnitt gleichmäßig ist, wird das „Nicol" heute kaum mehr verwendet.

Die Bestimmung der Null-Stellung eines Polarisators wird von EMBERSON[1] diskutiert.

7.6.2 Ultrarot-Polarisatoren

Kalkspat absorbiert das Licht bei Wellenlängen oberhalb etwa 3 μm und ist deshalb im fernen Ultrarot nicht als Polarisator zu gebrauchen.

[1] EMBERSON, R. M.: J. Opt. Soc. Ann. **26**, 443 (1936).

Mit Selenspiegeln[1] oder Selenfilmen[2] kann man jedoch Polarisatoren erhalten, die bis zu 14 μm benutzt wurden.

Eine Reihe von 5 bis 6 Selenfilmen mit einer Dicke von je etwa 4 μm werden parallel zueinander aufgestellt. Fällt unpolarisiertes Licht unter dem Brewster-Winkel auf diese Anordnung, dann wird, wir wir in Abschnitt 7.2 und 7.4 gesehen haben, die parallel zur Einfallsebene schwingende Amplitudenkomponente nicht reflektiert. Diese Komponente tritt also zusammen mit der wesentlich geschwächten senkrechten Komponente durch die Selenschicht hindurch. Bei Anwendung von 6 Filmen erhält man so eine wiederholte Schwächung der s-Komponente und erreicht einen Polarisationsgrad von 98%. Etwa 37% der einfallenden Strahlungsleistung (von maximal 50%) wird durchgelassen. Der Strahlengang bleibt nahezu geradlinig.

Zur Herstellung der Filme kann man das Selen im Hochvakuum auf Zellulosenitrat aufdampfen und die Trägerschicht hernach in Azeton wieder auflösen. Dadurch erhält man einen reinen Selenfilm.

In älteren Arbeiten wurden Selenspiegel benutzt, bei denen die Intensität des polarisierten Strahls wesentlich kleiner ist und die noch einige weitere Nachteile haben.

7.6.3 Kompensatoren

Kompensatoren dienen zur Analyse der Form, der Orientierung und des Polarisationsgrades von elliptisch polarisiertem Licht. Mit ihrer Hilfe lassen sich aus unpolarisiertem Licht zwei zueinander senkrecht polarisierte Strahlen herstellen und die Phasenverzögerung dieser beiden Strahlen beliebig einstellen. Analog kann man mit einem Kompensator durch „Kompensation" des Gangunterschiedes zweier zueinander senkrechter, linear polarisierter Wellen linear polarisiertes Licht herstellen. Ist das einfallende Licht unpolarisiert, dann haben die austretenden Strahlen gleiche Intensitäten — ist das einfallende Licht linear polarisiert, dann hängen die Intensitäten vom Einfallsazimut ab.

Der *Babinet-Kompensator* besteht aus zwei keilförmigen Quarz-Prismen, die so geschnitten und angeordnet sind, daß die optischen Achsen senkrecht zueinander stehen (Abb. 7.9). Quarz ist positiv doppelbrechend, d. h. die Wellengeschwindigkeit des ordentlichen Strahls ist größer als die des außerordentlichen. (Die Wellengeschwindigkeit c_n ist diejenige Geschwindigkeit, mit der eine ebene Welle sich in Richtung der *Wellennormalen* ausbreitet, $c_n = c_{\text{vak}}/n_e$). Fällt nun eine ebene Welle

[1] PFUND, A. H.: Phys. Z. **10**, 340 (1909); FÖRSTERLING, K., FRÉEDERICKSZ, V.: Ann. d. Phys. **40**, 201 (1913); PFUND, A. H.: J. Opt. Soc. Am. **37**, 558 (1947).

[2] ELLIOT, A., AMBROSE, E. J., TEMPLE, R.: J. Opt. Soc. Am. **38**, 212 (1948). Siehe auch G. K. T. CONN und G. K. EATON: J. Opt. Soc. Am. **44**, 553 (1954).

senkrecht auf den ersten Keil, dessen optische Achse parallel zur Oberfläche liegt, so entsteht wegen der unterschiedlichen Wellengeschwindigkeiten ein Gangunterschied zwischen ordentlichem und außerordent-

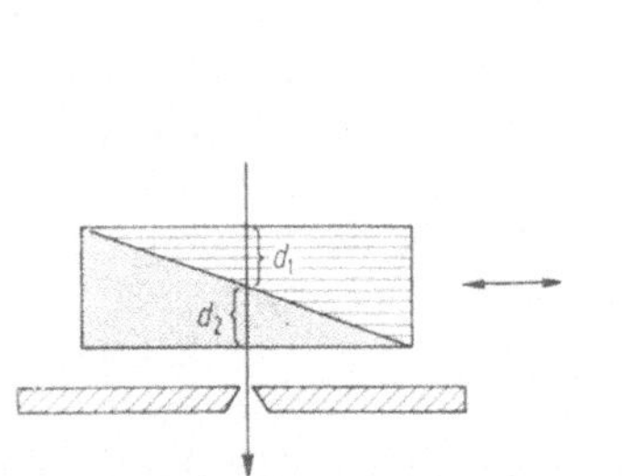

Abb. 7.9. Babinet-Kompensator. Im oberen Keil liegt die optische Achse in der Papierebene, im unteren Keil senkrecht zur Papierebene.

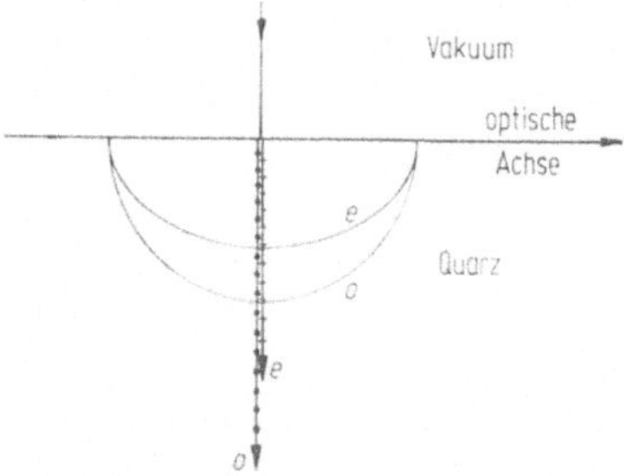

Abb. 7.10. Ordentlicher und außerordentlicher Strahl bei senkrechtem Einfall eines Lichtstrahlenbündels auf Quarz, dessen optische Achse parallel zur Oberfläche verläuft. *o*- und *e*-Strahl sind zur Veranschaulichung etwas versetzt gezeichnet. Beachte, daß die Schwingungsrichtung des außerordentlichen Strahls parallel zur optischen Achse ist.

lichem Strahl (Abb. 7.10). Eine Brechung und damit Aufspaltung der Strahlenrichtungen findet nicht statt. Diesen Gangunterschied wollen wir nun berechnen.

Die Zahl der Wellenlängen in der Keildicke d_1 ergibt sich für den ordentlichen Strahl zu $Z_o = d_1/\lambda_o$, für den außerordentlichen Strahl zu $Z_e = d_1/\lambda_e$ (Abb. 7.11). Die Zahl der Wellenlängen, die der ordentliche Strahl vorauseilt, beträgt somit

$$Z_1 = Z_e - Z_o = \frac{d_1}{\lambda_e} - \frac{d_1}{\lambda_0} \tag{7.43}$$

und mit

$$\lambda_o = \frac{\lambda_{\text{vak}}}{n_o} \quad \text{bzw.} \quad \lambda_e = \frac{\lambda_{\text{vak}}}{n_e}$$

$$Z_1 = \frac{d_1}{\lambda_{\text{vak}}}(n_e - n_o). \tag{7.44}$$

Der Gangunterschied zwischen ordentlichem und außerordentlichem Strahl, ausgedrückt in Bruchteilen einer Wellenlänge, ist dann

$$\Delta_1 = d_1(n_e - n_o). \tag{7.45}$$

Im zweiten Keil des Kompensators steht die optische Achse senkrecht zur optischen Achse des ersten Keils (in Abb. 7.9 senkrecht zur

Papierebene). Da nun der Lichtvektor des außerordentlichen Strahls immer parallel zur optischen Achse schwingt[1], findet eine Vertauschung der Schwingungsrichtungen der beiden Teilstrahlen im zweiten Keil

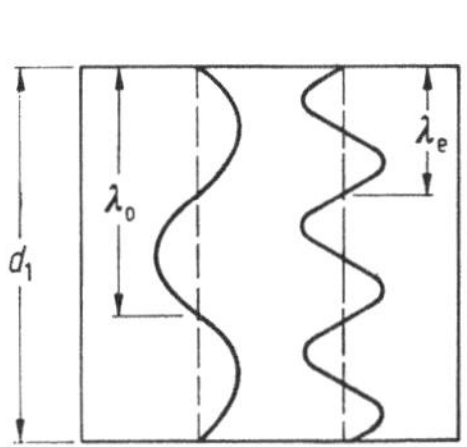

Abb. 7.11. Zahl der Wellenlängen in der Plattendicke d_1. Der ordentliche und außerordentliche Strahl sind versetzt und der Wellenlängenunterschied ist übertrieben groß gezeichnet. Positiv doppelbrechender Kristall (Quarz); $n_o = 1{,}5442$, $n_e = 1{,}5553$ (Na-D-Linie).

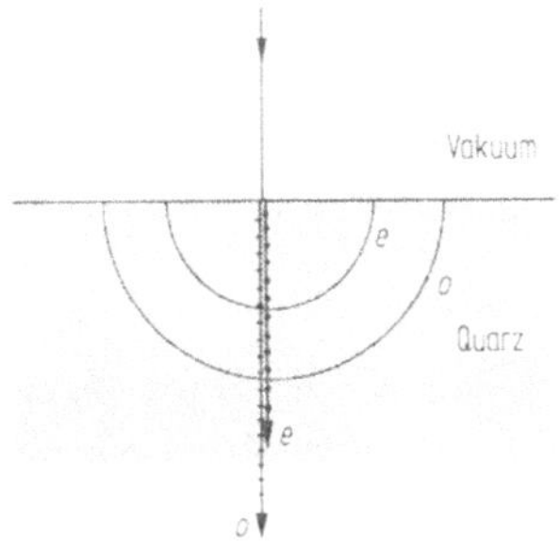

Abb. 7.12. Ordentlicher und außerordentlicher Strahl bei senkrechtem Einfall eines Lichtstrahlenbündels auf Quarz, dessen optische Achse senkrecht zur Papierfläche steht. Vergleiche mit Abb. 7.10. Die Projektion des Ellipsoids auf die Papierebene ist ein Kreis.

statt. Im zweiten Keil erfährt also die senkrecht zur Papierebene schwingende Komponente eine Verzögerung (Abb. 7.12). Im ersten Keil wurde diese Komponente beschleunigt (Abb. 7.10).

Bei geeigneter Wahl der Dickendifferenz der beiden Keile läßt sich somit jeder beliebige Gangunterschied herstellen. Er ergibt sich nach Gleichung (7.45) zu

$$\Delta = \Delta_1 - \Delta_2 = (d_1 - d_2)(n_e - n_o). \tag{7.46}$$

Die Phasendifferenz δ (ausgedrückt in Bruchteilen von 2π) zwischen den beiden senkrecht zueinander polarisierten Bündeln errechnet sich aus

$$\delta = \frac{2\pi}{\lambda}\Delta = \frac{2\pi}{\lambda}(d_1 - d_2)(n_e - n_o). \tag{7.47}$$

Man erreicht die Phasendifferenz durch seitliches Verschieben der beiden aufeinanderliegenden Keile, bis die entsprechende Dickendifferenz in der Appertur erscheint. Da die Dickendifferenz sich kontinuierlich ändert, muß die Austrittsöffnung sehr eng gehalten werden.

[1] Die Schwingungsebene des außerordentlichen Strahls liegt innerhalb eines Kristallhauptschnitts, d. h. innerhalb der Ebene, die die optische Achse enthält.

Eine größere Austrittsöffnung läßt sich mit dem *Soleil-Babinet-Kompensator* erreichen. Er besteht aus zwei keilförmigen Prismen und einer planparallelen Platte, deren optische Achsen, wie in Abb. 7.13

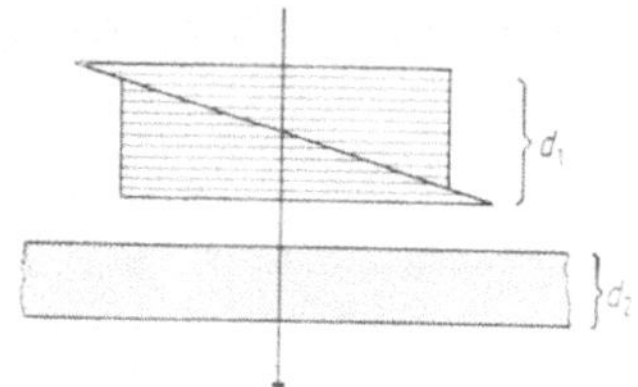

Abb. 7.13. Soleil-Babinet-Kompensator.

gezeigt, liegen. Die Dicke d_2 der Platte ist konstant, die Dicke d_1 läßt sich durch gegenseitiges Verschieben der keilförmigen Prismen verändern. Die Phasenverzögerung ist über der Austrittsöffnung konstant.

7.6.4 Spektraler Durchlässigkeitsbereich einiger optischer Gläser und Kristalle

Tabelle 7.1. *Optische Materialien*[1]

Substanz	Benutzbarer Spektralbereich	Besondere Eigenschaften
Kronglas	0,35 μm – 2,0 μm	
Flintglas (PbOS)	0,38 μm – 2,5 μm	
Quarz, geschmolzen (fused)	0,2 μm – 4,5 μm	Hitzebeständig
Quarz, kristallin	0,4 μm – 4,5 μm	Doppelbrechend
Bleisilikatglas (Schweres Flint) z. B. $PbSiO_3$	0,18 μm – 4,5 μm	
Fluorid (z. B. CaF_2)	0,13 μm – 12,0 μm	
Kochsalz (NaCl)	0,21 μm – 26,0 μm	Korrodiert; nicht ritzfest; bei hoher Temp. nicht verwendbar
Sylvin (KCl)	0,21 μm – 30,0 μm	Weich, keine großen Kristalle verfügbar. Verzerrung
Lithiumfluorid (LiF)	0,12 μm – 9,0 μm	Mechanisch und thermisch widerstandsfähig, nicht teuer. Wird viel verwandt.
Kalkspat ($CaCO_3$)	0,21 μm – 3,0 μm	Doppelbrechend

[1] Aus N. J. KREIDL and J. L. ROOD: „Optical Materials" in Applied Optics and Optical Engineering, Editor: R. KINGSLAKE, Band I, New York/London: Academic Press 1965. In dem genannten Beitrag sind die optischen und mechanischen Eigenschaften einiger weiterer optischer Materialien und optischer Filter angegeben.

In Tabelle 7.1 sind die ultravioletten und infraroten Grenzwellenlängen einiger zum Bau von optischen Apparaturen verwendeten Stoffe angegeben. Bei Über- oder Unterschreitung dieser Wellenlängen werden die angeführten Stoffe undurchsichtig.

Bei optischen Geräten, bei denen die Polarisation eine Rolle spielt (Metalloptik), sollen die Gläser in der Regel nicht doppelbrechend sein. Linsen oder Fenster aus Glas, das unter Spannung steht oder aus Quarz, können daher meistens nicht verwendet werden.

7.6.5 Lichtquellen

In Tabelle 7.2 sind die gebräuchlichsten Lichtquellen für optische Messungen zusammengestellt. Für einige Untersuchungen (z. B. Modulationsspektroskopie, Abschnitt 8.8) benötigt man „linienfreie" Lichtquellen; andere Methoden erfordern hohe Lichtintensitäten.

Tabelle 7.2

Lichtquelle	Benutzbarer Spektralbereich	Besondere Eigenschaften
Wolfram-Glühwendel-Lampe	0,5 μm—2,6 μm	Linienfrei. Geringe Intensität unterhalb 0,6 μm
Quarzumschlossene Wolfram-Jod-Lampe (Halogenlampe)	0,35 μm—2,6 μm	Linienfrei
Quecksilber-Höchstdrucklampe	0,2 μm—3,2 μm	Hohe Intensität, starkes Linienspektrum
Xenon-Hochdrucklampe	0,25 μm—0,8 μm	Im angegebenen Frequenzbereich relativ linienfrei. Von 0,8 μm bis 1,1 μm viele Linien
Wasserstoff-Bogenlampe	0,16 μm—0,5 μm	Schwach. Bei $\lambda < 0{,}16$ μm starkes Linienspektrum
Deuterium-Lampe	0,2 μm—0,4 μm	Schwach; linienfrei; 60% mehr Intensität als H_2-Lampe
Globar, Nernst Lampe	Fernes Ultrarot	Schwache Intensität, linienfrei
Synchrotron Strahlung	Vakuum-Ultraviolett	

7.7 Verschiedene Meßmethoden

7.7.1 Messung des Haupteinfallswinkels und Hauptazimuts

Eine der einfachsten Methoden zur Bestimmung der optischen Konstanten von Metallen beruht auf der Messung des Haupteinfallswinkels $\tilde{\alpha}$ und des Hauptazimuts $\tilde{\psi}$. Der Strahlengang für diese Meßart ist in Abb. 7.14 gezeigt.

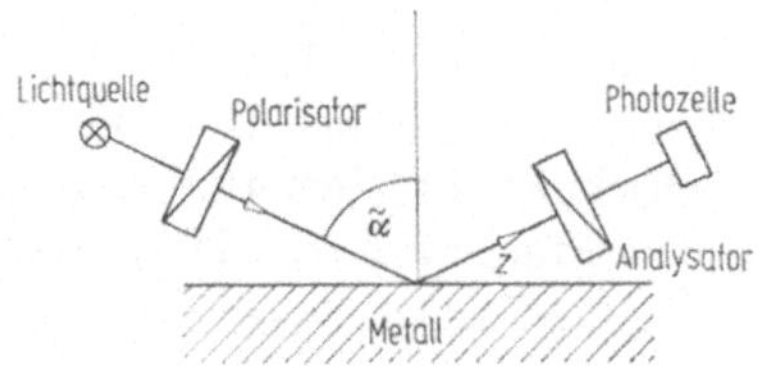

Abb. 7.14. Meßanordnung zur Bestimmung des Haupteinfallswinkels und des Hauptazimuts. Analysator und Polarisator sind zwei identische Geräte.

Zur Messung von $\tilde{\alpha}$ muß das Einfallsazimut $\psi_e = 90°$ sein (siehe Abb. 7.2). Dann durchläuft bei wachsendem α die Intensität des vom Metall reflektierten Lichts an der Stelle des Haupteinfallswinkels ein Minimum (Abb. 7.3c).

Zur Bestimmung des Hauptazimuts mißt man beim Haupteinfallswinkel durch Einstellen des Analysators in s- bzw. p-Richtung die Intensität des reflektierten Lichts. Die Quadratwurzel aus dem Intensitätsverhältnis I_{rp}/I_{rs} gibt nach Gleichung (2.29) und (7.6) den Tangens des Azimuts ψ_r

$$\sqrt{\frac{I_{rp}}{I_{rs}}} = \frac{R_p}{R_s} = \tan \psi_r , \tag{7.48}$$

d. h. bei $\alpha = \tilde{\alpha}$ das Hauptazimut $\tilde{\psi}$.

Der Brechungsindex und die Absorptionskonstante lassen sich mit Hilfe der Beer-Drudeschen Näherungen, Gleichung (7.32) und (7.33), berechnen. Die Größen $n^2 - k^2$ und $2nk$ können aus den exakten Formeln (7.41) bzw. (7.42) bestimmt werden. Um diese Gleichungen anwenden zu können, muß bei der Messung des Hauptazimuts das Einfallsazimut $\psi_e = 45°$ sein.

Der Vorteil der genannten Methode liegt darin, daß man wegen der Einfachheit der Messung die gesamte Meßapparatur in eine Vakuum- oder Schutzgas-gefüllte Kammer setzen und alle Manipulationen von außen steuern kann. (Messungen unter Ausschluß von Luft sind häufig zur Verhinderung von Oberflächenreaktionen wünschenswert.) Die Abhängigkeit der Intensität vom Einfallswinkel läßt sich mit einem Zwei-Koordinatenschreiber verfolgen. Bei den meisten anderen Methoden, die wir im folgenden kennenlernen, wird häufig nur die Probe in eine Vakuumkammer gebracht. Die Fenster, durch die das Licht in die Kammer ein- und austritt, können jedoch unter Umständen zu Absorptionen und Änderungen der Polarisationsverhältnisse Anlaß geben. Damit wird die Auswertung der Messung entscheidend erschwert.

Bei der in diesem Abschnitt geschilderten Methode können die optischen Konstanten nur bei *einem* Winkel, dem Haupteinfallswinkel, gemessen werden, was in der Regel ausreichend ist.

7.7.2 Messungen des Azimuts ψ_r und der Phasendifferenz δ mit einem Kompensator

Bei dieser Methode, die auf DRUDE zurückgeht, benötigt man außer dem Polarisator und Analysator noch einen Kompensator (Abb. 7.15). Wir haben in Abschnitt 7.6 bereits erwähnt, daß man mit einem Kompensator die Phasendifferenz zwischen zwei senkrecht zueinander schwingenden, linear polarisierten Wellen verändern und natürlich auch auf Null bringen kann.

In Abb. 7.16 ist das vom Metall reflektierte, elliptisch polarisierte Licht durch zwei ungleich lange Lichtvektoren, die in die x- bzw. y-Richtung zeigen, dargestellt (siehe hierzu Abb. 7.1). Die zu messende Phasendifferenz zwischen diesen Vektoren sei δ. Durch Veränderung der Keildicke kann man schließlich erreichen, daß das durch den Kompensator tretende elliptisch polarisierte Licht zu linear polarisiertem Licht wird ($\delta = 0°$). Dies ist in Abb. 7.16 in einem weiteren Vektordiagramm dargestellt. Der resultierende Vektor R_{res} ist um einen Winkel ψ_r gegen die Normale zur Einfallsebene geneigt. Durch Drehen des Analysators läßt sich dieses Azimut ψ_r messen. Steht nämlich die Schwingungsebene im Analysator senkrecht zum resultierenden Vektor R_{res}, so tritt durch den Analysator kein Licht hindurch. Die Größen δ und ψ_r lassen sich also durch gemeinsames Ändern der Keildicke des Kompensators und durch Drehen des Analysators bestimmen. Dies hat so lange zu erfolgen, bis kein Licht mehr aus dem Analysator tritt.

Die Berechnung der optischen Konstanten kann mit den exakten Gleichungen (7.22) und (7.23) oder mit den Näherungsgleichungen (7.28) und (7.29) erfolgen. Die Größen $n^2 - k^2$ und $2nk$ lassen sich aus (7.39) bzw. (7.40) berechnen. Diese Methode erlaubt eine Messung der optischen Konstanten bei beliebigem Einfallswinkel. Außerdem ist, solange man

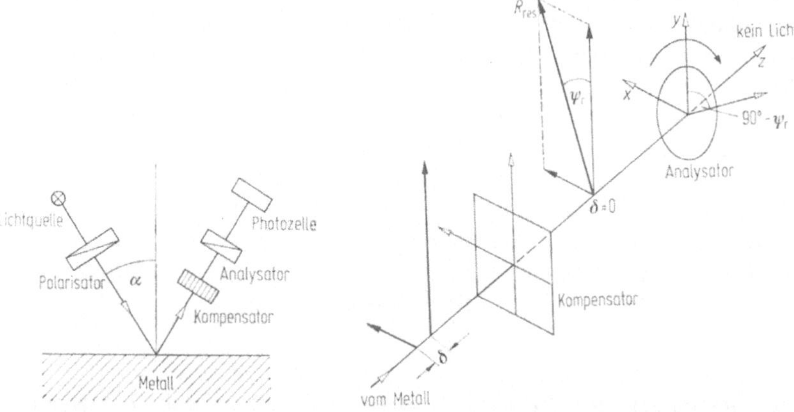

Abb. 7.15. Meßanordnung zur Bestimmung von δ und ψ_r.

Abb. 7.16. Strahlengang des vom Metall kommenden Lichts bei der Bestimmung von δ und ψ_r. Die Pfeile mit ausgefüllten Pfeilspitzen geben Schwingungsrichtung und Betrag der Lichtvektoren an. Die Pfeile mit schattierten Pfeilspitzen geben die Richtung der optischen Achsen des Polarisators und des Kompensators an. Die Pfeile mit unausgefüllten Pfeilspitzen zeigen in die x, y oder z-Richtung.

sichtbares Licht verwendet, eine Photozelle oder ein ähnliches Gerät nicht unbedingt erforderlich, da man die Stellen maximaler Dunkelheit ohne weiteres mit unbewaffnetem Auge aufsuchen kann.

Die Berechnung der Phasendifferenz δ aus den am Kompensator abgelesenen Skalenteilen bedarf einer gesonderten Betrachtung. Nach Gleichung (7.47) ist δ von den Brechungsindices n_e und n_0 abhängig, die eine Funktion der Wellenlänge sind. Dadurch läßt sich ein Kompensator nur für *eine* Wellenlänge fest eichen. Es wird deswegen meist vorgezogen, die Keilverschiebung in willkürlichen Skalenteilen anzugeben und δ aus der Skalendifferenz zu bestimmen. Dies kann dadurch geschehen, daß man den Kompensator zwischen zwei Polarisatoren bringt, deren Schwingungsebenen 45° gegen die Einfallsebene geneigt sind (Abb. 7.17). Die Hauptachsen des Kompensators werden parallel zur x- bzw. y-Richtung gelegt. Dann wird das vom Polarisator kommende linear polarisierte Licht vom Kompensator in zwei linear polarisierte Wellen, die in der x- und y-Richtung schwingen, zerlegt. Nun verändert man die Keildicke des Kompensators. Bei einer bestimmten Einstellung ist $\Delta = \pm \lambda/2$ (d. h. $\delta = \pm \pi$). Dann ist das resultierende Licht wieder linear polarisiert, aber die Schwingungsrichtung ist jetzt 135° gegen die Einfallsebene geneigt (Abb. 7.17b). Bei dieser Stellung tritt kein Licht durch den Analysator. Verändert man die Keildicke weiter, so erhält man schließlich erneut eine „Dunkelstelle". Die Skalendifferenz am Kompensator zweier solcher Dunkelstellen (d_{eich}) entspricht

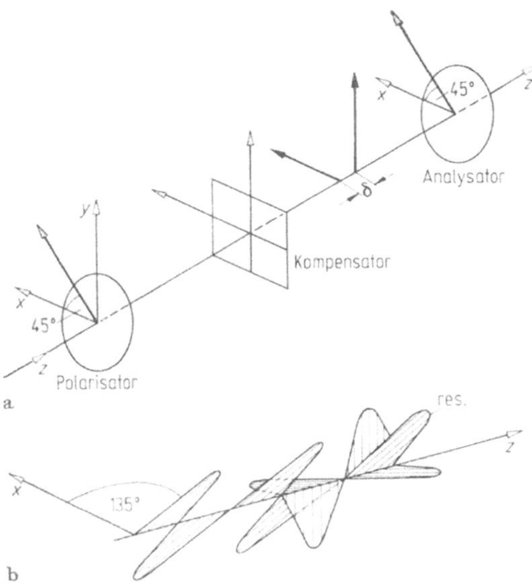

Abb. 7.17 a u. b. Zur Eichung eines Kompensators. Mit „res" ist die aus den zwei linear polarisierten Wellen resultierende Welle bezeichnet. Sie hat ein Azimut von 135°.

einem Gangunterschied von λ oder einer Phasendifferenz von 360°. Die Skalendifferenz zwischen einer so erhaltenen und einer durch Metallreflexion erhaltenen Dunkelstelle (d_{met}) ist proportional zu der gesuchten Phasendifferenz δ.

$$\delta = 360° \frac{d_{\text{met}}}{d_{\text{eich}}}. \tag{7.49}$$

Bei der Kompensation des elliptisch polarisierten Lichtes sind zwei Stellungen des Kompensators möglich, bei denen Auslöschung des Lichtes eintritt. In Abschnitt 7.5 legten wir dar, daß nur *ein* Wert für die Phasendifferenz ein physikalisch sinnvolles Endresultat ergibt, nämlich der, für den $\sin \delta$ negativ wird. δ muß daher zwischen 180° und 360° liegen.

Die von DRUDE ursprünglich benutzte Methode ist ein Spezialfall der eben beschriebenen Meßart. DRUDE suchte zunächst den Haupteinfallswinkel auf, kompensierte die Phasendifferenz $\delta = -\pi/2$ und bestimmte schließlich das Hauptazimut. Dann lassen sich die einfacheren Gleichungen (7.32), (7.33) bzw. (7.41) und (7.42) anwenden. Nachdem heute fast jedem Forschungsinstitut elektrische Rechenanlagen zur Verfügung stehen, braucht man jedoch auf eine Beschränkung der experimentellen Möglichkeiten zugunsten von einfachen Auswertungen keine Rücksicht mehr zu nehmen.

7.7.3 Bestimmung der Phasendifferenz δ durch Ausmessung der Schwingungsellipse

Die Phasendifferenz δ zwischen R_p und R_s kann auch ohne Anwendung eines Kompensators durch Ausmessung der Schwingungsellipse bestimmt werden. Das Einfallsazimut sei wieder $\psi_e = 45°$.

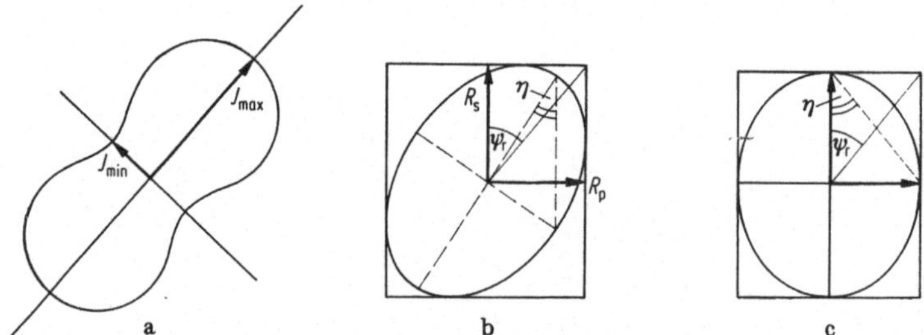

Abb. 7.18. a) Winkelverteilung der vom Analysator durchgelassenen Intensität; b) Schwingungsellipse und Definition des Winkels η; c) Schwingungsellipse beim Haupteinfallswinkel.

Der Einfallswinkel kann beliebig gewählt werden. Dreht man nun den Analysator (Abb. 7.14) um die z-Achse und mißt die Intensität des vom Metall reflektierten Lichtes in Abhängigkeit vom Azimut, so erhält man die in Abb. 7.18a gezeigte Kurve. Aus dieser Intensitätsverteilung läßt sich die größte und die kleinste Intensität ($I_{\max}$ bzw. $I_{\min}$) bestimmen. Die Wurzel aus dem Verhältnis von $I_{\min}$. zu $I_{\max}$ nennen wir $\tan\eta$.

$$\tan\eta = \sqrt{\frac{I_{\min}}{I_{\max}}} \tag{7.50}$$

$\tan\eta$ bestimmt also das Achsenverhältnis der Schwingungsellipse (Abb. 7.18b). Die Phasendifferenz δ errechnet sich dann aus der

Gleichung[1]

$$\sin\delta = -\frac{\sin 2\eta}{\sin 2\psi_r}, \tag{7.51}$$

wobei $\tan\psi_r$ wieder wie in (7.48) das Verhältnis aus R_p zu R_s ist (Abb. 7.18b). Von der Richtigkeit der Gleichung (7.51) kann man sich am einfachsten überzeugen, wenn man die Verhältnisse für den Haupteinfallswinkel überprüft. Dann wird $\delta = -\pi/2$ und $\eta = \psi_r$. Die letztgenannte Beziehung kann man aus Abb. 7.18c ablesen.

Die optischen Konstanten lassen sich aus den exakten Gleichungen (7.22) und (7.23) oder aus den Näherungen (7.28) bzw. (7.29) berechnen. Die Größen $n^2 - k^2$ und $2nk$ folgen aus den exakten Gleichungen (7.39) bzw. (7.40).

Die hier behandelte Methode ist wegen der langwierigen Ausmessung der Schwingungsellipse nur dann empfehlenswert, wenn die Aufzeichnung automatisch erfolgt.

7.7.4 Interferenzmethode

Zwei kohärente, monochromatische Strahlenbündel, die aus einem Doppelspalt austreten, fallen auf einen Glaskeil, dessen obere Hälfte mit einem Metall bedampft ist. Der Winkel dieses Keils ist sehr klein

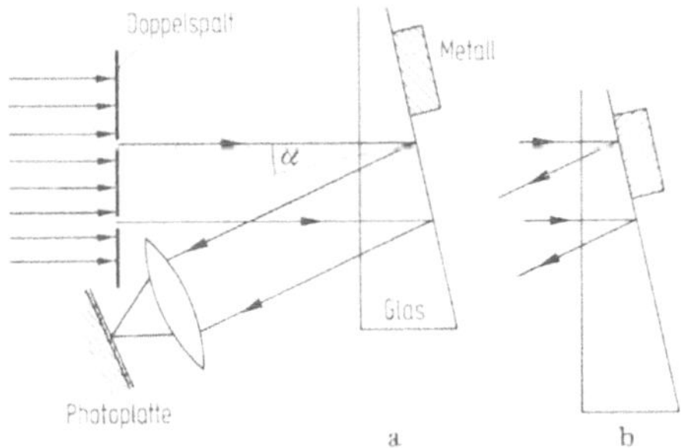

Abb. 7.19a u. b. Interferenzmethode zur Messung des Phasensprungs bei der Metallreflexion.

und so gewählt, daß einerseits die an der Vorder- und Rückseite des Keils reflektierten Strahlen sich nicht überlagern und andererseits die Voraussetzung der weiter unten folgenden Rechnung, daß der Lichteinfall senkrecht ist, im wesentlichen noch erfüllt ist. Die an der Rück-

[1] Born, M., Wolf, E.: Principles of Optics, 3. Aufl., Oxford: Pergamon Press 1965, S. 27; Conn, G. K. T., Eaton G. K.: J. Opt. Soc. Am. **44**, 546 (1954).

seite des Glaskeils reflektierten Strahlen werden zur Interferenz gebracht (Abb. 7.19a). Dann bilden sich auf einer Photoplatte die bei Interferenzerscheinungen bekannten hellen und dunklen Streifen. Verschiebt man nun den Glaskeil, so daß einer der Lichtstrahlen am Metall, der andere wie zuvor, an Luft reflektiert wird, so entsteht eine Phasendifferenz δ' zwischen den reflektierten Strahlen. Diese ruft eine Verschiebung d des Interferenzstreifensystems gegenüber dem ursprünglichen hervor, aus der man die Phasendifferenz δ' bestimmen kann. Erfolgt die Reflexion beider Strahlen an Luft, so entspricht der Abstand zwischen zwei Interferenzmaxima (D) einem Gangunterschied von λ oder einer Phasendifferenz von 2π. Die Phasendifferenz δ' zwischen dem an Luft und dem an Metall reflektierten Strahl ergibt sich dann zu

$$\delta' = \frac{360^\circ d}{D}. \tag{7.52}$$

Die Formeln zur Berechnung der optischen Konstanten für den hier geschilderten Fall lassen sich aus den Fresnelschen Gleichungen ableiten. Bei senkrechtem Lichteinfall ($\alpha = 0^\circ$) kann man zwischen senkrecht und parallel zur Einfallsebene schwingender Komponente nicht mehr unterscheiden, da keine Einfallsebene definiert ist. Die Fresnelschen Formeln (7.7) und (7.8) liefern in diesem Fall das gleiche Endresultat. Aus Gleichung (7.7) ergibt sich für $\alpha = 0^\circ$

$$\frac{R}{E} = \frac{n_1 - n_2}{n_1 + n_2}. \tag{7.53}$$

Wir interpretieren nun Gleichung (7.53) für den Spezialfall der Abb. (7.19b). Der reelle Brechungsindex des Glases wird mit n_1 bezeichnet; $\hat{n}_2 = n_2 - ik$ ist der komplexe Brechungsindex des Metalls[1]. Da die rechte Seite von Gleichung (7.53) komplex ist, muß auch die linke Seite dieser Gleichung komplex sein (vergleiche hierzu Gleichung (7.18)). Wir schreiben daher

$$\left(\frac{\widehat{R}}{E}\right) = \frac{n_1 - (n_2 - ik)}{n_1 + (n_2 - ik)} = \left|\left(\frac{\widehat{R}}{E}\right)\right| \cdot e^{i\delta'} \equiv \varrho \cdot e^{i\delta'}. \tag{7.54}$$

In Gleichung (7.54) haben wir den komplexen Quotienten $\left(\frac{\widehat{R}}{E}\right)$ durch die ebenfalls komplexe Größe $\varrho \cdot e^{i\delta'}$ ersetzt, wobei ϱ der (reelle) Betrag des Amplitudenverhältnisses ist. Wir erhalten mit Gleichung

[1] Wir lassen den Index beim Absorptionsvermögen weg, da keine Verwechslungsmöglichkeit besteht.

(2.29) und (2.33)

$$\varrho = \left|\left(\frac{\hat{R}}{E}\right)\right| = \sqrt{\frac{I_r}{I_e}} = \sqrt{r}. \tag{7.55}$$

δ' ist die oben bereits gebrauchte Phasendifferenz zwischen dem an Metall und dem an Luft reflektierten Strahl, oder, da beim Übergang vom dichteren zum dünneren Medium kein Phasensprung auftritt, ist δ' die Phasendifferenz zwischen dem reflektierten und dem einfallenden Strahl („Phasensprung"). Es soll besonders darauf hingewiesen werden, daß die in Abschnitt 7.5 eingeführte Phasendifferenz δ nicht identisch mit der hier gebrauchten Größe δ' ist. Die zuweilen „relative" Phasendifferenz genannte Größe δ bezeichnet, wie bereits erwähnt, die Phasendifferenz zwischen den senkrecht und den parallel zur Einfallsebene schwingenden Komponenten R_s und R_p.

Aus Gleichung (7.54) erhalten wir durch Multiplikation

$$n_1 \varrho \mathrm{e}^{i\delta'} + n_2 \varrho \mathrm{e}^{i\delta'} - ik\varrho \mathrm{e}^{i\delta'} = n_1 - n_2 + ik, \tag{7.56}$$

woraus durch Zusammenfassung

$$\frac{n_2 - ik}{n_1} = \frac{1 - \varrho \mathrm{e}^{i\delta'}}{1 + \varrho \mathrm{e}^{i\delta'}} \tag{7.57}$$

entsteht. Wir wenden wieder das in Abschnitt 7.5 benutzte Verfahren an und multiplizieren die rechte Seite von (7.57) mit der konjugiert komplexen Größe des Nenners. Dann erhält man mit den Eulerschen Formeln (Anhang 2) aus (7.57)

$$\frac{n_2 - ik}{n_1} = \frac{1 - 2\varrho i \sin\delta' - \varrho^2}{1 + 2\varrho\cos\delta' + \varrho^2}. \tag{7.58}$$

Aus den reellen Gliedern erhält man

$$n_2 = \frac{n_1(1 - \varrho^2)}{1 + \varrho^2 + 2\varrho\cos\delta'}. \tag{7.59}$$

Die imaginären Glieder liefern

$$k = \frac{2\varrho n_1 \sin\delta'}{1 + \varrho^2 + 2\varrho\cos\delta'}. \tag{7.60}$$

Die Gleichungen (7.59) und (7.60) sind bei senkrechtem Lichteinfall streng gültig. Der Phasenwinkel δ' läßt sich mittels des beschriebenen Interferenzverfahrens, das Amplitudenverhältnis ϱ nach Gleichung (7.55) aus der reflektierten und der einfallenden Intensität bestimmen.

In experimenteller Hinsicht muß zu der eben beschriebenen Meßmethode noch ein wesentlicher Punkt hinzugefügt werden: Die Intensität des am Metall reflektierten Strahls ist meistens um einen Faktor 20 größer als die des an Luft reflektierten, so daß die erhaltenen Interferenzlinien unscharf und damit für eine Auswertung unbrauchbar sind. FLEISCHMANN und SCHOPPER[1] lösten dieses Problem durch Anwendung des „Intensitätsausgleichs", in dem sie die Intensität des am

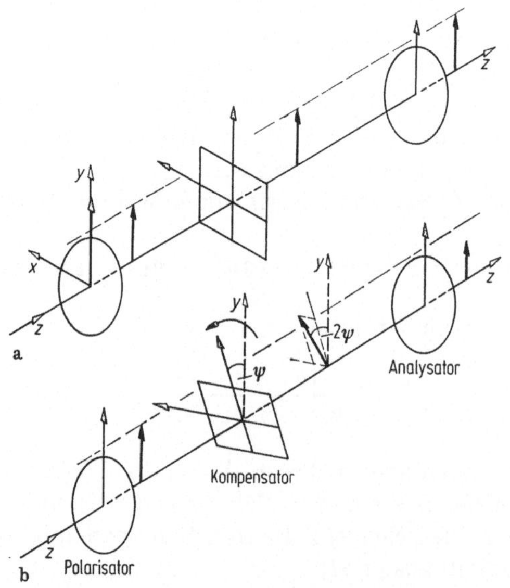

Abb. 7.20a u. b. Zur Veranschaulichung des Intensitätsausgleichs. Bei der in a) gezeigten Orientierung von Polarisator, Kompensator und Analysator wird die Intensität des aus dem Polarisator austretenden Lichtbündels nicht geschwächt. b) Bei Drehung des Kompensators um die z-Achse wird das Lichtbündel geschwächt. Die Pfeile mit ausgefüllten Pfeilspitzen zeigen Lage und Betrag der Lichtvektoren an.

Metall reflektierten Strahls schwächten, ohne die Phase zu ändern. Das Prinzip dieses Verfahrens wird in Abb. 7.20 erläutert. Zwischen einen Polarisator und einen Analysator, deren Schwingungsebenen zueinander parallel stehen (in Abb. 7.20 in der y-Richtung) wird ein Kompensator eingefügt, dessen Keildicke so eingestellt ist, daß der Gangunterschied zwischen der x- und y-Komponente gerade $\lambda/2$ ist. Dann ist nämlich das aus dem Kompensator austretende Licht wiederum linear polarisiert. Zeigen die optischen Achsen von Polarisator und Analysator

[1] FLEISCHMANN, R.: Z. Phys. **129**, 275 (1951); FLEISCHMANN, R., SCHOPPER, H.: Z. Phys. **129**, 285 (1951).

und eine Achse des Kompensators in die gleiche Richtung, so tritt das vom Polarisator kommende Licht ungeschwächt durch die Anordnung (Abb. 7.20a). Dreht man jedoch den Kompensator um die z-Achse um einen Winkel ψ, so ist die Schwingungsrichtung des aus dem Kompensator tretenden Lichts um 2ψ gegen die y-Achse geneigt. Nur die in der y-Richtung schwingende Komponente wird vom Analysator hindurchgelassen (Abb. 7.20b). Durch Drehen des Kompensators läßt sich somit der durch die Anordnung gelangende Strahl kontinuierlich schwächen.

Bei der hier behandelten Meßanordnung genügt *ein* Polarisator und *ein* Analysator, durch den die beiden Strahlen gemeinsam durchtreten. Um die Phasenverhältnisse jedoch nicht zu ändern, benötigt man zwei Kompensatoren[1]. Nur der Kompensator, der sich im vom Metall reflektierten Strahl befindet, wird gedreht.

Die hier geschilderte Methode eignet sich bei dünnen Metallschichten auch für durchgehendes Licht. Dann wird der Intensitätsausgleich bei demjenigen Strahlenbündel vorgenommen, das nicht durch das Metall hindurchtritt.

Man kann auch das Metall auf der Vorderseite des Glaskeils aufdampfen. Dann läßt sich die Dicke der aufgedampften Schicht mit dem gleichen Verfahren messen.

7.7.5 Bestimmung des Phasensprungs δ' mittels einer Kramers-Kronig-Analyse

Im vorhergehenden Abschnitt wurde dargelegt, wie man die Phasendifferenz zwischen einfallendem und reflektiertem Strahl mittels eines Interferenzverfahrens *experimentell* bestimmen kann. Aus dem Phasensprung und dem Reflexionsvermögen lassen sich die optischen Konstanten berechnen.

In diesem Abschnitt soll gezeigt werden, daß im Prinzip *eine* Messung, z. B. die Messung des Reflexionsvermögens, genügt, um die andere Größe, nämlich die Phasendifferenz, zu *berechnen*, solange die Messung über einen genügend großen Frequenzbereich ausgedehnt wird.

Wir gehen zur Beschreibung dieses Verfahrens von der Gleichung (7.54) aus und schreiben wie dort das komplexe Amplitudenverhältnis $\left(\frac{\widehat{R}}{E}\right)$ in der folgenden Form

$$\left(\frac{\widehat{R}}{E}\right) = \left|\left(\frac{\widehat{R}}{E}\right)\right| \cdot \mathrm{e}^{i\delta'} = \varrho\,\mathrm{e}^{i\delta'} . \tag{7.61}$$

[1] Fleischmann und Schopper benützten $\lambda/2$ Glimmerblättchen, die natürlich nur für *eine* Wellenlänge zu gebrauchen sind.

R und E sind wieder die Amplituden des reflektierten bzw. einfallenden Strahls bei senkrechtem Lichteinfall. Wir logarithmieren den Ausdruck der rechten Seite von Gleichung (7.61) und erhalten eine Summe aus reellem und imaginärem Teil

$$\ln(\varrho \cdot e^{i\delta'}) = \ln \varrho + i\delta'. \tag{7.62}$$

Es besteht nun ein Zusammenhang zwischen reeller und imaginärer Komponente einer komplexen Funktion. Mittels einer als „Kramers-Kronig-Beziehung"[1] bekannten Gleichung läßt sich wegen dieses Zusammenhangs *eine* Komponente einer komplexen Größe aus der anderen berechnen. Auf unseren Fall angewandt heißt das, daß man die Phasendifferenz δ' für eine beliebige Frequenz ν_0 aus Reflexionsmessungen bestimmen kann. Dies geschieht mit der folgenden Beziehung[2].

$$\delta'(\nu_x) = \frac{1}{\pi} \int_0^\infty \frac{\mathrm{d} \ln \varrho}{\mathrm{d}\nu} \ln \left| \frac{\nu + \nu_x}{\nu - \nu_x} \right| \mathrm{d}\nu. \tag{7.63}$$

Die Auswertung dieses Integrals kann graphisch[3] oder mit einer elektronischen Rechenanlage[4] erfolgen. Die optischen Konstanten erhält man dann aus den zu den Gleichungen (7.59) und (7.60) analogen Formeln

$$n = \frac{1 - \varrho^2}{1 + \varrho^2 + 2\varrho \cos \delta'}, \tag{7.64}$$

$$k = \frac{2\varrho \sin \delta'}{1 + \varrho^2 + 2\varrho \cos \delta'}. \tag{7.65}$$

Das reelle Amplitudenverhältnis ϱ errechnet sich aus der Quadratwurzel des Reflexionsvermögens (siehe Gleichung (7.55)).

Aus Gleichung (7.63) ersieht man, daß das Reflexionsvermögen über den gesamten Frequenzbereich (d. h. von $\nu = 0$ bis $\nu = \infty$) bekannt

---

[1] Kramers, H. A.: Atti Congr. del Fisici. Como (1927) 545; R. Kronig, J. Opt. Soc. Am. **12**, 547 (1926).

[2] In der angelsächsischen Literatur wird in diesem Zusammenhang häufig der Phasenwinkel mit Θ und die reflektierte Amplitude mit r bezeichnet.

[3] Bode, H. W.: Network Analysis and Feedback Amplifier Design, New York: D. Van Nostrand 1945, S. 337ff.

[4] Rimmer, M. P., Dexter, D. L.: J. Appl. Phys. **31**, 775 (1960). Die Autoren stellen auf Anfrage ihr Computer-Programm zur Verfügung. Leiga, A. G.: J. Opt. Soc. Am. **58**, 880 (1968).

sein muß. Nun tragen aber die ϱ-Werte von Frequenzen, die sehr viel größer oder sehr viel kleiner als die Frequenz ν_x sind, nur sehr wenig zur Phasendifferenz bei. Man sieht dies am einfachsten, wenn man die „Gewichtsfunktion[1]" $\ln\left|\frac{\nu+\nu_x}{\nu-\nu_x}\right|$ über der Frequenz ν aufträgt (Abb. 7.21). Diese Funktion hat ein ausgeprägtes Maximum bei ν_x, so daß man die Beiträge von weit abliegenden Frequenzen in erster

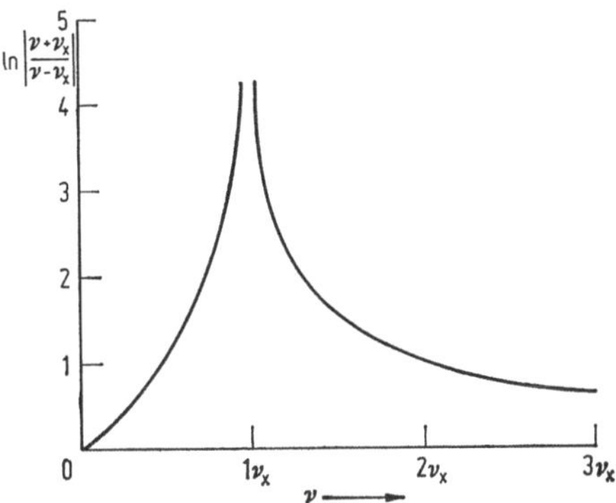

Abb. 7.21. Gewichtsfunktion $\ln\left|\frac{\nu+\nu_x}{\nu-\nu_x}\right|$ in Abhängigkeit von der Frequenz ν.

Näherung vernachlässigen kann. Es besteht die Möglichkeit, ein Korrekturglied zu ermitteln, falls das untersuchte Metall in einem experimentell zugänglichen Frequenzgebiet durchsichtig ist. Findet nämlich bei einer bestimmten Frequenz keine Absorption statt ($k = 0$), so muß $\delta' = n \cdot \pi$ ($n = 0, 1, 2, \ldots$) sein (Gleichung 7.65)), und man kann diesen theoretischen Phasensprung mit demjenigen vergleichen, den man aus Gleichung (7.63) erhält. Andererseits kann man auch bei der Frequenz, bei der $k = 0$ ist, den Brechungsindex direkt messen (Gleichung (7.11)) und mit demjenigen vergleichen, den man aus Gleichung (7.64) erhält.

Die hier behandelte Methode wurde erstmals von Jahoda[2] für optische Untersuchungen angewandt und wird seitdem von einer zunehmenden Anzahl von Autoren[3] benutzt. Wir wollen eine besonders inter-

---

[1] In der angelsächsischen Literatur „weighting function" genannt.

[2] Jahoda, F. C.: Phys. Rev. **107**, 1261 (1957); Doktorarbeit Cornell Univ., 1957.

[3] Zum Beispiel H. R. Philipp und E. A. Taft: Phys. Rev. **113**, 1002 (1959); bei dünnen Filmen und Lichtdurchlaß: K. Kozima, W. Suëtaka, P. N. Schatz: J. Opt. Soc. Am. **56**, 181 (1966).

essante Untersuchungsreihe herausgreifen. S. ROBIN[1] verglich die Resultate einer Kramers-Kronig-Analyse mit Ergebnissen, die an derselben Probe mit zwei anderen Methoden gewonnen wurden (Abb. 7.22). Man sieht, daß bei kleinen Frequenzen (Photonenenergien) die Übereinstimmung bei den verschiedenen Meßverfahren relativ gut ist. Bei

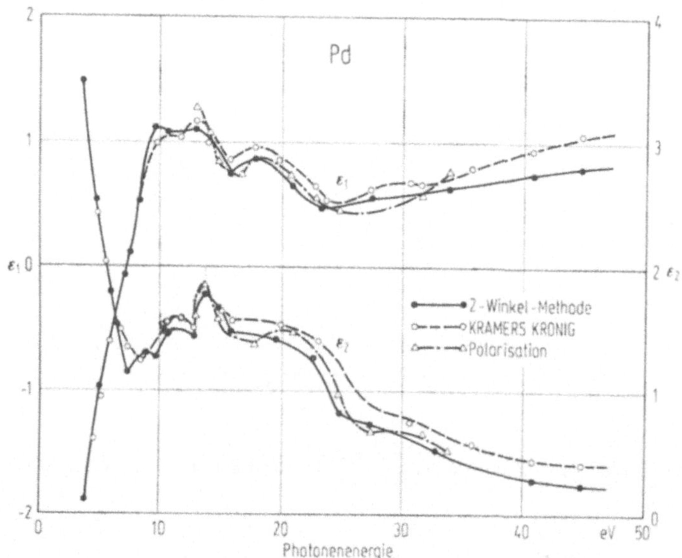

Abb. 7.22. Optische Konstanten von Palladium nach 3 verschiedenen Methoden gemessen[1] ($\varepsilon_1 = n^2 - k^2$; $\varepsilon_2 = 2nk$).

höheren Frequenzen macht sich jedoch eine Abweichung deutlich bemerkbar.

Die Messungen für die in diesem Abschnitt behandelte Methode sind relativ einfach und können mit Hilfe eines in der Metallographie gebräuchlichen Auflichtmikroskops, das mit einem Photometer versehen ist, ausgeführt werden (senkrechter Lichteinfall). Mit dem Mikroskop lassen sich kleine Kristallgebiete getrennt untersuchen. Da kein doppelbrechendes Material in der Apparatur verwandt wird, entfallen die Frequenzbeschränkungen, die durch Polarisatoren entstehen (Abb. 7.7). Nachteilig wirkt sich aus, daß die Auswertung kompliziert ist und daß

[1] ROBIN, S.: Opt. Prop. and el. Structure of Metals and Alloys, Proceedings of the Int. Colloquium Paris 1965, Amsterdam: North Holland Publishing Comp. 1966.

man die Untersuchungen über einen sehr großen Frequenzbereich ausdehnen muß. Auch ist die Messung bei verschiedenen Einfallswinkeln nicht einfach.

7.7.6. Messung von zwei verschiedenen Reflexionsvermögen bei senkrechtem Lichteinfall

Bringt man auf ein Metall eine dünne, nicht absorbierende Schicht und mißt das Reflexionsvermögen einmal an dieser Schicht (wobei einige Besonderheiten zu beachten sind) und zusätzlich an der Grenzfläche Luft-Metall, dann lassen sich die optischen Konstanten aus diesen beiden Reflexionsmessungen berechnen. Es hat sich erwiesen[1,2], daß eine aufgedampfte Schicht aus Zinksulfid, deren Dicke ungefähr eine Wellenlänge ist, optimale Resultate liefert. Auf Einzelheiten der dielektrischen Schicht werden wir noch zu sprechen kommen. Zunächst sollen jedoch die hier anzuwendenden Beziehungen zur Berechnung der optischen Konstanten abgeleitet und die verschiedenen Meßgrößen diskutiert werden.

Das Reflexionsvermögen an der Grenzfläche Luft–Metall errechnet sich aus der Beerschen Formel (2.36) zu

$$r_{\mathrm{LM}} = \frac{(n-1)^2 + k^2}{(n+1)^2 + k^2}. \tag{7.66}$$

Aus dieser Gleichung folgt das Absorptionsvermögen k des Metalls

$$k^2 = \frac{(n-1)^2 - r_{\mathrm{LM}}(n+1)^2}{r_{\mathrm{LM}} - 1}. \tag{7.67}$$

An der Grenzfläche zwischen der aufgedampften Schicht und dem Metall gilt für das Reflexionsvermögen r_{SM} die zu (7.66) analoge Gleichung

$$r_{\mathrm{SM}} = \frac{(n-n_{\mathrm{S}})^2 + k^2}{(n+n_{\mathrm{S}})^2 + k^2}. \tag{7.68}$$

(n_{S} = Brechungsindex der Schicht). Daraus erhalten wir für das Absorptionsvermögen des Metalls die folgende Beziehung:

$$k^2 = \frac{(n-n_{\mathrm{S}})^2 - r_{\mathrm{SM}}(n+n_{\mathrm{S}})^2}{r_{\mathrm{SM}} - 1}. \tag{7.69}$$

Nun setzen wir (7.67) und (7.69) einander gleich

$$\frac{(n-1)^2 - r_{\mathrm{LM}}(n+1)^2}{r_{\mathrm{LM}} - 1} = \frac{(n-n_{\mathrm{S}})^2 - r_{\mathrm{SM}}(n+n_{\mathrm{S}})^2}{r_{\mathrm{SM}} - 1} \tag{7.70}$$

[1] Pepperhoff, W.: Archiv f. d. Eisenhüttenwesen **36**, 941 (1965).
[2] Knosp, H.: Z. Metallkde. **60**, 526 (1969).

und berechnen aus (7.70) den Brechungsindex n des Metalls:

$$n = \frac{1}{2}\,\frac{n_S^2 - 1}{n_S\,\dfrac{1 + r_{SM}}{1 - r_{SM}} - \dfrac{1 + r_{LM}}{1 - r_{LM}}}. \tag{7.71}$$

Bei bekanntem Brechungsindex erhält man für die Absorptionskonstante aus (7.67)

$$k = \sqrt{\frac{(n-1)^2 - r_{LM}(n+1)^2}{r_{LM} - 1}}. \tag{7.72}$$

In Gleichung (7.71) sind nun folgende Variablen enthalten:

n = Brechungsindex des Metalls,
n_S = Brechungsindex der aufgedampften Schicht,
r_{LM} = Reflexionsvermögen an der Grenzfläche Luft–Metall,
r_{SM} = Reflexionsvermögen an der Grenzfläche Schicht–Metall.

Von diesen vier Größen können n_S und r_{LM} unmittelbar durch Messung bestimmt werden. Das Reflexionsvermögen zwischen Schicht und Metall r_{SM} ist hingegen einer direkten Messung nicht zugänglich.

Man kann r_{SM} jedoch mit einem besonderen Verfahren erhalten. Ist nämlich die Dicke der aufgebrachten Schicht gleich einem ganzzahligen Vielfachen einer viertel Wellenlänge des verwandten Lichts, dann wird von dem auf die Schicht senkrecht auffallenden Licht nur ein kleiner Teil reflektiert. Diejenigen zurückgeworfenen Strahlen, die zueinander einen Gangunterschied von $\lambda/2$ und gleiche Intensitäten haben, löschen sich durch Interferenz aus (Abb. 7.23). Durch Veränderung der Wellenlänge des einfallenden Lichtes kann man schließlich Interferenz erreichen und erhält dann ein „kleinstes Reflexionsvermögen“ das wir r_{min} nennen wollen (Abb. 7.24). Aus r_{min} läßt sich die Größe r_{SM} bestimmen[1].

$$r_{SM} = \left(\frac{r_{LS}^{1/2} - r_{min}^{1/2}}{1 - (r_{LS} r_{min})^{1/2}}\right)^2. \tag{7.73}$$

In Gleichung (7.73) ist r_{LS} das Reflexionsvermögen an der Grenzfläche Luft–Schicht, das sich nach Gleichung (2.34) aus dem Brechungsindex der dielektrischen Schicht ergibt.

$$r_{LS} = \left(\frac{n_S - 1}{n_S + 1}\right)^2 \tag{7.74}$$

[1] Vašiček, A.: Optics of Thin Films, Amsterdam: North-Holland Publishing Company 1960, S. 117.

Damit können also alle zur Berechnung der optischen Konstanten benötigten Variablen aus Reflexionsmessungen erhalten werden.

Bei der Durchführung des Experiments müssen noch zwei wesentliche Einzelheiten Beachtung finden. Um eine möglichst vollständige Interferenz der am Metall und der am Dielektrikum reflektierten

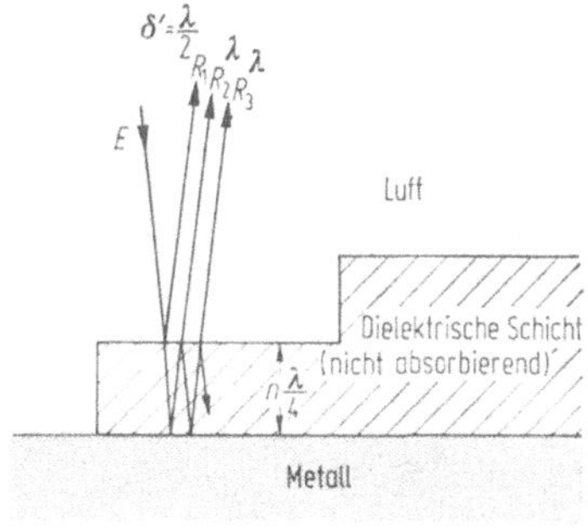

Abb. 7.23. Reflexion eines monochromatischen Lichtstrahls an der Grenzfläche Luft–Schicht und Schicht–Metall. Die Gangunterschiede der reflektierten Strahlen $R_1, R_2, R_3 \ldots$ sind für senkrechten Lichteinfall angegeben. Zur Veranschaulichung ist jedoch in der Abbildung ein kleiner Einfallswinkel gezeichnet.

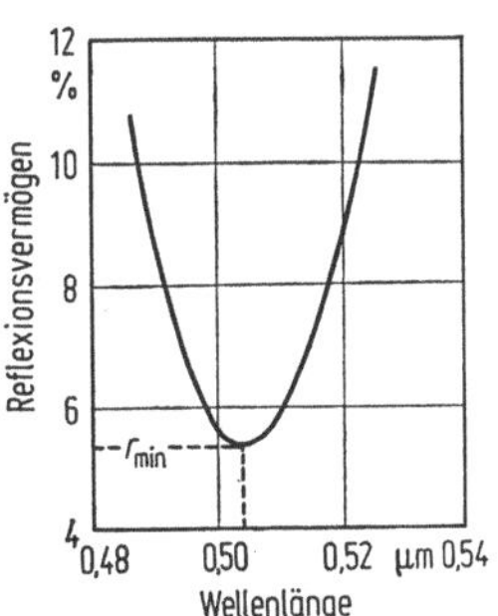

Abb. 7.24. Spektrales Reflexionsvermögen eines mit einer dielektrischen Schicht bedampften Metalls (schematisch).

Strahlen zu erreichen, sollten die Intensitäten dieser Strahlen nahezu gleich sein. Nehmen wir an, der Brechungsindex der Schicht sei $n_S = 1{,}5$. Dann ist das Reflexionsvermögen dieses Films nach Gleichung (7.74) 4%, d. h. die Intensität des Strahles R_1 in Abb. 7.23 ist 4% der einfallenden Intensität. Die restlichen 96% der einfallenden Intensität gelangen durch die (nicht absorbierende) Schicht und werden je nach Reflexionsvermögen des Metalls nahezu vollständig in den Film zurückgeworfen. Die Intensität des Strahls R_2 ist daher etwa 80 bis 90% der einfallenden Intensität. Durch diesen großen Intensitätsunterschied der Strahlen R_1 und R_2 wird nur ein sehr kleiner Teil der reflektierten Intensität ausgelöscht. Die Situation ändert sich sofort, wenn $n_S = 3$ ist. Dann wird die Intensität von R_1 25% und diejenige von R_2 je nach Metall etwa 40 bis 50% der einfallenden Intensität. Die Auslöschung der reflektierten Strahlen ist also bei Metallen mit großem Reflexionsvermögen um so vollständiger, je größer der Brechungsindex der Schicht ist. Eine Abschätzung der für das jeweilige Metall optimalsten Brechzahl der Schicht läßt sich mit der Gleichung

$$n_S = \left| \sqrt{n + \frac{k^2}{n-1}} \right| \tag{7.75}$$

vornehmen, in der n und k die optischen Konstanten des Metalls sind. Für Gold und Eisen berechnet sich n_S aus (7.75) zu 3,8 bzw. 2,6. Geeignete nichtabsorbierende Schichten mit so hohen Brechzahlen sind bis jetzt noch nicht aufgefunden worden. Die Autoren[1], die sich der in

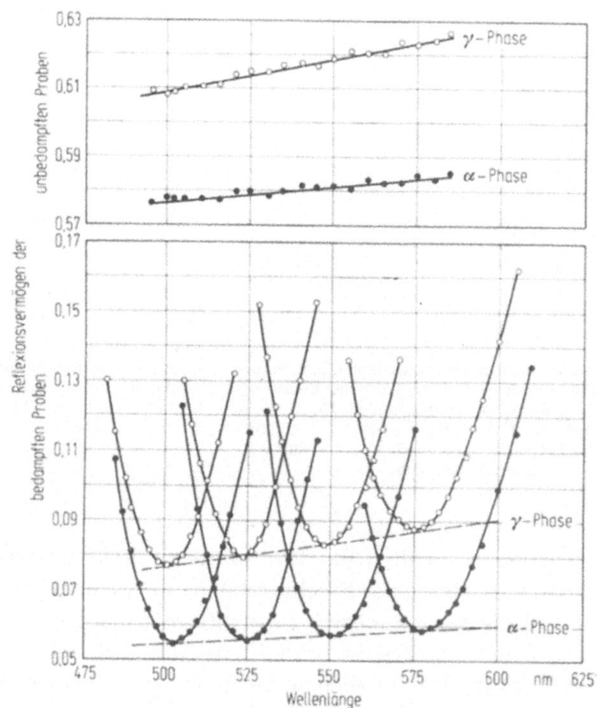

Abb. 7.25. Spektrales Reflexionsvermögen der bedampften und unbedampften α'- und γ-Phase eines Stahles mit 1% C und 0,6% Mn (nach PEPPERHOFF).

diesem Abschnitt behandelten Methode bedienten, benutzten daher Zinksulfid, dessen Brechungsindex 2,3664 (Na-D-Linie) ist. Eine Möglichkeit zur Verminderung der Intensität des an der Schicht reflektierten Strahles liegt in der Anwendung des Intensitätsausgleichs (Abschnitt 7.7.4). Dann kann allerdings nicht mehr bei senkrechtem Einfall gearbeitet werden.

---

[1] PEPPERHOFF, W., s. Fußnote 1 auf S. 124; KNOSP, H., s. Fußnote 2 auf S. 124; KNOSP, H., GEROLD, V.: Z. Metallkde. 60, 627 (1969).

Durch Variation der Schichtdicke (keil- oder stufenförmig), ist es möglich, die optischen Konstanten bei verschiedenen Frequenzen zu messen (Abb. 7.25). Zur Angabe der Wellenlänge wird die Wellenlänge im spektralen Minimum verwandt.

Der Vorteil dieser Methode liegt in der Möglichkeit, mit Hilfe eines in der Metallographie üblichen Auflichtmikroskops die optischen Konstanten von einzelnen metallischen Phasen getrennt zu bestimmen (Abb. 7.25). (Zur Messung des spektralen Reflexionsvermögens wird das Mikroskop mit einem Photometer versehen.) Da kein Polarisator benutzt wird, dessen Anwendbarkeit auf bestimmte Wellenlängenbereiche begrenzt ist (Abschnitt 7.6), kann man durch geeignete Wahl des Linsenmaterials die Messungen ins ferne ultrarote und ultraviolette Spektralgebiet ausdehnen (siehe Tabelle 7.1).

Nachteilig wirken sich Meßungenauigkeiten aus, die durch die Oberflächenbeschaffenheit der Probe verursacht werden. Es müßte zur Ausschaltung der Oberflächenstörungen möglich sein, reine Metallproben im Hochvakuum zu glühen und im selben Gefäß die Aufdampfung vorzunehmen. Weiterhin müßten sich die Standards, die zum Intensitätsvergleich gebraucht werden, im selben Vakuumgefäß befinden. Die Reflexionsmessungen könnten dann durch ein Fenster erfolgen.

An Stelle einer Aufdampfschicht wurden auch Schichten aus Immersionsölen verwandt[1,2]. Da die hierfür geeigneten Öle keine sehr hohen Brechzahlen besitzen ($n_{\text{Öl}} \approx 1{,}5$), erhält man nur geringfügige Unterschiede der Reflexionsvermögen. Die Messungen mit Immersionsölen sind daher zu ungenau. Die Genauigkeit der Resultate wird auch nicht besser, wenn man zwei verschiedene, transparente, nichtabsorbierende Deckschichten auf das Metall bringt[3] und an jeder Schicht das Reflexionsvermögen mißt. Die Berechnung der optischen Konstanten geschieht durch zweimalige Anwendung der Beerschen Formel (2.36)

$$r_1 = \frac{(n - n_1)^2 + k^2}{(n + n_1)^2 + k^2}, \qquad r_2 = \frac{(n - n_2)^2 + k^2}{(n + n_2)^2 + k^2}, \tag{7.76}$$

wobei n_1 und n_2 die Brechungsindices von Öl und Luft bzw. der beiden Deckschichten sind und r_1 und r_2 gemessen werden können. Man hat also zwei Gleichungen für die zwei gesuchten Größen n und k.

---

[1] Cambon, Th.: Thesis, Toulouse (1947).
[2] Knosp, H.: Z. Metallkde. **60**, 526 (1969).
[3] Kravets, T. P.: Iso. Akad. Nauk SSSR, Ser. Fiz. **12**, 504 (1948).

7.7.7 Messung von zwei Phasendifferenzen bei verschiedenen Einfallswinkeln

Die bei der Metallreflexion auftretende Phasendifferenz δ kann bei beliebigem Einfallswinkel mit einem abgeänderten Michelson-Interferometer bestimmt werden (Abb. 7.26). Ein monochromatischer Lichtstrahl fällt auf eine halbdurchlässige Platte. Der durchgelassene Strahl 1 wird an einem Spiegel zurückgeworfen, der Strahl 2 wird zweimal an der Probe und an einem Spiegel (wie oben) reflektiert. Die zurückgeworfenen Strahlen 1′ und 2′ werden zur Interferenz gebracht. Das Besondere dieser Methode ist nun, daß 1′ und 2′ nahezu gleiche Intensitäten haben, da die Reflexion beider Strahlen im wesentlichen an

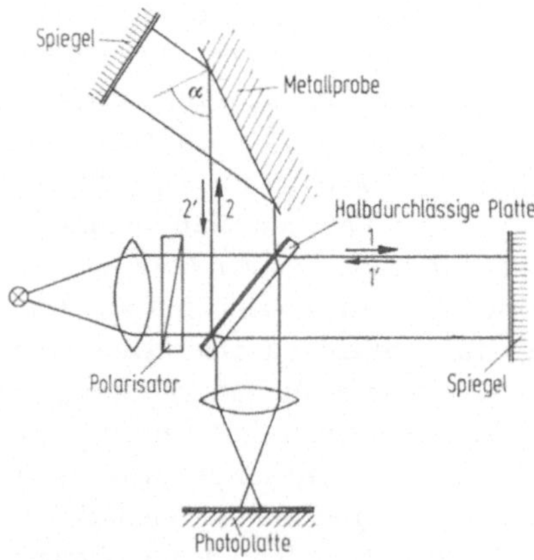

Abb. 7.26. Messung der Phasendifferenz mit einem abgeänderten Michelson-Interferometer. Die reflektierende Schicht der halbdurchlässigen Platte ist stark ausgezogen (nach M. M. Noskov).

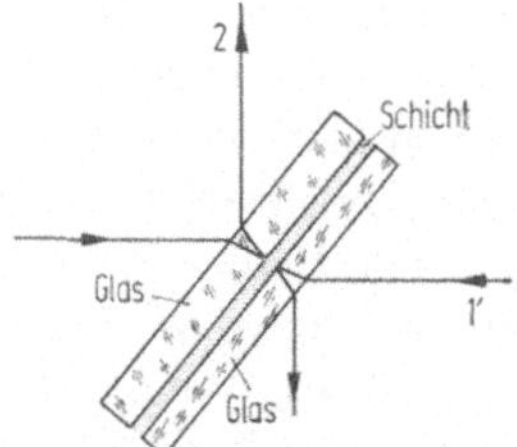

Abb. 7.27. Sandwichartige halbdurchlässige Platte.

Oberflächen mit gleichem Reflexionsvermögen erfolgt. Nur der Strahl 2 erfährt eine geringfügige zusätzliche Schwächung durch die Reflexionen an der Metallprobe. Damit ist bei dieser Anordnung der in Abschnitt 7.7.4 beschriebene Intensitätsausgleich nicht nötig.

Für die Stellungen des Polarisators in p- und s-Richtung erhält man zwei verschiedene Interferenzstreifensysteme. Der Abstand zwischen zwei Streifen eines Systems ist proportional der Wellenlänge, der Abstand zwischen den Linien beider Systeme entspricht wegen der doppelten Reflexion am Metall einer Phasendifferenz von 2δ.

Mißt man nun δ bei zwei voneinander abweichenden Einfallswinkeln α, so erhält man zwei Gleichungen vom Typ der Gleichung (7.28) für die

Unbekannten n und ψ, aus denen sich der Brechungsindex und damit auch mittels Gleichung (7.29) die Absorptionskonstante berechnen läßt. Von den zwei möglichen Abständen zwischen den Streifensystemen ergibt nur derjenige eine physikalisch sinnvolle Lösung, bei dem $\sin \delta$ negativ wird (siehe Abschnitt 7.5).

Gegen diese Methode in der hier beschriebenen Form läßt sich folgender Einwand vorbingen: Der Strahl 1′ wird an der Grenzfläche Glas–Schicht reflektiert, während der vom Polarisator kommende Strahl an der Grenzfläche Luft–Schicht zurückgeworfen wird. Dadurch besteht zwischen den beiden Strahlen 1′ und 2′ bereits eine Phasendifferenz. Diese Phasendifferenz ist im allgemeinen für die s- und die p-Komponente verschieden, so daß ein systematischer Fehler auftritt. Es sollte versucht werden, diesen Fehler durch Verwendung einer sandwichartigen halbdurchlässigen Platte auszuschalten, bei der die reflektierende Schicht zwischen zwei Glasplatten eingebettet ist (Abb. 7.27). Dann erfolgt nämlich die Reflexion der beiden erwähnten Strahlen jeweils an der Grenzfläche Glas–Schicht.

7.7.8 Messung des Reflexionsvermögens bei verschiedenen Einfallswinkeln

Bei der hier beschriebenen Methode wird nur *ein* Polarisator gebraucht, dessen Schwingungsrichtung bei der Messung zunächst senkrecht und dann parallel zur Einfallsebene eingestellt wird. (Abb. 7.28.)

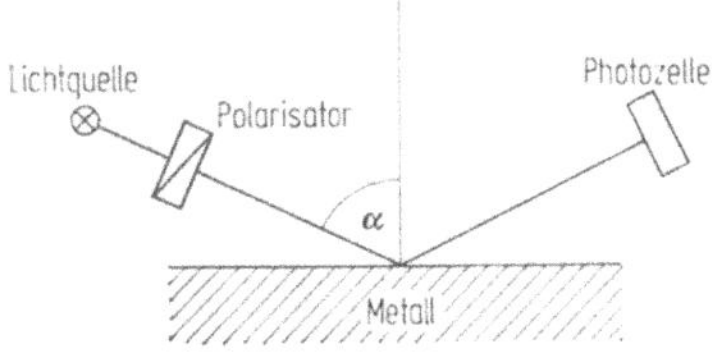

Abb. 7.28. Meßanordnung zur Bestimmung des Reflexionsvermögens mit *einem* Polarisator.

Das vom Metall reflektierte Licht ist, wie wir in Abschnitt 7.2 gesehen haben, bei $\psi_e = 0°$ oder $90°$ immer noch linear polarisiert. Daher besteht kein Phasenunterschied zwischen R_p und R_s. δ ist also $0°$.

Ist das auf den Polarisator fallende Licht *vollkommen* unpolarisiert (d. h. besteht keine Vorpolarisation, hervorgerufen durch Quarzlinsen oder durch einen Prismen-Monochromator), dann wird $E_s = E_p$.

Wir greifen nun auf Gleichung (7.17) zurück, die wir durch Division der zwei Fresnelschen Formeln (7.7) und (7.8) für $E_p = E_s$ erhalten[1].

$$\frac{\tan\alpha\sin\alpha}{\sqrt{(n-ik)^2-\sin^2\alpha}} = \frac{1-\left(\frac{\widehat{R_p}}{R_s}\right)}{1+\left(\frac{\widehat{R_p}}{R_s}\right)} = \frac{1-\varrho}{1+\varrho} \tag{7.77}$$

In Gleichung (7.77) haben wir wegen $\delta = 0°$

$$\left(\frac{\widehat{R_p}}{R_s}\right) = \varrho\cdot e^{i\delta} = \varrho \tag{7.78}$$

gesetzt. Wir vernachlässigen nun auf der linken Seite von (7.77), wie in Abschnitt 7.5, (Gleichung (7.26)) $\sin^2\alpha$ gegenüber $|(n-ik)|^2$. Durch Multiplikation erhalten wir dann aus (7.77)

$$\varrho = \frac{(n-ik)-\tan\alpha\sin\alpha}{(n-ik)+\tan\alpha\sin\alpha}. \tag{7.79}$$

Quadrieren, d. h. Multiplikation mit der konjugiert-komplexen Größe, liefert die folgende Näherungsgleichung:

$$\varrho^2 = \frac{R_p^2}{R_s^2} = \frac{I_{rp}}{I_{rs}} = \frac{(n-\tan\alpha\sin\alpha)^2+k^2}{(n+\tan\alpha\sin\alpha)^2+k^2}. \tag{7.80}$$

Die exakte Formel ergibt sich, wenn man in Gleichung (7.77)

$$(n-ik)^2-\sin^2\alpha = (a-ib)^2 \tag{7.81}$$

setzt. Dann wird analog zu (7.80)

$$\varrho^2 = \frac{(a-\sin\alpha\tan\alpha)^2+b^2}{(a+\sin\alpha\tan\alpha)^2+b^2} \tag{7.82}$$

mit $a^2-b^2 = n^2-k^2-\sin^2\alpha$ und $nk = ab$.

Wie wir aus Gleichung (7.80) ersehen, können wir ϱ_1^2 und ϱ_2^2 aus Intensitätsmessungen bei zwei verschiedenen Einfallswinkeln α_1 und α_2 erhalten. Dann haben wir zwei Gleichungen für die gesuchten Größen n und k. Die numerische Auswertung der exkaten Beziehung (7.82) ist

[1] Die Voraussetzungen waren in Abschnitt 7.5 anders, d. h. ψ_e war dort 45° woraus ebenfalls $E_p = E_s$ folgt. $\left(\frac{\widehat{R_p}}{R_s}\right)$ hat aber jetzt eine abweichende Bedeutung. R_p und R_s sind hier die reflektierten Amplituden für $\psi_e = 90°$ bzw. 0°. Entsprechendes gilt für I_{rp} und I_{rs} in Gleichung (7.80).

sehr mühsam. Deswegen haben AVERY[1] und NOSKOV et al.[2] graphische Lösungswege ersonnen.

Der Vorteil dieser Methode liegt in der einfachen Messung und der Tatsache, daß nur ein Polarisator benötigt wird. Das Verfahren ist für Untersuchungen im ultraroten Spektralgebiet sehr geeignet. Da man nur ein Intensitätsverhältnis mißt, stören Intensitätsschwankungen der Lichtquelle und örtliche Empfindlichkeitsunterschiede der Photozelle kaum. (Allerdings darf bei Drehung des Polarisators keine Versetzung des Strahls eintreten.) AVERY gibt die Genauigkeit dieser Methode mit 4% an.

Die eventuell vorhandene Polarisation der Lichtquelle und des optischen Systems wurde bislang durch Vorversuche bestimmt und durch eine gesonderte Rechnung berücksichtigt. Es sollte zur Vermeidung dieses Nachteils versucht werden, einen weiteren Polarisator zwischen Lichtquelle und „Meßpolarisator" einzufügen, dessen Schwingungsrichtung einen Winkel von 45° zur Einfallsebene bildet. Dann haben nämlich senkrechte und parallele Komponente, wie gewünscht, die gleiche Intensität.

7.7.9 Bestimmung der Phasendifferenz δ durch Intensitätsmessungen

Mit einer Versuchsanordnung, wie in Abb. 7.14, kann man ψ_r und δ bei beliebigem Einfallswinkel aus Intensitätsmessungen erhalten[3]. Ist das Einfallsazimut $\psi_e = 45°$, dann läßt sich, wie schon mehrfach erwähnt,

$$\tan \psi_r = \frac{R_p}{R_s} = \sqrt{\frac{I_{rp}}{I_{rs}}} \tag{7.83}$$

durch Einstellen des Analysators in s- bzw. p-Richtung messen (Gleichung 7.48). Die Phasendifferenz δ zwischen R_s und R_p erhält man aus zwei weiteren Intensitätsmessungen I_r' und I_r'', bei denen die Schwingungsrichtung des Analysators 45° und −45° gegen die Normale zur Einfallsebene geneigt ist. Dann wird

$$\cos \delta = \frac{1}{2}\left(\tan \psi_r + \frac{1}{\tan \psi_r}\right) \frac{I_r' - I_r''}{I_r' + I_r''}. \tag{7.84}$$

Im folgenden sollen die Überlegungen, die zur Gleichung (7.84) führen, skizziert werden: Aus einem Polarisator (Abb. 7.29) tritt linear

[1] AVERY, D. G.: Proc. Phys. Soc. **65**, 425 (1952) (AVERYS k entspricht unserem $\varkappa$, siehe Kapitel 2).

[2] AFANAS'EVA, L. A., NOSKOV, M. M., CHEREPANOV, V. I.: Fiz. Metal. i. Metalloved. **1**, 566 (1955).

[3] BEATTIE, J. R.: Phil. Mag. **55**, 235 (1955).

polarisiertes Licht, dessen Schwingungsrichtung einen Winkel ψ_e mit der Normalen zur Einfallsebene haben soll. Wir können uns dieses Licht mit der Amplitude E in zwei zueinander senkrecht schwingende Komponenten E_s und E_p zerlegt denken, wobei

$$E_s = E \cos \psi_e \quad \text{und} \quad E_p = E \sin \psi_e \tag{7.85}$$

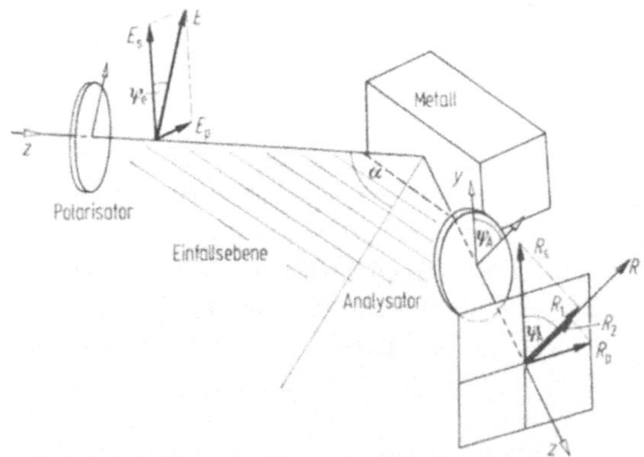

Abb. 7.29. Zur Reflexion bei beliebigem ψ_e und ψ_A.

ist. Wir betrachten nun das Reflexionsvermögen $r = I_r/I_e$ (2.33) des gedachten, senkrecht und parallel schwingenden Teils getrennt:

$$r_s = \frac{I_{rs}}{I_{es}}; \qquad r_p = \frac{I_{rp}}{I_{ep}}. \tag{7.86}$$

Die Wurzel aus der Intensität ergibt die Amplitude

$$\sqrt{r_s} = \sqrt{\frac{I_{rs}}{I_{es}}} = \frac{R_s}{E_s}; \qquad \sqrt{r_p} = \sqrt{\frac{I_{rp}}{I_{ep}}} = \frac{R_p}{E_p}. \tag{7.87}$$

Aus Gleichung (7.87) wird mit (7.85)

$$\begin{aligned} R_s &= \sqrt{r_s} \cdot E_s = \sqrt{r_s}\, E \cdot \cos \psi_e , \\ R_p &= \sqrt{r_p} \cdot E_p = \sqrt{r_p}\, E \cdot \sin \psi_e . \end{aligned} \tag{7.88}$$

R_s und R_p sind wie in Abschnitt 7.2 die senkrecht und parallel zur Einfallsebene schwingenden Amplitudenkomponenten des reflektierten, elliptisch polarisierten Lichts.

Nun fügen wir in den reflektierten Strahl einen Analysator ein, dessen Schwingungsrichtung einen Winkel ψ_A mit der Normalen zur

Einfallsebene bildet (Abb. 7.29). Aus diesem Analysator tritt linear polarisiertes Licht, dessen Amplitude R sich im wesentlichen additiv aus den Projektionen von R_s und R_p auf R zusammensetzt. Mit Gleichung (7.88) ergibt sich (vergleiche Abb. 7.29)

$$\begin{aligned} R_1 &= R_s \cdot \cos\psi_A = \sqrt{r_s}\, E \cdot \cos\psi_e \cdot \cos\psi_A, \\ R_2 &= R_p \cdot \sin\psi_A = \sqrt{r_p}\, E \cdot \sin\psi_e \cdot \sin\psi_A. \end{aligned} \tag{7.89}$$

Da das reflektierte Licht elliptisch polarisiert ist, sind R_1 und R_2 nicht in Phase, d. h. es muß bei der Addition von R_1 und R_2 der Phasenwinkel δ zwischen R_1 und R_2 berücksichtigt werden. Man übersieht dies am besten, wenn man R_1 und R_2 in einem Zeigerdiagramm aufträgt (Abb. 7.30). Mit dem Cosinussatz

$$R^2 = R_1^2 + R_2^2 - 2\, R_1 R_2 \cos(180^\circ - \delta) \tag{7.90}$$

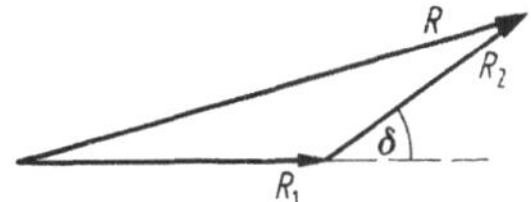

Abb. 7.30. Zeigerdiagramm.

erhält man dann aus (7.89)

$$\frac{R^2}{E^2} = \frac{I_r}{I_e} = r_s \cos^2\psi_e \cos^2\psi_A + r_p \sin^2\psi_e \sin^2\psi_A + \frac{1}{2}\sqrt{r_s r_p}\sin 2\psi_e \sin 2\psi_A \cdot \cos\delta. \tag{7.91}$$

Gleichung (7.91) reduziert sich für $\psi_e = 45^\circ$ zu

$$\frac{I_r}{I_e} = \frac{1}{2}\left(r_s \cos^2\psi_A + r_p \sin^2\psi_A + \sqrt{r_s r_p}\sin 2\psi_A \cos\delta\right). \tag{7.92}$$

Mit $\psi_A = \pm 45^\circ$ erhalten wir aus (7.92) zwei Gleichungen

$$\frac{I_r'}{I_e} = \frac{1}{4}\left(r_s + r_p + 2\sqrt{r_s r_p}\cos\delta\right), \tag{7.93}$$

$$\frac{I_r''}{I_e} = \frac{1}{4}\left(r_s + r_p - 2\sqrt{r_s r_p}\cos\delta\right). \tag{7.94}$$

Durch Division dieser beiden Beziehungen ergibt sich schließlich Gleichung (7.84), wobei wir wegen $\psi_e = 45°$ und damit $E_s = E_p$

$$\sqrt{\frac{r_p}{r_s}} = \frac{R_p}{E_p} \cdot \frac{E_s}{R_s} = \frac{R_p}{R_s} = \tan \psi_r \tag{7.95}$$

(Gleichung (7.83) gesetzt haben.

Es besteht die Möglichkeit, mittels der Gleichung

$$I_{rs} + I_{rp} = I'_r + I''_r \tag{7.96}$$

die Meßergebnisse zu überprüfen. (Man erhält (7.96) aus (7.92), (7.93) und (7.94).)

Die in diesem Abschnitt geschilderte Methode dürfte experimentell eine der einfachsten sein. Eine Betrachtung von BEATTIE[1] zeigt, daß der Fehler für δ am kleinsten wird, wenn die Phasendifferenz nahe 90° ist,

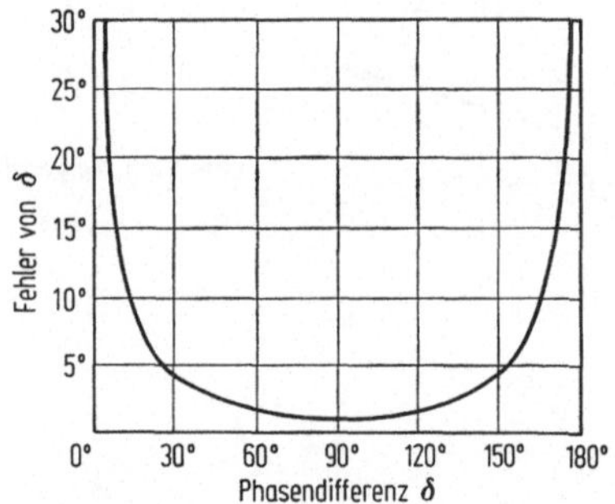

Abb. 7.31. Fehler der Phasendifferenz δ in Abhängigkeit von δ (nach BEATTIE[1]).

d. h., wenn man beim Haupteinfallswinkel mißt (Abb. 7.31). Durch Mehrfachreflexionen kann jedoch auch bei kleinen Einfallswinkeln ein großes δ erhalten werden.

7.8 Allgemeine Bemerkungen über die Messung der optischen Konstanten

In den vorangehenden Abschnitten wurden einige uns charakteristisch erscheinende Methoden zur Messung der optischen Konstanten dargestellt. Diese Reihe könnte mühelos um weitere zehn Verfahren vergrößert werden, die häufig Abwandlungen der bisher beschriebenen

[1] BEATTIE, J. R.: Phil. Mag. **55**, 235 (1955).

Meßarten sind und eines gemeinsam haben: Sie basieren in irgendeiner Form auf den Fresnelschen Gleichungen. Unter der Vielzahl der Methoden läßt sich keine als ideal oder universell verwendbar ansprechen. Die meisten haben irgendwelche Schwächen, so daß man sich für jede Art der Untersuchung das geeignetste Verfahren aussuchen muß. Das Anliegen der vorangehenden Abschnitte war es, einen schnellen Überblick über die bereits entwickelten Verfahren zu vermitteln und die Auswahl der für den jeweiligen Fall besten Methode zu erleichtern.

Bei Durchsicht der Literatur fällt auf, daß *ein* Verfahren besonders populär zu sein scheint, nämlich das, bei dem das Reflexionsvermögen bei senkrechtem Lichteinfall gemessen und zur Auswertung eine Kramers-Kronig-Analyse verwendet wird.

7.8.1 Messungen im ultraroten Spektralbereich

Für Untersuchungen im ultraroten Spektralbereich sind nicht alle genannten Methoden gleich gut geeignet. Verfahren, bei denen Kompensatoren benötigt werden, scheiden aus, da es bis jetzt keine doppelbrechenden Materialien gibt, die im Ultrarot verwendet werden können. Ein weiterer Umstand kommt hinzu: Der Haupteinfallswinkel nähert sich bei guten Leitern mit wachsender Wellenlänge 90°. Bei großen Einfallswinkeln erhält man aber einen breiten Lichtpunkt auf der Probe, dessen Verkleinerung mit einem Intensitätsverlust erkauft werden muß. Methoden, die auf der Messung des Haupteinfallswinkels beruhen oder deren größte Genauigkeit in der Nähe des Haupteinfallswinkels auftritt, sind daher nur unter bestimmten Voraussetzungen[1] empfehlenswert. Außerdem geht bei großen Wellenlängen $\tan \psi_r \to 1$, δ wird sehr klein[2,3] und das Reflexionsvermögen ist nahezu 100%. Um trotzdem zu relativ genauen Resultaten zu kommen, reflektiert man den Lichtstrahl wiederholt an zwei identischen Metallproben[3,4]. In diesem Fall mißt man $(\tan \psi_r)^m$ und $m \cdot \delta$, wobei m die Zahl der Reflexionen ist.

Das Reflexionsvermögen im ultraroten Spektralbereich läßt sich auch kalorimetrisch bestimmen[5]. Dazu verbindet man die Probe, an der ein Widerstandsthermometer und ein Heizer befestigt ist, mit einem Kältebad (flüssiges Helium). Derjenige Teil der Ultrarot-Strahlung, der nicht von der Probe absorbiert wird, fällt auf einen schwarzen Körper,

---

[1] Försterling, K., Fréedericksz, V.: Ann der Phys. **40**, 201 (1913).

[2] Beattie, J. R., Conn, G. K. T.: Phil. Mag. **55**, 222 (1955).

[3] Beattie, J. R.: Phil. Mag. **55**, 235 (1955).

[4] Jamin, J.: Ann. Chim. et Phys. **19**, 296 (1847).

[5] Weiss, K.: Ann. d. Phys. **2**, 1 (1948); Biondi, M., Guobadia, A. I.: Phys. Rev. **166**, 667 (1968).

der ebenfalls mit dem Kühlbad verbunden ist und wird dort vollständig in Wärme umgewandelt. Nachdem sich ein stationärer Zustand gebildet hat, wird die Temperatur von Probe und schwarzem Körper abgelesen. Die gleichen Temperaturen können dann durch Heizen der Probe und des Absorbers erzeugt werden. Aus der hierfür notwendigen Leistung wird das Reflexionsvermögen berechnet.

Monochromatoren mit Glasprismen sind im Ultrarot nicht brauchbar. Man verwendet deshalb NaCl-Prismen[1,2] (siehe Tabelle 7.1). Bei langen Wellenlängen kann aus dem Monochromator zusätzlich Licht mit kürzeren Wellenlängen austreten, das mit Selenpulver-Filtern[3] abgehalten werden muß.

Aber nicht nur die Meß-*Methode* gibt bei metalloptischen Untersuchungen Ursache zu Unsicherheiten im Resultat. Der Hauptgrund für die Unterschiede in den optischen Konstanten verschiedener Autoren liegt an der Beschaffenheit der Probenoberfläche. Das Meßverfahren muß daher, falls man auf reproduzierbare Ergebnisse Wert legt, auch unter demjenigen Gesichtspunkt ausgewählt werden, welche der Methoden den bestmöglichen Schutz der Metalloberfläche vor Korrosion bietet. Auf diesen Problemkreis wollen wir im folgenden Abschnitt zu sprechen kommen.

7.8.2 Die Behandlung der Metalloberfläche

Licht wird von stark absorbierenden Stoffen beträchtlich gedämpft und dringt daher nur etwa 40 Atomlagen tief in Metalle ein (Kapitel 2). Die optischen Konstanten der Metalle können aus diesem Grund lediglich an der Metalloberfläche, oder genauer ausgedrückt, an einer Schichtdicke von etwa 10^{-6} cm gemessen werden. Diese Schichten sind aber dem Einfluß der Umgebung besonders stark ausgesetzt. Es bilden sich zum Beispiel unter dem Einfluß von Sauerstoff amorphe Metalloxide, wie man aus Untersuchungen mit LEED (Low Energy Electron Diffraction) weiß. Wird ein Metall im Vakuum gespalten, dann erhält man mit LEED scharfe Beugungslinien, die sich bei Lufteinlaß sofort zu Bändern verbreitern, und denjenigen, die man bei Flüssigkeiten erhält, ähnlich sind. Als Folge der Korrosion stimmen die optischen Konstanten der Oberfläche in der Regel nicht mit denen des Metalls überein. Das Hauptaugenmerk bei der experimentellen Bestimmung der optischen Konstanten von Metallen muß daher auf eine weitgehende Ausschaltung von Oberflächeneffekten gerichtet sein. In den vergangenen 80 Jahren

---

[1] Beattie, J. R.: Phil. Mag. **55**, 235 (1955).

[2] McAlister, E. D., Matheson, G. L., Sweeney, W. J.: Rev. Sci. Instr. **12**, 314 (1941).

[3] Pfund, A. H.: J. Opt. Soc. Amer. **23**, 275 (1933).

wurden vielfältige Methoden erprobt, um dieses Ziel möglichst annähernd zu erreichen. Unter diesen scheinen sich in jüngster Zeit im wesentlichen drei Verfahren herauskristallisiert zu haben, mit denen reproduzierbare Resultate erhalten wurden. Sie sollen im folgenden Behandlung finden.

Menzel, Stössel und Otter[1] schmolzen im Vakuum auf strombeheizten Wolframbändern kleine Metallproben. Dabei verliert das Metall eventuell vorhandene flüchtige Verunreinigungen und gelöste Gase. Beim Abkühlen bildet sich aus der Schmelze ein halbkugelförmiger Tropfen, der häufig einkristallin ist. Die Messung der optischen Konstanten[2] kann im gleichen Gefäß durchgeführt werden.

Eine ähnliche Methode wurde von Roberts[3] angewandt, der seine Proben zunächst in Wasserstoffatmosphäre glühte, dann elektropolierte und schließlich im Gefäß, in dem später die optischen Messungen durchgeführt werden sollten, unter Vakuum (2×10^{-5} Torr) kurzzeitig aufheizte. Bei beiden Arten der Probenbehandlung können sich im allgemeinen an der Oberfläche keine Oxide ausbilden. Es ist daher nicht erstaunlich, daß die mit diesen Verfahren angestellten Messungen weitgehend gleiche Ergebnisse liefern.

Eine Methode, die offensichtlich zumindest bei Untersuchungen im ultraroten Spektralgebiet zu Resultaten führte, die mit der Theorie übereinstimmten, wurde von Bennett und Mitarbeitern[4] angewandt. Die Forscher dampften im Ultrahochvakuum (10^{-9} Torr) Metallfilme mit einer Geschwindigkeit von 500 Å/sec auf und benutzten als Substrat äußerst ebene und gut gereinigte Quarzprismen. Die Messung wurde in der Regel in einer gesonderten Kammer ausgeführt, in der die Probe mit Schutzgas umgeben ist. Trotz der befriedigenden Resultate, die im UR erzielt wurden, können bei Anwendung dieses Verfahrens im Sichtbaren und UV gewisse Bedenken nicht ausgeräumt werden. Die Aufdampfungsbedingungen beeinflussen bekanntlich die Eigenschaften der Metallfilme; es können Gitterfehler und unter Umständen sogar amorphe Schichten auftreten (siehe auch den nächsten Abschnitt).

Insbesondere bei älteren Untersuchungen wurden die Probenoberflächen durch mechanisches Polieren, chemische oder galvanische Abscheidung, Kathodenzerstäubung, Aufgießen auf Glas oder elektrolytisches Polieren hergestellt. Durch das mechanische Polieren werden die an der Oberfläche befindlichen Kristallite zerkleinert und verformt.

---

[1] Menzel, E., Stössel, W., Otter, M.: Z. Phys. **142**, 241 (1955).

[2] Otter, M.: Z. Phys. **161**, 163 (1961).

[3] Roberts, S.: Phys. Rev. **118**, 1509 (1960).

[4] Bennett, H. E., Silver, M., Ashley, E. J.: J. Opt. Soc. Am. **53**, 1089 (1963); Bennett, H. E., Bennett, J. M., Ashley, E. J.: J. Opt. Soc. Am. **52**, 1245 (1962); siehe auch Abschnitt 6.4.2.

Dies führt zu Schichten von etwa 10^{-5} cm Dicke, deren Eigenschaften von denen massiver Metalle mitunter beträchtlich abweichen. (Der spezifische Widerstand z. B. kann bis zu zehnmal größer als im Innern des Metalls werden.) Bei den chemischen Präparationsmethoden kommt das Metall mit Wasser und Säuren in Berührung, die die Eigenschaften ebenfalls ändern. Es ist daher verständlich, daß die optischen Konstanten der älteren Arbeiten nicht selten um einen Faktor 2 voneinander abweichen. Übereinstimmend wurde festgestellt, daß bei unzureichend behandelten Proben die Phasendifferenz δ kleiner wird, während das Azimut ψ im wesentlichen von der Oberflächenbehandlung unbeeinflußt bleibt. Bei Messungen an reinen Oberflächen wurde $n^2 - k^2$ und nk kleiner gefunden.

Die Wahl der geeigneten Oberflächenbehandlung muß dem augenblicklichen Problem angepaßt werden. Es ist nicht ausgeschlossen, daß in den kommenden Jahren weitere Methoden zur Reinigung der Metalloberfläche gefunden werden.

7.8.3 Aufgedampfte Metallfilme

Im vorangehenden Abschnitt wurde erwähnt, daß durch Aufdampfen im Hochvakuum besonders reine Probenoberflächen erzeugt werden können. Nun ist bekannt, daß die optischen Konstanten von dünnen Filmen mitunter erheblich von denen des massiven Metalls abweichen. Nach einer Theorie von Rozenberg[1] können die Maxwellschen Gleichungen nur auf Filme, die dicker als etwa 300 Å sind, angewandt werden. Bei dünneren Metallfilmen muß der anomale Skineffekt berücksichtigt werden (Kapitel 6).

Die Änderung der optischen Konstanten mit der Schichtdicke (Abb. 7.32) wird in der Regel darauf zurückgeführt, daß bei aufgedampften dünnen Filmen keine zusammenhängende Schicht, sondern einzelne „Tröpfchen" gebildet werden. Dies führt gelegentlich zu Anomalien der optischen Konstanten. Zum Beispiel tritt bei Silberfilmen mit einer Dicke von 50 Å ein Minimum im Transmissionsvermögen auf.

Durch Variation der Substrattemperatur während des Aufdampfens läßt sich die Korngröße in der Metallschicht verändern. Bei gekühlter Unterlage entstehen Gitterfehler. Wir werden darauf in Abschnitt 8.7.1 nochmals zurückkommen. Besonders interessant für uns ist die Frage, ab welcher Schichtdicke die optischen Konstanten von aufgedampften Proben als identisch mit denjenigen der massiven Metalle angesehen werden können. Abb. 7.32 zeigt, daß für Silber bei etwa 300 Å diese kritische Filmdicke erreicht ist. Die in der Literatur angegebenen

---

[1] Rozenberg, G. V.: Optik dünner Filme, Moskau 1958.

„Optischen Konstanten aufgedampfter Proben“ wurden in der Regel an Schichten um 1000 Å gemessen.

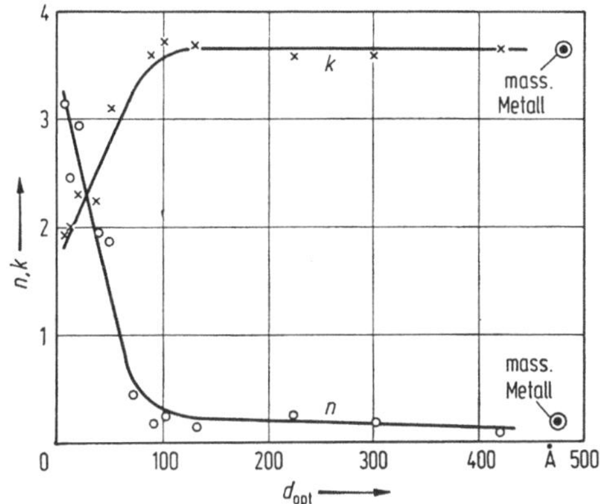

Abb. 7.32. Brechungsindex n und Absorptionskonstante k von Silber in Abhängigkeit der „optisch wirksamen Schichtdicke“ d_{opt} (die Schichtdicke wurde durch Intensitäts- und Phasenmessungen bestimmt); $\lambda = 0{,}59\ \mu m$ (nach Ishiguro[1]).

Einzelheiten der „Optik dünner Schichten“ sind in der umfangreichen Spezialliteratur enthalten[2].

7.8.4 Zur Frage der Abhängigkeit der optischen Konstanten vom Einfallswinkel des Lichts

Die Frage, ob die optischen Konstanten der Metalle vom Einfallswinkel abhängen, ist seit etwa hundert Jahren[3,4] Gegenstand fortgesetzter, intensiver Studien. In der einschlägigen Literatur wird jedoch häufig nicht genügend herausgestellt, daß zwei verschiedene Definitionen für die optischen Konstanten gebräuchlich sind, was gelegentlich zu Mißverständnissen Anlaß gibt. Eine dieser Definitionen führt zu den winkelabhängigen optischen Konstanten, die andere zu den sogenannten „Drude-Konstanten“. Letztere sind identisch mit den optischen Konstanten bei senkrechtem Lichteinfall, obwohl sie bei geneigtem Einfallswinkel gemessen werden können. Im folgenden soll an Hand einer eingehenden Diskussion der Unterschied gezeigt werden.

---

[1] Ishiguro, K.: J. Phys. Soc. Jap. **6**, 71 (1951).

[2] Mayer, H.: Physik dünner Schichten I, Stuttgart (1950). Vašíček, A.: Optics of Thin Films, Amsterdam: North Holland Publishing Comp. 1960. Heavens, O. S.: Optical Properties of Thin Solid Films, New York: Academic Press 1955.

[3] Ketteler, E.: Wied. Ann. **3**, 83 (1878); **22**, 204 (1884).

[4] Hall, A. C.: J. Opt. Soc. Am. **55**, 911 (1965).

Fällt Licht auf ein Metall, so sind wegen der starken Dämpfung im absorbierenden Medium die Ebenen gleicher Phase und die Ebenen gleicher Amplitude nicht identisch (Abb. 7.33). Die Welle im Metall ist „schräggedämpft" oder „inhomogen". Da die Amplitude im Metall proportional zum Abstand von der Metalloberfläche abnimmt, ist die Amplitudenebene in Abb. 7.33 parallel zur x-Achse.

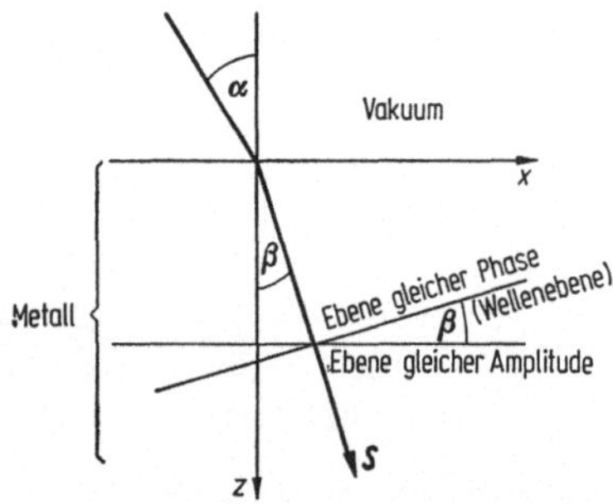

Abb. 7.33. Inhomogene Welle in einem Metall.

Die Wellengleichung im Metall errechnet sich aus den Maxwellschen Gleichungen zu

$$c^2 \left(\frac{\partial^2 \boldsymbol{E}}{\partial x^2} + \frac{\partial^2 \boldsymbol{E}}{\partial y^2} + \frac{\partial^2 \boldsymbol{E}}{\partial z^2}\right) = \varepsilon \ddot{\boldsymbol{E}} + 4\pi\sigma \dot{\boldsymbol{E}} \tag{7.97}$$

(siehe Gleichung (2.11)). Eine Lösung von (7.97) hat die folgende Form (Gleichung (A 1.25))

$$\boldsymbol{E} = \boldsymbol{E}_0\, \mathrm{e}^{i(\omega t - \boldsymbol{S} \cdot \boldsymbol{r})}\,. \tag{7.98}$$

(Um Verwechslungen mit der Absorptionskonstanten zu vermeiden, bezeichnen wir hier den Wellenzahlvektor $\boldsymbol{k}$ mit $\mathbf{S}$.) Wir schreiben nun den Wellenzahlvektor und den Vektor $\boldsymbol{r}$ in Komponentenform, wobei wir berücksichtigen, daß $\boldsymbol{S}$ sich nur in der x–z-Ebene ausbreiten soll.

$$\boldsymbol{S} = S_x \boldsymbol{i} + S_z \boldsymbol{k}, \tag{7.99}$$

$$\boldsymbol{r} = x\boldsymbol{i} + y\boldsymbol{j} + z\boldsymbol{k} \tag{7.100}$$

($\boldsymbol{i}$, $\boldsymbol{j}$, $\boldsymbol{k}$ sind Einheitsvektoren). Das skalare Produkt $\boldsymbol{S} \cdot \boldsymbol{r}$ setzen wir in (7.98) ein und erhalten

$$\boldsymbol{E} = \boldsymbol{E}_0 \mathrm{e}^{i[\omega t - (xS_x + zS_z)]}\,. \tag{7.101}$$

Nun bilden wir wie gewohnt die partiellen Differentialquotienten des Lösungsansatzes (7.101) nach x, y, z bzw. t und setzen diese in die Wellengleichung (7.97) ein: Dann erhält man

$$c^2(S_x^2 + S_z^2) = \omega^2 \left(\varepsilon - \frac{4\pi\sigma}{\omega} i\right) = \omega^2 \hat{\varepsilon}. \tag{7.102}$$

In Gleichung (7.102) haben wir, wie in Abschnitt 2.2, den reellen und den imaginären Teil des Klammerausdruckes der rechten Seite zur komplexen Dielektrizitätskonstante $\hat{\varepsilon}$ zusammengefaßt. Dann wird aus (7.102)

$$S_x^2 + S_z^2 = \frac{\hat{\varepsilon}\omega^2}{c^2}. \tag{7.103}$$

Aus Gleichung (7.103) ist ersichtlich, daß mindestens eine der Größen S_x bzw. S_z komplex sein muß. Zur Vorsicht schreiben wir beide, wie in (2.16) oder (2.20), in komplexer Form:

$$\hat{S}_x = S_{x1} - i S_{x2}, \tag{7.104}$$

$$\hat{S}_z = S_{z1} - i S_{z2}, \tag{7.105}$$

wobei die Größen mit dem Index „eins" die reellen und diejenigen mit dem Index „zwei" die imaginären Teile von $\hat{S}_x$ bzw. $\hat{S}_z$ sind. Mit (7.104) und (7.105) ergibt sich die Lösung der Wellengleichung aus (7.101)

$$\boldsymbol{E} = \boldsymbol{E}_0 \, \mathrm{e}^{i(\omega t - xS_{x1} + xS_{x2}i - zS_{z1} + zS_{z2}i)} \tag{7.106}$$

oder

$$\boldsymbol{E} = \underbrace{\boldsymbol{E}_0 \, \mathrm{e}^{-(xS_{x2} + zS_{z2})}}_{\text{Amplitude}} \cdot \underbrace{\mathrm{e}^{i(\omega t - xS_{x1} - zS_{z1})}}_{\text{ungedämpfte Welle}}. \tag{7.107}$$

Wir erhalten wieder, wie bei Gleichung (2.25), eine gedämpfte Welle, deren Amplitude nach einer Exponentialfunktion abfällt. Nun erinnern wir uns an die oben angestellte Überlegung, daß die Amplitude nur in der z-Richtung (und nicht noch beispielsweise in der x-Richtung) abnimmt. Daher wird in Gleichung (7.107) der Term xS_{x2} und damit $S_{x2} = 0$. Ein Vergleich von (7.107) mit (2.25) gibt dann

$$S_{z2} = \frac{\omega k}{c}. \tag{7.108}$$

Diese Beziehung kann als Definitionsgleichung für k angesehen werden. Die reellen Größen S_{x1} und S_{z1} ergeben sich aus Abb. 7.34 zu

$$S_{x1} = |\mathbf{S}_1| \sin\beta = \frac{2\pi}{\lambda} \sin\beta = \frac{\omega}{v} \sin\beta = n \frac{\omega}{c} \sin\beta \quad (7.109)$$

und

$$S_{z1} = |\mathbf{S}_1| \cos\beta = n \frac{\omega}{c} \cos\beta. \quad (7.110)$$

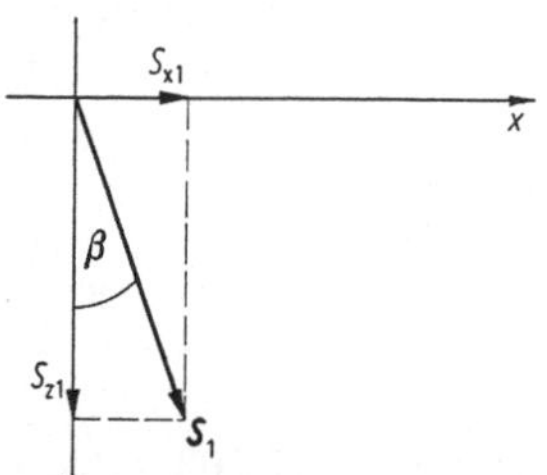

Abb. 7.34. Zerlegung des Wellenvektors $\mathbf{S}_1$ in eine x- und eine z-Komponente.

In den Gleichungen (7.109) und (7.110) haben wir die Definitionsgleichung für den Brechungsindex (Gleichung 2.3), d. h.

$$n = \frac{c}{v} \quad (7.111)$$

eingesetzt. Mit (7.109), (7.110) und (7.108) wird aus (7.104) und (7.105)

$$\hat{S}_x^2 = n^2 \frac{\omega^2}{c^2} \sin^2\beta, \quad (7.112)$$

$$\hat{S}_z^2 = \left(n \frac{\omega}{c} \cos\beta - \frac{\omega k}{c} i\right)^2 = \frac{\omega^2}{c^2} (n^2 \cos^2\beta - k^2 - 2nki \cos\beta), \quad (7.113)$$

woraus schließlich mit (7. 103)

$$\boxed{n^2 - k^2 - 2nki \cos\beta = \hat{\varepsilon} \equiv \hat{n}^2} \quad (7.114)$$

wird. Gleichung (7.114) unterscheidet sich von Gleichung (2.20) nur durch den Faktor $\cos\beta$ im imaginären Glied. Bei senkrechtem Lichteinfall wird die Phasenebene identisch mit der Amplitudenebene ($\beta = 0$) und Gleichung (7.114) geht in Gleichung (2.20) über. Ebenso geht die Lösung der Wellengleichung, die wir aus (7.107) mit (7.109) und (7.110) erhalten,

$$\mathbf{E} = \mathbf{E}_0 \, \mathrm{e}^{-\frac{\omega k}{c} z} \cdot \mathrm{e}^{i\omega\left[t - n \frac{(x \sin\beta + z \cos\beta)}{c}\right]} \quad (7.115)$$

mit $\beta = 0$ in (2.25) über.

Die Berechnung der optischen Konstanten geschieht nun genau so wie in Abschnitt 7.5 durch Anwendung der Fresnelschen Formeln. Der Unterschied zu den früher angestellten Rechnungen besteht aber darin, daß wir in die Gleichung (7.17) für $\hat{n}^2$ nicht $n^2 - k^2 - 2nki$ einsetzen, sondern Gleichung (7.114). Dann müssen wir statt Gleichung (7.21), unter Anwendung des Snelliusschen Brechungsgesetzes (zur Elimination von $\cos\beta$) wie folgt schreiben:

$$\frac{\tan\alpha\sin\alpha}{\sqrt{n^2 - k^2 - 2ki\sqrt{n^2 - \sin^2\alpha} - \sin^2\alpha}} = \frac{1 - \sin 2\psi\cos\delta}{\cos 2\psi + i\sin 2\psi\sin\delta}. \quad (7.116)$$

Aus dieser Gleichung ergeben sich nach einer mühsamen, aber elementaren Rechnung durch zweimaliges Quadrieren und getrenntes Identischsetzen der Real- und Imaginärteile die folgenden, streng gültigen Beziehungen für die optischen Konstanten

$$n_\alpha = \sin\alpha\sqrt{1 + \frac{\tan^2\alpha\cos^2 2\psi}{(1 - \sin 2\psi\cos\delta)^2}}, \quad (7.117)$$

$$k_\alpha = -\frac{\tan\alpha\sin\alpha\sin 2\psi\sin\delta}{1 - \sin 2\psi\cos\delta}. \quad (7.118)$$

Fassen wir zusammen: Aus Gleichung (7.114), die wir ohne irgendwelche Annahmen aus den Maxwellschen Gleichungen erhielten, ergibt sich wegen $\hat{\varepsilon} = \varepsilon_1 - i\varepsilon_2$

$$\varepsilon_1 = n^2 - k^2 \quad (7.119)$$

und

$$\varepsilon_2 = 2nk\cos\beta. \quad (7.120)$$

ε_1 und ε_2 sind Materialkonstanten des Metalls (Dielektrizitätskonstante bzw. im wesentlichen Leitfähigkeit). Sie können auch durch elektrische Messungen bestimmt werden und sind daher sicher *nicht* vom Einfallswinkel des Lichtes abhängig. Das Produkt aus nk und $\cos\beta$ ist also bei einer gegebenen Wellenlänge konstant. Der Faktor $\cos\beta$ ist dagegen nicht konstant. Daraus folgt, daß mindestens eine der Größen n und k sich mit dem Winkel ändert. Gleichung (7.119) lehrt schließlich, daß sowohl n als auch k winkelabhängig sein müssen. Wir werden weiter unten sehen, daß sich die in diesem Abschnitt berechneten optischen „Konstanten" bei einigen Metallen sogar beträchtlich mit dem Einfallswinkel ändern. Zur Unterscheidung der optischen Konstanten der Gleichungen (7.22) und (7.23) haben wir in (7.117) und (7.118) den

Index α hinzugefügt, um damit anzudeuten, daß die hier berechneten Größen vom Einfallswinkel abhängen.

DRUDE[1] hat diese Unbequemlichkeit auf eine äußerst geniale Weise aus der Welt geschafft, indem er den Faktor $\cos\beta$ in (7.120) mit den Größen n und k vereinigte und damit neue, winkel*un*abhängige optische Konstanten erfand, die gelegentlich $\bar{n}$ und $\bar{k}$ geschrieben werden. Die Gleichungen (7.119), (7.120) und (7.114) schrieb DRUDE in folgender Form:

$$\varepsilon_1 = \bar{n}^2 - \bar{k}^2, \tag{7.121}$$

$$\varepsilon_2 = 2\bar{n}\bar{k}, \tag{7.122}$$

$$\hat{n}^2 = \bar{n}^2 - \bar{k}^2 - 2\bar{n}\bar{k}i = (\bar{n} - i\bar{k})^2. \tag{7.123}$$

Die Größen $\bar{n}$ und $\bar{k}$ sind, wie man (7.121) und (7.122) entnimmt, nicht mehr vom Einfallswinkel abhängig. Die Rechnungen lassen sich durch Benutzung von Gleichung (7.123) einfach und übersichtlich durchführen. Wir haben in den vorangehenden Abschnitten immer die Drude-Konstanten benützt, ohne dies besonders zu erwähnen, und der Einfachheit halber den Strich über $\bar{n}$ und $\bar{k}$ weggelassen. In den entsprechenden Tabellen sind gewöhnlich die Drude-Konstanten angegeben. Es sei darauf hingewiesen, daß bei geneigtem Einfallswinkel der Brechungsindex $\bar{n}$ nicht mehr wie in (7.111) das Verhältnis aus Vakuumlichtgeschwindigkeit und Lichtgeschwindigkeit im Medium ist.

In der Vergangenheit wurde zuweilen die Frage aufgeworfen, ob die Drude-Konstanten wirklich vom Einfallswinkel unabhängig seien. Zur Klärung wurden entsprechende Experimente angestellt. Die verläßlichsten Untersuchungen haben ergeben, daß innerhalb der Fehlergrenze ($\pm 5\%$) die Drude-Konstanten sich *nicht* mit dem Einfallswinkel ändern[2–4]. Eine gelegentlich beobachtete Winkelabhängigkeit[5] wurde auf ungenaue Nullstellung des Polarisators[6], auf Formdoppelbrechung der Aufdampfschichten[2], auf eine Verbreiterung des Lichtpunktes auf der Probe bei großem Einfallswinkel und inhomogene Oberfläche[5] oder auf Oberflächenfilme[4] zurückgeführt.

---

[1] DRUDE, P.: Ann. d. Phys. **64**, 159 (1898).

[2] OTTER, M.: Z. Phys. **161**, 163 (1961) (Kupfer).

[3] HALL, A. C.: J. Opt. Soc. Am. **55**, 911 (1965) (Gold).

[4] VAČÍŠEK, A.: Optics of Thin Films, Amsterdam: North-Holland Publishing Comp. 1960, S. 292 (Aluminium.)

[5] MERTENS, F. P., THEROUX, P., PLUMB, R. C.: J. Opt. Soc. Am. **53**, 788 (1963).

[6] EMBERSON, R. M.: J. Opt. Soc. Am. **26**, 443 (1936).

Es soll nun noch gezeigt werden, wie die wahren optischen Konstanten (nicht die Drude-Konstanten!) sich mit dem Einfallswinkel ändern. Aus Abb. 7.35 ersehen wir, daß bei Metallen mit kleinem $\bar{n}$ der wahre Brechungsindex mehr als einen Faktor zwei mit dem Einfallswinkel

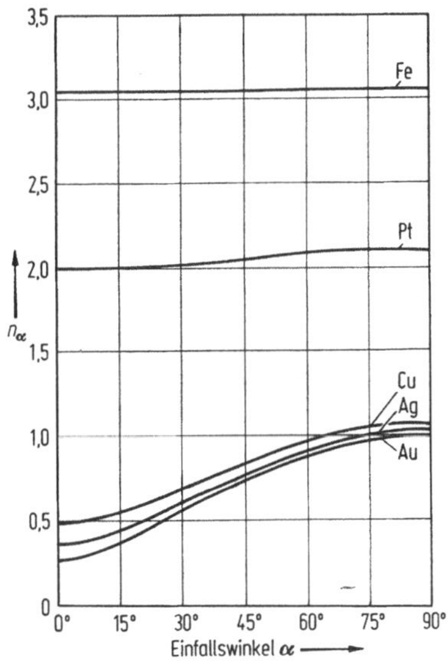

Abb. 7.35. Berechneter Brechungsindex n_α bei verschiedenen Einfallswinkeln ($\lambda = 0{,}64$ µm)[1].

variiert. Bei Metallen mit großem $\bar{n}$ ist der wahre Brechungsindex jedoch im wesentlichen vom Einfallswinkel unabhängig. Interessant ist in diesem Zusammenhang, daß für die Edelmetalle Cu, Ag, Au zwei Einfallswinkel auftreten, bei denen das Licht ungebrochen in das Metall tritt, nämlich bei senkrechtem Einfall und bei $n_\alpha = 1$. Dieses Ergebnis wurde auch experimentell beobachtet[2].

[1] Nach „Handbuch der Physik", Bd. 20, Berlin: Springer 1928, S. 209.

[2] SHEA, D.: Wied. Ann. **47**, 177 (1892).

8 Spezielle Probleme

Dieses Kapitel beschreibt im wesentlichen Ergebnisse auf dem Gebiet der Metalloptik, die in den sechziger Jahren erarbeitet worden sind. Am Anfang dieses Jahrzehnts gewann die Metalloptik steigendes Interesse, als Bandschemen einiger Metalle zur Verfügung standen, mit deren Hilfe die Absorptionsbanden in den Metallspektren erklärt werden konnten. Umgekehrt lieferten die experimentell bestimmbaren Schwellenenergien, bei denen Interbandübergänge einsetzen, eine wirksame Kontrolle der Bandberechnungen. Nach beachtlichen Erfolgen auf diesem Gebiet wurde jedoch erkannt, daß die optischen Spektren nicht die für exakte Aussagen benötigten scharfen Absorptionslinien lieferten. Als dann 1965 die erste Modulationstechnik veröffentlicht wurde, bei der solche scharfe Linien auftraten, setzte eine erneute Aktivität auf diesem Arbeitsfeld ein.

Das Ziel dieses Kapitels ist, den Leser bis an diese jüngsten Methoden und die Resultate, die damit erlangt werden können, heranzuführen. Jedem Abschnitt ist ein Literaturverzeichnis der wichtigsten Arbeiten nachgestellt. In der Regel werden ältere Literaturstellen, die in den angeführten Abhandlungen zitiert sind, nicht gesondert erwähnt.

8.1 Energiebänder in Kristallen

Aus der Frequenzabhängigkeit der optischen Konstanten lassen sich wichtige Schlüsse auf die Bandstruktur der Metalle ziehen. In Abschnitt 5.7 wurde darauf bereits hingewiesen und Bandschemata für eindimensionale Gitter gezeigt. Ein Kristall ist jedoch eine dreidimensionale, periodische Anordnung von Atomen. Wir müssen daher, um den Beitrag, den die Metalloptik zur Elektronentheorie der Metalle geben kann, noch besser zu verstehen, die in Kapitel 5 dargelegten Fakten auf dreidimensionale Verhältnisse erweitern. Es leuchtet unmittelbar ein, daß für einen Kristall das Zonenschema (vergleiche z. B. Abb. 5.15 oder 5.31) in verschiedenen kristallographischen Richtungen, oder besser ausgedrückt, in verschiedenen Richtungen im $\boldsymbol{k}$-Raum, unterschiedlich ausfällt. Es soll deshalb im folgenden zunächst auf den $\boldsymbol{k}$-Raum, d. h. auf das reziproke Gitter und die damit zusammenhängenden Einzelheiten eingegangen werden.

8.1.1 Wigner-Seitz-Zelle

Kristalle haben symmetrische Eigenschaften. Daher läßt sich ein Kristall als eine Zusammensetzung von „Einheitszellen" beschreiben.

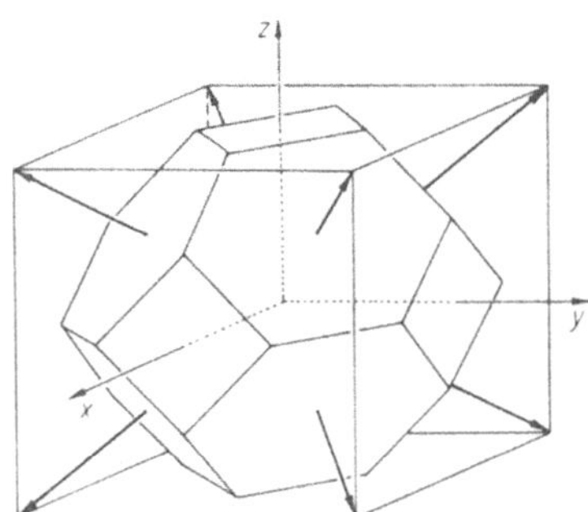

Abb. 8.1. Wigner-Seitz-Zelle für kubisch-raumzentrierte Struktur.

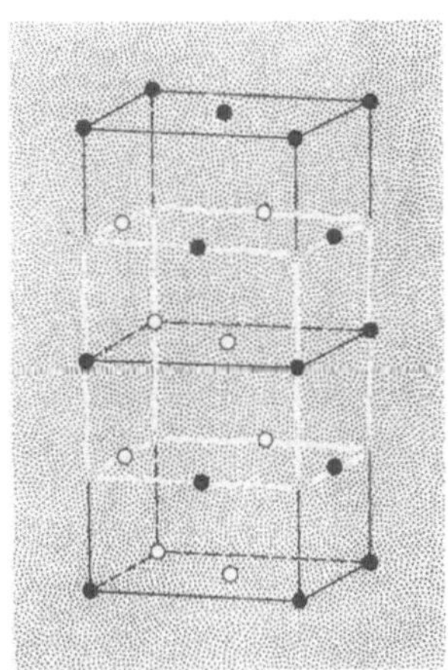

Abb. 8.2. Konventionelle Einheitszellen der kubisch-flächenzentrierten Struktur. Bei den schwarz umrandeten Zellen befinden sich die Atome auf den Ecken und Flächen der Kuben. Bei der weißen Zelle sind die Atome auf den Mitten der Kanten angeordnet.

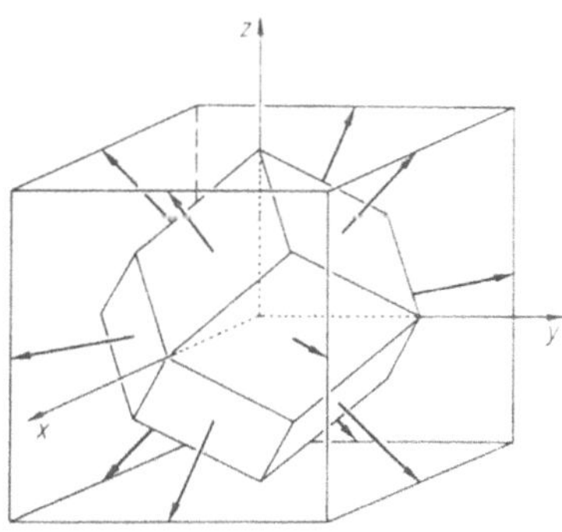

Abb. 8.3. Wigner-Seitz-Zelle für kubisch-flächenzentrierte Struktur. Sie wird aus der weiß umrandeten Zelle der Abb. 8.2 konstruiert.

Je kleiner eine Einheitszelle ist, d. h. je weniger Atome sie enthält, um so einfacher ist ihre Handhabung. Eine kleinst-mögliche Zelle nennt man primitive Einheitszelle. Häufig wird jedoch eine größere, also nicht-primitive Einheitszelle verwandt, um die Symmetrieeigenschaften besser überblicken zu können. Kubisch-raumzentriert oder kubisch-flächenzentriert sind charakteristische Vertreter einer solchen „konventionellen" Einheitszelle.

Die Wigner-Seitz-Zelle ist ein besonderer Typ einer primitiven Einheitszelle, welche die kubische Symmetrie der kubischen Zellen aufweist[1]. Zu ihrer Konstruktion halbiert man die Vektoren vom Ursprung zu allen Punkten eines Bravais-Gitters[2] und legt senkrecht zu diesen Vektoren im Halbierungspunkt eine Fläche. Dies ist in Abb. 8.1 für das kubisch-raumzentrierte Gitter gezeigt.

Beim kubisch-flächenzentrierten Gitter sind die Atome auf den Ecken und Flächen des Würfels oder was gleichbedeutend ist, auf der Mitte der Kanten angeordnet (Abb. 8.2). Die Wigner-Seitz-Zelle für diese Struktur ist in Abb. 8.3 gezeigt.

8.1.2 Translationsvektor

In Abb. 8.4 sind drei fundamentale Vektoren $\boldsymbol{t}_1$, $\boldsymbol{t}_2$, $\boldsymbol{t}_3$ in eine primitive Einheitszelle eines kubisch-raumzentrierten Gitters eingetragen.

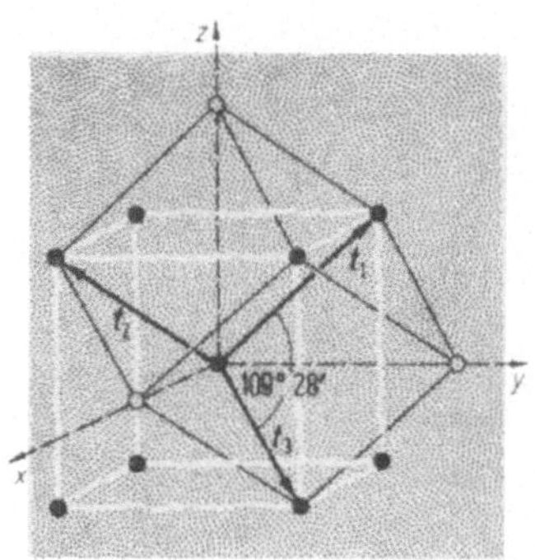

Abb. 8.4. Konventionelle (weiß) und primitive nicht kubische Einheitszelle (schwarz) eines kubisch raumzentrierten Gitters. $\boldsymbol{t}_1$, $\boldsymbol{t}_2$, $\boldsymbol{t}_3$ sind fundamentale Gittervektoren.

Durch Kombinationen dieser primitiven Vektoren läßt sich ein Translationsvektor

$$\boldsymbol{R} = n_1 \boldsymbol{t}_1 + n_2 \boldsymbol{t}_2 + n_3 \boldsymbol{t}_3 \tag{8.1}$$

beschreiben, mit dessen Hilfe man von einem gegebenen Punkt einer Einheitszelle zu jedem anderen (äquivalenten) Gitterpunkt gelangen kann. Die Faktoren n_1, n_2, n_3 müssen hierzu ganzzahlig sein.

---

[1] Die in Abb. 8.4 gezeigte primitive Einheitszelle ist nicht kubisch. Ihre Achsen bilden einen Winkel von 109° 28'.

[2] Ein Gitter ist eine reguläre periodische Anordnung von Punkten im Raum; es ist also eine mathematische Abstraktion. Alle Kristallstrukturen können auf eines der 14 Bravais-Gitter zurückgeführt werden (siehe einschlägige Lehrbücher).

8.1.3 Das reziproke Gitter

Mit jeder Kristallstruktur sind zwei wichtige Gitterarten verbunden, nämlich das (reale) Kristallgitter und das sogenannte reziproke Gitter. Die Vektoren im Kristallgitter haben die Dimension „Länge". Wir werden weiter unten sehen, daß Vektoren im reziproken Gitter die Dimension einer reziproken Länge aufweisen.

Wir führen nun, ähnlich wie im vorangehenden Abschnitt drei Vektoren $\boldsymbol{b}_1$, $\boldsymbol{b}_2$, $\boldsymbol{b}_3$ im reziproken Gitter und einen Translationsvektor[1]

$$\boldsymbol{G} = 2\pi(h_1\boldsymbol{b}_1 + h_2\boldsymbol{b}_2 + h_3\boldsymbol{b}_3) \tag{8.2}$$

ein, wobei h_1, h_2, h_3 wiederum ganze Zahlen sind. Die zwei genannten Gitterarten sind nun durch eine Definition verbunden, die festlegt, daß das skalare Produkt der Vektoren $\boldsymbol{t}_1$ und $\boldsymbol{b}_1$ „eins" ergeben, während das skalare Produkt aus $\boldsymbol{b}_1$ und $\boldsymbol{t}_2$ beziehungsweise $\boldsymbol{b}_1$ und $\boldsymbol{t}_3$ null ergeben soll, d. h.

$$\boldsymbol{b}_1 \cdot \boldsymbol{t}_1 = 1\,, \tag{8.3}$$

$$\boldsymbol{b}_1 \cdot \boldsymbol{t}_2 = 0\,, \tag{8.4}$$

$$\boldsymbol{b}_1 \cdot \boldsymbol{t}_3 = 0\,. \tag{8.5}$$

Analoge Beziehungen sollen für $\boldsymbol{b}_2$ und $\boldsymbol{b}_3$ gelten. Diese 9 Gleichungen lassen sich bei Benützung des Kronecker-Delta-Symbols in eine Beziehung zusammenfassen

$$\boldsymbol{b}_n \cdot \boldsymbol{t}_m = \delta_{nm}\,, \tag{8.6}$$

wobei $\delta_{nm} = 1$ für $n = m$ und $\delta_{nm} = 0$ für $n \neq m$ ist. Gleichung (8.6) ist also unsere Definitionsgleichung für die drei Vektoren $\boldsymbol{b}_n$, die reziprok zu den Vektoren $\boldsymbol{t}_m$ sein sollen.

Aus (8.4) und (8.5) folgt nun, daß $\boldsymbol{b}_1$ senkrecht zu $\boldsymbol{t}_2$ und zu $\boldsymbol{t}_3$ ist (siehe Anhang A 2.4). Es gilt somit

$$\boldsymbol{b}_1 = \text{const}\, \boldsymbol{t}_2 \times \boldsymbol{t}_3\,. \tag{8.7}$$

Zur Bestimmung der Konstanten multiplizieren wir Gleichung (8.7) skalar mit $\boldsymbol{t}_1$ und setzen Gleichung (8.3) ein.

$$\boldsymbol{b}_1 \cdot \boldsymbol{t}_1 = \text{const}\, \boldsymbol{t}_1 \cdot \boldsymbol{t}_2 \times \boldsymbol{t}_3 = 1\,. \tag{8.8}$$

---

[1] Der in Gleichung (8.2) aus Zweckmäßigkeitsgründen eingeführte Faktor 2π bringt es mit sich, daß die primitiven Gittervektoren des reziproken Gitters um den Faktor 2π größer sind als $\boldsymbol{b}_1$, $\boldsymbol{b}_2$, $\boldsymbol{b}_3$. In der Röntgen-Kristallographie wird der Faktor 2π weggelassen.

Damit ergibt sich

$$\text{const} = \frac{1}{\boldsymbol{t}_1 \cdot \boldsymbol{t}_2 \times \boldsymbol{t}_3}, \tag{8.9}$$

und man erhält aus (8.7)

$$\boldsymbol{b}_1 = \frac{\boldsymbol{t}_2 \times \boldsymbol{t}_3}{\boldsymbol{t}_1 \cdot \boldsymbol{t}_2 \times \boldsymbol{t}_3}. \tag{8.10}$$

Analoge Gleichungen gelten für $\boldsymbol{b}_2$ und $\boldsymbol{b}_3$

$$\boldsymbol{b}_2 = \frac{\boldsymbol{t}_3 \times \boldsymbol{t}_1}{\boldsymbol{t}_1 \cdot \boldsymbol{t}_2 \times \boldsymbol{t}_3}, \tag{8.11}$$

$$\boldsymbol{b}_3 = \frac{\boldsymbol{t}_1 \times \boldsymbol{t}_2}{\boldsymbol{t}_1 \cdot \boldsymbol{t}_2 \times \boldsymbol{t}_3}. \tag{8.12}$$

Wir werden nun einen speziellen Fall aufgreifen und die Endpunkte der Vektoren $\boldsymbol{b}_1$, $\boldsymbol{b}_2$, $\boldsymbol{b}_3$ für ein kubisch-raumzentriertes Gitter mit der Gitterkonstante a bestimmen. Wir drücken hierzu die Fundamentalvektoren $\boldsymbol{t}_1$, $\boldsymbol{t}_2$, $\boldsymbol{t}_3$ mit Hilfe der Einheitsvektoren $\boldsymbol{i}$, $\boldsymbol{j}$, $\boldsymbol{k}$ im x, y, z-Koordinatensystem aus (siehe hierzu Abb. 8.4). Dann ist

$$\boldsymbol{t}_1 = \frac{a}{2}\,(-\boldsymbol{i} + \boldsymbol{j} + \boldsymbol{k}) \tag{8.13}$$

oder abgekürzt

$$\boldsymbol{t}_1 = \frac{a}{2}\,(\bar{1}11) \tag{8.14}$$

und

$$\boldsymbol{t}_2 = \frac{a}{2}\,(1\bar{1}1), \tag{8.15}$$

$$\boldsymbol{t}_3 = \frac{a}{2}\,(11\bar{1}). \tag{8.16}$$

Zur Berechnung von $\boldsymbol{b}_1$ aus (8.10) benötigen wir das Vektorprodukt[1]

$$\boldsymbol{t}_2 \times \boldsymbol{t}_3 = \frac{a^2}{4}\,(2\boldsymbol{j} + 2\boldsymbol{k}) = \frac{a^2}{2}\,(\boldsymbol{j} + \boldsymbol{k}) \tag{8.17}$$

und das skalare Produkt

$$\boldsymbol{t}_1 \cdot \boldsymbol{t}_2 \times \boldsymbol{t}_3 = \frac{a^3}{4}\,(0 + 1 + 1) = \frac{a^3}{2}. \tag{8.18}$$

[1] Siehe Anhang A 2.4.

Aus (8.10) folgt mit (8.17) und (8.18)

$$\boldsymbol{b}_1 = \frac{1}{a}(\boldsymbol{j} + \boldsymbol{k}) \tag{8.19}$$

oder abgekürzt

$$\boldsymbol{b}_1 = \frac{1}{a}(011). \tag{8.20}$$

Eine ähnliche Rechnung ergibt $\boldsymbol{b}_2$ und $\boldsymbol{b}_3$

$$\boldsymbol{b}_2 = \frac{1}{a}(\boldsymbol{i} + \boldsymbol{k}) \equiv \frac{1}{a}(101), \tag{8.21}$$

$$\boldsymbol{b}_3 = \frac{1}{a}(\boldsymbol{i} + \boldsymbol{j}) \equiv \frac{1}{a}(110). \tag{8.22}$$

In Abb. 8.5 sind die Vektoren $\boldsymbol{b}_1$, $\boldsymbol{b}_2$, $\boldsymbol{b}_3$ in einen Kubus mit der Kantenlänge $2/a$ eingetragen. (Die primitiven Vektoren im reziproken Gitter sind wegen (8.2) um den Faktor 2π größer. Damit wird die Kantenlänge der in Abb. 8.5 gezeigten Zelle im reziproken Gitter $2\pi \cdot 2/a$).

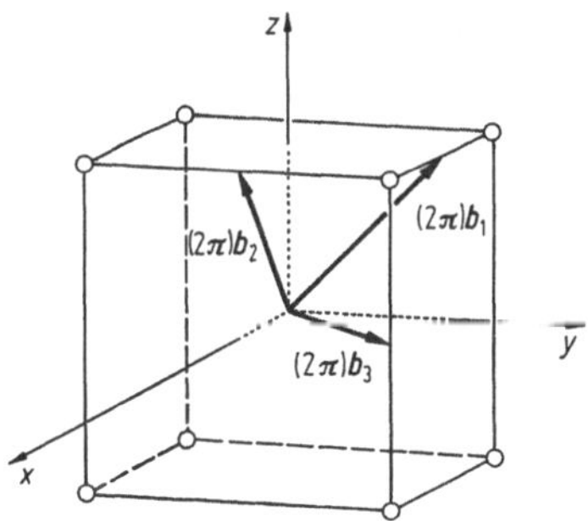

Abb. 8.5. Gittervektoren im reziproken Gitter eines kubisch-raumzentrierten Kristalls. Die Koordinaten im reziproken Raum haben die Dimension (Länge)$^{-1}$. Die Bezeichnungen der Koordinatenachsen müßten daher streng genommen im realen und reziproken Raum verschieden sein. Die Koordinatenachsen im k-Raum werden häufig mit k_x, k_y, k_z bezeichnet. Wir wollen diesen Unterschied hier und ebenso bei den Abbildungen 8.6 und 8.8a im Auge behalten.

Wir bemerken sofort ein sehr wichtiges Ergebnis: Die Endpunkte der Fundamentalvektoren im reziproken Gitter eines kubisch-raumzentrierten Kristalls liegen auf den Kanten-Mitten. Das heißt, daß für die kubisch-raumzentrierte Struktur die Punkte im reziproken Gitter mit den realen Gitterpunkten einer kubisch-flächenzentrierten Struktur zusammenfallen. Umgekehrt sind reziproke Gitterpunkte der kubisch-flächenzentrierten Struktur und reale Gitterpunkte der kubisch-raumzentrierten Struktur identisch. Aus Gleichung (8.19) ergibt sich, daß, wie oben bereits erwähnt, ein reziproker Gittervektor die Dimension $(\text{Länge})^{-1}$ hat.

8.1.4 Dreidimensionale Brillouin-Zonen

In Abschnitt 5.5.2 wurde die physikalische Bedeutung der Brillouin-Zonen erörtert und gezeigt, daß ihre Begrenzungen durch kritische $\boldsymbol{k}$-Werte festgelegt sind. Der Wellenzahlvektor $\boldsymbol{k} = 2\pi/\lambda$ hat die Dimension einer reziproken Länge und ist daher im reziproken Gitter definiert. Ein Vergleich mit der in Abschnitt 5.5.2 angegebenen Konstruktion der Brillouin-Zonen zeigt, daß die erste Brillouinzone eine Wigner-Seitz-Zelle im reziproken Gitter ist. Wir sehen ohne weiteres ein, daß die Wigner-Seitz-Zelle für ein kubisch-raumzentriertes Gitter identisch mit der ersten Brillouin-Zone eines kubisch-flächenzentrierten Gitters ist (Abb. 8.3, 8.5 und 8.6) und umgekehrt.

8.1.5 Energiebänder der freien Elektronen

In Kapitel 5 wurde angedeutet, daß wegen der $E(\boldsymbol{k})$-Periodizität alle Eigenschaften der Energiebänder in der ersten Brillouin-Zone gefunden werden können. Mit anderen Worten: Jede Energie $E_{\boldsymbol{k}'}$ für $\boldsymbol{k}'$ außerhalb der ersten Zone ist mit der Energie $E_{\boldsymbol{k}}$ innerhalb der ersten Zone identisch, falls wir einen geeigneten Translationsvektor $\boldsymbol{G}$ finden, so daß

$$\boldsymbol{k}' = \boldsymbol{k} + \boldsymbol{G} \tag{8.23}$$

ist. Wir haben von dieser Eigenschaft in Abschnitt 5.5.1 bereits Gebrauch gemacht und die Energie im reduzierten Zonenschema aufgetragen. Im Dreidimensionalen wird die Angelegenheit etwas komplizierter, da die Energiebänder in verschiedenen $\boldsymbol{k}$-Richtungen unterschiedlich ausfallen. Wir wollen darauf nun näher eingehen und bedienen uns der Einfachheit halber der in Abb. 5.15 eingeführten „Bänder der freien Elektronen“. Wir erläutern die Einzelheiten am Beispiel der kubisch-raumzentrierten Struktur. Im Dreidimensionalen heißt die zu (5.56) analoge Gleichung

$$E_{\boldsymbol{k}} = \frac{\hbar^2}{2m} (\boldsymbol{k} + \boldsymbol{G})^2. \tag{8.24}$$

In Abb. 8.6 sind in eine Brillouin-Zone unter anderem drei ausgezeichnete $\boldsymbol{k}$-Richtungen eingetragen, nämlich die [100]-Richtung vom Ursprung (Γ) zum Punkt H, die [110]-Richtung von Γ nach N und die [111]-Richtung von Γ nach P. Diese Richtungen werden mit den Symbolen Δ, Σ bzw. Λ bezeichnet. In Abb. 8.7 sind die mit Gleichung (8.24)

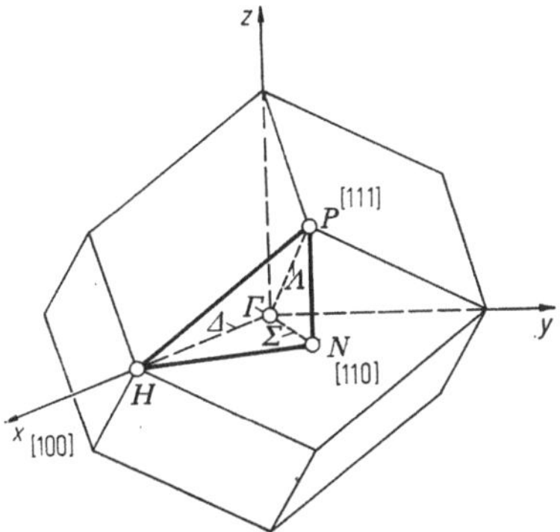

Abb. 8.6. Erste Brillouin-Zone der kubisch-raumzentrierten Struktur. Siehe Bildunterschrift bei Abb. 8.5.

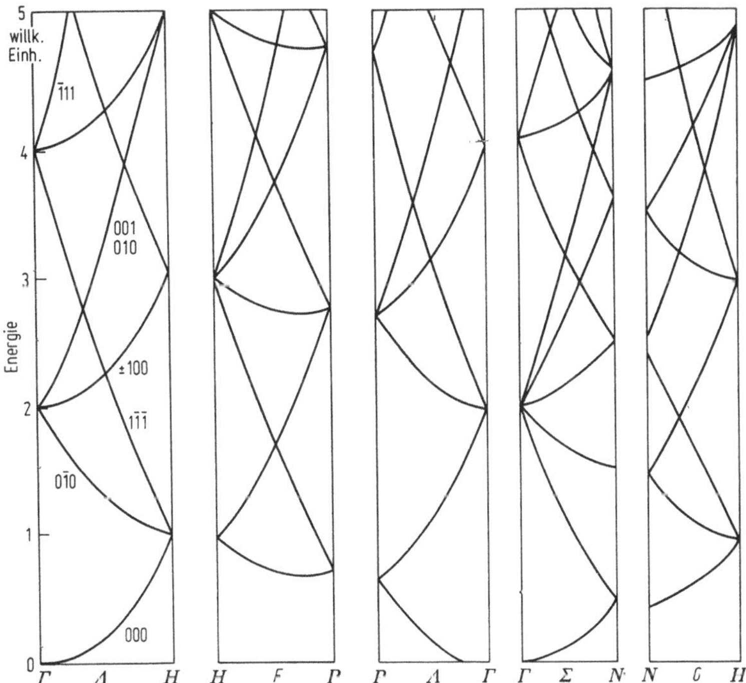

Abb. 8.7. Energiebänder der freien Elektronen für eine kubisch-raumzentrierte Struktur. Die in Klammern angegebenen Zahlentripel entsprechen den h-Werten. Jeder eingezeichneten Linie entspricht ein Band (siehe auch Abb. 5.31).

berechneten Bänder für diese Richtungen im $\boldsymbol{k}$-Raum aufgetragen. Die Reihenfolge der Bilder ergibt sich aus einer Art Umlauf auf dem Brillouin-Zonen-Körper. Man sieht sofort, daß das Zonenschema dem der Abb. 5.15 ähnlich ist.

Wir wollen nun den Weg aufzeigen, wie man mit Gleichung (8.24) diese Zonenbilder erhält. Wir greifen hierzu eine besondere Richtung, z. B. die Γ–H-Richtung heraus und lassen den Betrag des Vektors $\boldsymbol{k}_{\Gamma H} \equiv \boldsymbol{k}_x$ beliebige Werte zwischen 0 und $2\pi/a$ (der Begrenzung dieser Brillouin-Zone; siehe Abb. 8.5) einnehmen. Für diese Richtung wird aus Gleichung (8.24)

$$E = \frac{\hbar^2}{2m}\left(\frac{2\pi x}{a}\,\boldsymbol{i} + \boldsymbol{G}\right)^2, \tag{8.25}$$

wobei x Werte zwischen 0 und 1 durchlaufen soll. $\boldsymbol{G}$ möge zunächst Null sein. Dann gilt

$$E = \frac{\hbar^2}{2m}\left(\frac{2\pi}{a}\right)^2 (x\,\boldsymbol{i})^2 \equiv C x^2. \tag{8.26}$$

Wir erhalten die bekannte parabolische $E(\boldsymbol{k})$-Abhängigkeit. Die aus (8.26) gewonnene Kurve ist in Abb. 8.7 mit (000) bezeichnet.

Nun setzen wir $h_1 = 0$, $h_2 = -1$, $h_3 = 0$. Dann wird mit (8.2) und (8.21)[1]

$$\boldsymbol{G} = -\frac{2\pi}{a}(\boldsymbol{i} + \boldsymbol{k}) \tag{8.27}$$

und mit (8.25)

$$E = \frac{\hbar^2}{2m}\left[\frac{2\pi x}{a}\,\boldsymbol{i} - \frac{2\pi}{a}(\boldsymbol{i} + \boldsymbol{k})\right]^2 = C\,[\boldsymbol{i}\,(x-1) - \boldsymbol{k}]^2$$

$$= C\,[(x-1)^2 + 1],$$

$$E = C(x^2 - 2x + 2). \tag{8.28}$$

Damit ergibt sich für

$$x = 0 \rightsquigarrow E = 2C$$

und für

$$x = 1 \rightsquigarrow E = 1C.$$

Wir erhalten das in Abb. 8.7 mit $(0\bar{1}0)$ bezeichnete Band. Die Bänder der Abb. 8.7 lassen sich also durch Variation der h-Werte und $\boldsymbol{k}$-Richtungen aus Gleichung (8.24) berechnen. Der besondere Nutzen der hier dargestellten Energiebänder für freie Elektronen liegt darin, daß durch Vergleich mit den für Metalle errechneten Bandstrukturen eine Ab-

[1] $\boldsymbol{k}$ ist hier ein Einheitsvektor und nicht Wellenzahlvektor.

schätzung möglich ist, inwieweit die Elektronen eines Metalls als frei betrachtet werden können.

In Abb. 8.8 sind die erste Brillouin-Zone und Energiebänder für die kubisch-flächenzentrierte Struktur gezeichnet.

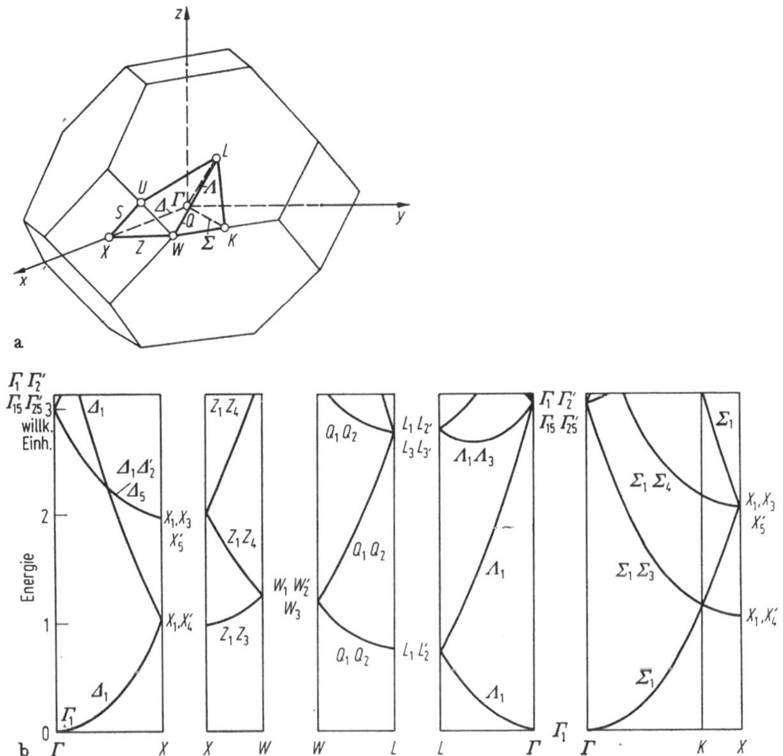

Abb. 8.8. a) Erste Brillouin-Zone und b) Energiebänder der freien Elektronen für die kubisch-flächenzentrierte Struktur. Siehe Bildunterschrift bei Abb. 8.5.

8.1.6 Bandstruktur von Kupfer

Es soll nun noch die Bandstruktur eines Edelmetalls gezeigt werden. Wir greifen uns als besonders charakteristisches Beispiel das Bandschema von Kupfer heraus und überzeugen uns sofort durch Vergleich von Abb. 8.8b mit Abb. 8.9, daß die Bänder von Kupfer nicht wie die der freien Elektronen aussehen: In der unteren Hälfte des Bandschemas befinden sich nahe beieinander liegende und flach verlaufende Bänder. Berechnungen zeigen, daß diese den 3d-Elektronen zugeschrieben werden können (Tabelle A 4). Sie überlagern die (in Abb. 8.9 stark ausgezogenen) 4s-Bänder. Das bei Γ_1 beginnende Band ist zunächst s-Elektronen-artig, wird aber bei Annäherung an den Punkt X d-Elektronen-artig. Die erste Hälfte dieses Bandes findet bei höheren Energien seine Fortsetzung. Die d-Bänder überlappen also die s-Bänder. Den Ursprung

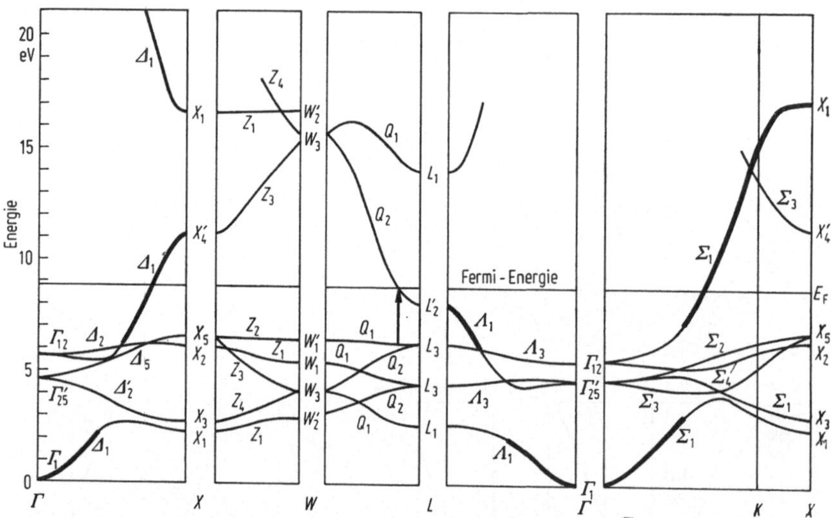

Abb. 8.9. Energiebänder von Kupfer (kfz) nach Berechnungen von SEGALL unter Verwendung eines l-abhängigen Potentials. Bei Benutzung des Chodorow-Potentials beträgt die Energielücke X_5–X_4' $\approx$ 4,0 eV und die Lücke, L_2'–L_1 $\approx$ 4,7 eV, d. h. nicht wie hier 4,6 bzw. 5,8 eV.

der Energieskala legen wir wieder wie früher in das untere Ende des s-Bandes. Wir werden in den folgenden Abschnitten zeigen, daß an Hand solcher Bandschemen die optischen Eigenschaften der Metalle im wesentlichen erklärt werden können.

Literatur

BENNETT, L. H., WABER, J. T. (Herausgeber): Energy Bands in Metals and Alloys, Konferenzbericht (Los Angeles/Calif.), New York/London/Paris: Gordon & Breach 1968.

BOUCKAERT, L. P., SMOLUCHOWSKI, R., WIGNER, E.: Phys. Rev. **50**, 58 (1936) (Bänder der freien Elektronen).

BURDICK, G. A.: Phys. Rev. **129**, 138 (1963) (Bandberechnungen von Cu).

CALLAWAY, J.: Energy Band Theory, New York/London: Academic Press 1964.

KITTEL, C.: Introduction to Solid State Physics, New York: John Wiley 1968.

RAIMES, S.: The Wave Mechanics of Electrons in Metals, Amsterdam: North-Holland Publishing Company 1961.

SEGALL, B.: Phys. Rev. **125**, 109 (1962) (Bandberechnungen von Cu).

SLATER, J. C.: Quantum Theory of Matter, New York: McGraw-Hill 1968.

SNOW, E. C., WABER, J. T.: Phys. Rev. **157**, 570 (1967) (Cu-Bandstruktur).

8.2 Analyse der Reflexionsspektren

8.2.1 Absorptions-Banden

In Kapitel 4 wurde dargelegt, daß sich das optische Verhalten der Metalle durch das Zusammenwirken von freien und gebundenen Elektronen beschreiben und berechnen läßt. In Abschnitt 5.7 sahen wir dann, daß man mit Hilfe der Wellenmechanik und den Vorstellungen von Intraband- und Interbandübergängen das unterschiedliche Verhalten der Elektronen in ein geschlossenes Konzept einordnen kann. In den Abb. 4.18 und 4.19 wurde das Zusammenwirken von freien und gebundenen Elektronen auf die optischen Konstanten gezeigt.

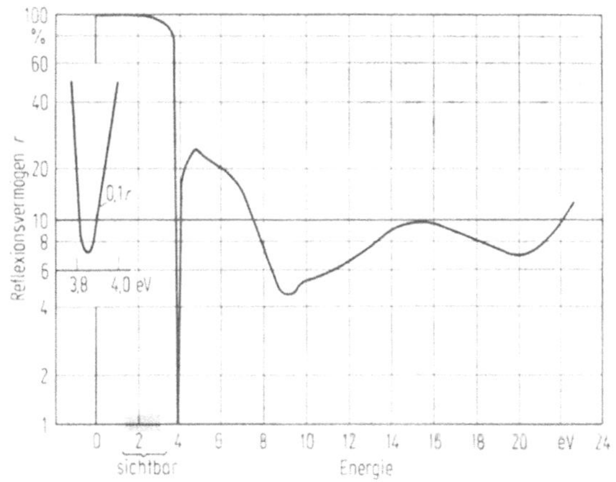

Abb. 8.10. Reflexionsspektrum von Silber (nach SCHULZ).

In diesem Abschnitt wollen wir nun den umgekehrten Weg wie in Kapitel 4 beschreiten und aus gemessenen Reflexionsdaten die optischen Konstanten und den Beitrag der freien und gebundenen Elektronen zu diesen Konstanten bestimmen und sehen, welche Schlüsse sich aus diesen Ergebnissen auf die Bandstruktur ziehen lassen. In Abb. 8.10 ist das Reflexionsspektrum von Silber gezeigt. Aus diesem lassen sich mit Hilfe einer Kramers-Kronig-Analyse (Abschnitt 7.7.5) die optischen Konstanten bzw. die realen und imaginären Teile der komplexen Dielektrizitätskonstante, $\varepsilon_1 = n^2 - k^2$ und $\varepsilon_2 = 2nk$ (Abschnitt 2.2) bestimmen. Ein Vergleich von Abb. 8.11 mit den Abbildungen 4.6 und 4.7 zeigt, wie wir bereits wissen, daß man bei kleinen Frequenzen (Photonenenergien), d. h. bei $E < 3{,}8$ eV, das optische Verhalten von Silber mit der Theorie der freien Elektronen beschreiben kann. In diesem Spektralbereich haben nämlich ε_1 und ε_2 die charakteristische Kurvenform für freie Elektronen. Oberhalb 3,8 eV weicht jedoch die spektrale Abhängigkeit von ε_1 und ε_2 von derjenigen der Abb. 4.6 und 4.7 ab.

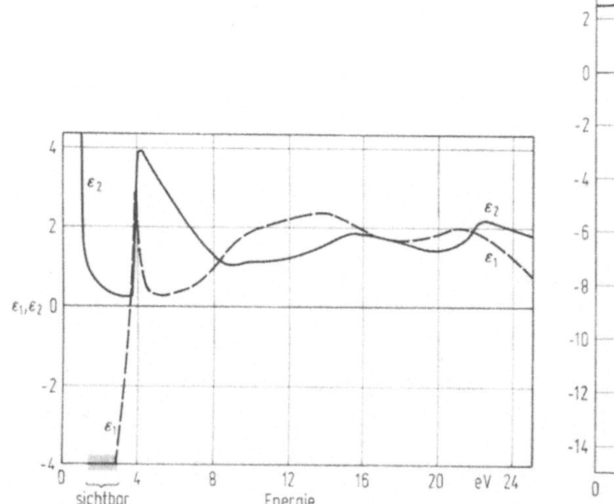

Abb. 8.11. Spektrale Abhängigkeit von $\varepsilon_1 = n^2 - k^2$ und $\varepsilon_2 = 2nk$ für Silber. ε_1 und ε_2 wurden mittels einer Kramers-Kronig-Analyse aus Abb. 8.10 erhalten (nach EHRENREICH und PHILIPP).

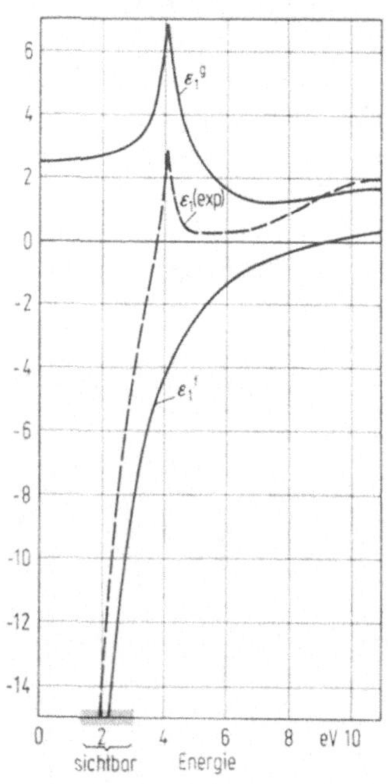

Abb. 8.12. Aufspaltung von ε_1 für Silber in Anteile für freie ($\varepsilon_1{}^f$) und gebundene ($\varepsilon_1{}^g$) Elektronen (nach EHRENREICH u. PHILIPP).

Es lassen sich nun die Beiträge der freien und gebundenen Elektronen zu ε_1 oder ε_2 trennen. Hierzu bringt man die Drudesche Formel für ε_2 (Gleichung (4.25)) mit der experimentellen Kurve im niederfrequenten Spektralgebiet in Einklang, indem man die effektive Masse und die Relaxationszeit als variable Parameter betrachtet. Mit diesen Parametern wird dann z. B. ε_1^f aus Gleichung (4.24) im gesamten Spektralgebiet berechnet und über der Frequenz aufgetragen (Abb. 8.12). Durch diese Separation treten Absorptionsbanden deutlich in Erscheinung. In Abb. 8.12 (oben) ist eine solche Bande für Silber gezeigt. Sie hat ein Maximum kurz oberhalb 4eV (ultraviolett). Ein Vergleich der aus den klassischen Formeln erhaltenen Kurve für ε_1^g (Abb. 4.14) mit der Bande der Abb. 8.12 zeigt eine recht gute Übereinstimmung des prinzipiellen Verlaufs.

Es soll besonders hervorgehoben werden, daß ε_1^g im niederfrequenten Spektralgebiet, selbst bei Abwesenheit von Interbandübergängen, nicht gegen Null geht, sondern einen relativ konstanten Beitrag

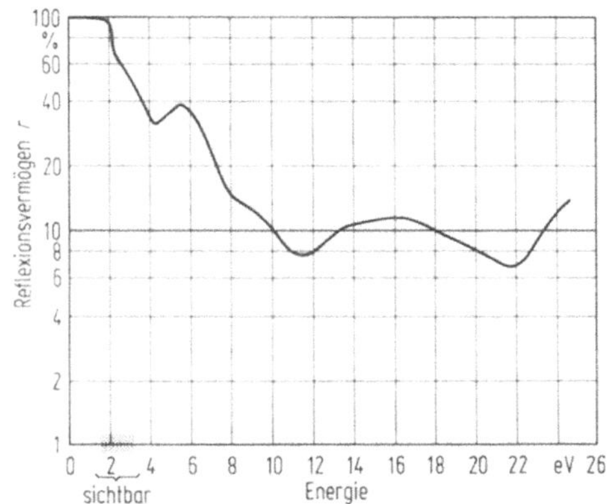

Abb. 8.13. Reflexionsspektrum von Kupfer (nach SCHULZ).

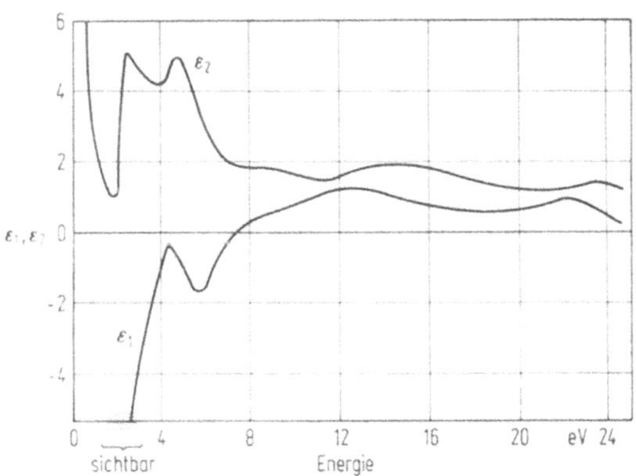

Abb. 8.14. Spektrale Abhängigkeit von ε_1 und ε_2 für Kupfer (nach EHRENREICH u. PHILIPP).

zu $\varepsilon_1 = \varepsilon_1^f + \varepsilon_1^g$ liefert (Abb. 4.14 und 8.12). Dagegen verschwindet ε_2^g in einiger Entfernung von einer Absorptionsbande fast vollständig (Abb. 4.15). Der Verlauf von ε_2 in Abb. 8.11 bei Energien unterhalb 3,8 eV entspricht daher demjenigen, den man mit der Theorie der freien Elektronen erhalten würde. ε_1 hingegen stimmt selbst bei kleineren Frequenzen wegen des konstanten Beitrags von ε_1^g nicht mit ε_1^f überein (Abb. 8.12).

Das optische Verhalten von Kupfer ist ganz ähnlich, jedoch mit dem wichtigen Unterschied, daß bei diesem Metall eine Absorptionsbande im sichtbaren Spektralbereich auftritt (Abb. 8.13—8.15). Diese Bande ist für die charakteristische Farbe des Kupfers verantwortlich.

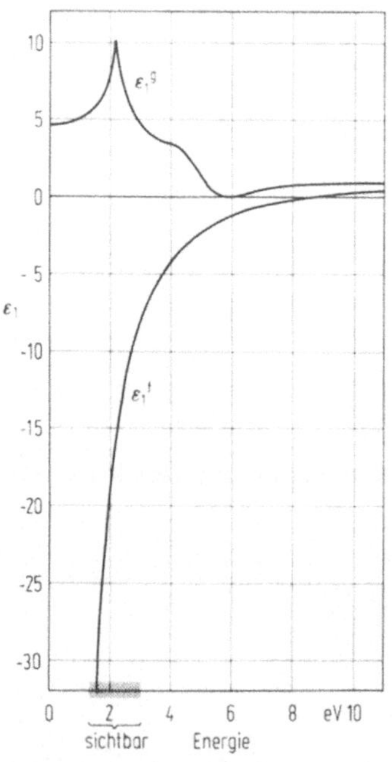

Abb. 8.15. Aufspaltung von ε_1 für Kupfer in einen Anteil für gebundene und für freie Elektronen (nach Ehrenreich und Philipp).

Absorptionsbanden treten nun, wie wir in Abschnitt 5.7 gesehen haben, immer dann auf, wenn Elektronen von einem tiefer liegenden Band auf unbesetzte Niveaus eines höheren Bandes übergehen. Bei anwachsender Frequenz des auf das Metall fallenden Lichtes wird eine kritische Frequenz erreicht, bei der diese Interbandübergänge einsetzen. Bei Kupfer und Silber liegen die dazugehörigen Schwellenenergien bei 2,1 bzw. 4 eV. Diese ersten Absorptionsbanden werden entweder durch Elektronenübergänge von der Fermi-Fläche zum nächst höheren Band oder durch Übergänge von einem tieferen Band zur Fermi-Fläche hervorgerufen. Bandberechnungen haben gezeigt, daß bei den Edelmetallen die d-Bänder und die Fermi-Fläche nahe beieinander liegen. In das Bandschema von Kupfer (Abb. 8.9) ist ein erlaubter, direkter Interbandübergang vom d-Band zur Fermi-Fläche in der Umgebung von L_3 eingezeichnet, dessen Energiedifferenz etwa 2,4 eV beträgt. Wir ordnen diesen Bandübergang der experimentell beobachteten Schwellenenergie von 2,1 eV zu. Weitere erlaubte Übergänge bei höheren Energien treten

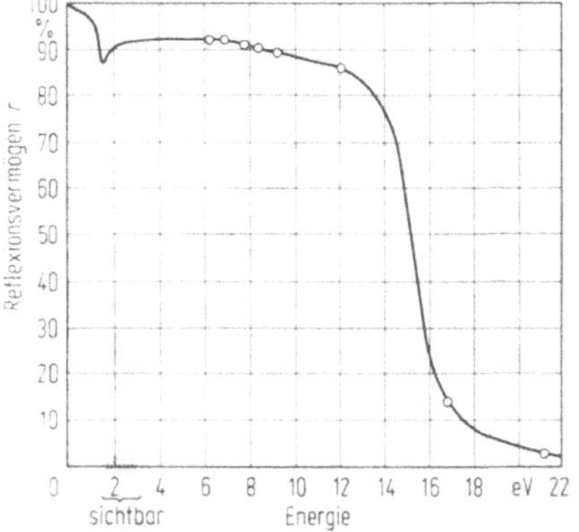

Abb. 8.16. Reflexionsspektrum von Aluminium (nach BENNETT, SILVER und ASHLEY; HASS und WAYLOMIS; MADDEN, CAMFIELD und HASS).

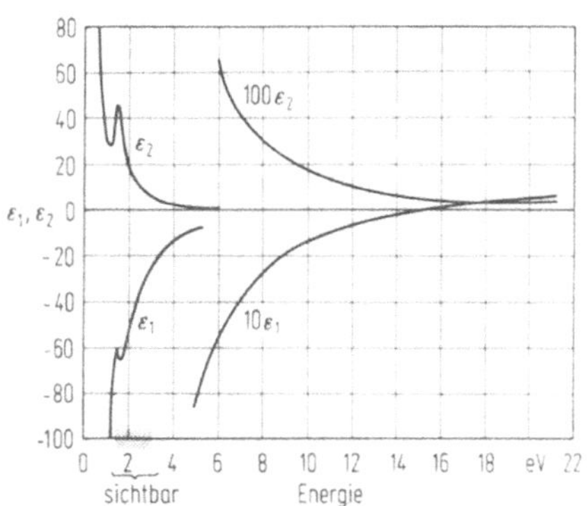

Abb. 8.17. Spektrale Abhängigkeit von ε_1 und ε_2 von Aluminium (nach EHRENREICH, PHILIPP und SEGALL).

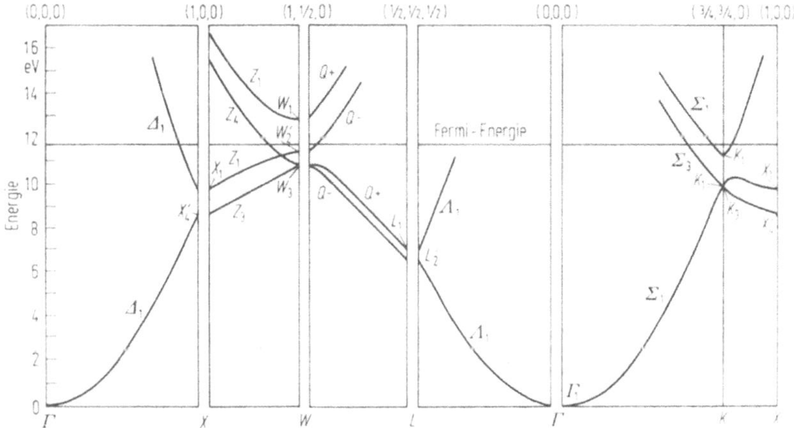

Abb. 8.18. Energiebänder für Aluminium (kubisch-flächenzentriert) (nach SEGALL).

zwischen $X_5 \to X_4'$ (4,6 eV) und $L_2' \to L_1$ (5,8 eV) auf. Diese können der zweiten Absorptionsbande, deren Schwellenenergie bei 4,2 eV liegt, zugeschrieben werden (Abb. 8.13 und 8.14). Nahe zusammenliegende Übergänge bewirken eine Verbreiterung einer Absorptionsbande.

Als weiteres Beispiel wollen wir das Reflexionsspektrum und die optischen Eigenschaften von Aluminium betrachten. Die Abbildungen 8.16 und 8.17 zeigen, daß bis auf einen schmalen Frequenzbereich um 1 eV das Verhalten dieses Metalls mit der Theorie der freien Elektronen beschrieben werden kann. Die Größen ε_1 und ε_2 verlaufen nämlich hier ähnlich wie in den Abb. 4.6 und 4.7. Dies kommt auch in dem Bandschema von Aluminium zum Ausdruck, das demjenigen für freie Elektronen für eine kubisch-flächenzentrierte Struktur sehr ähnlich ist (vergleiche Abb. 8.8b). Aus Abb. 8.18 ersieht man, daß zwischen den Bändern nur sehr schmale verbotene Bereiche (Bandlücken) vorhanden sind.

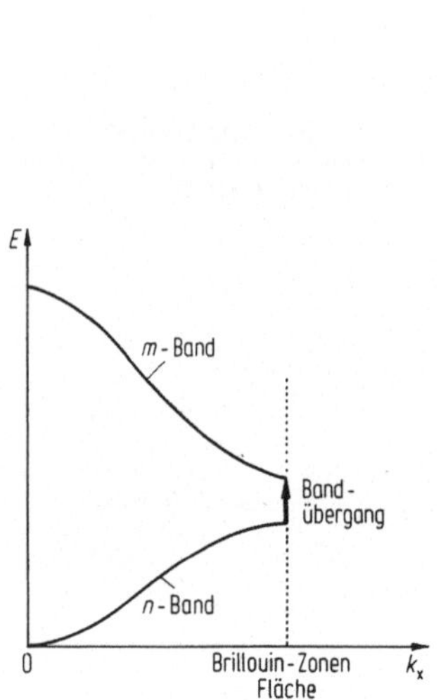

Abb. 8.19. Interbandübergang an einem kritischen Punkt.

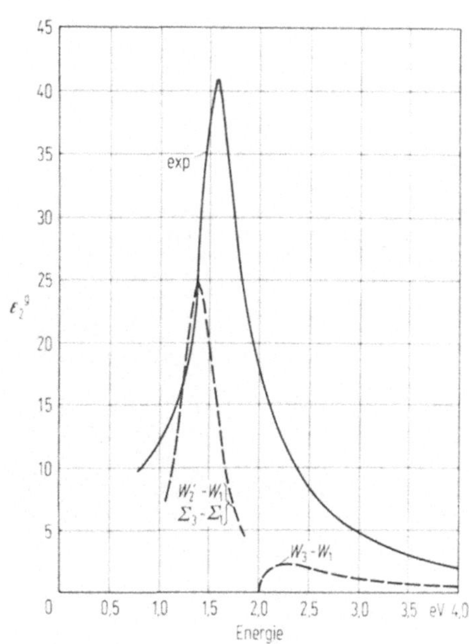

Abb. 8.20. Einfluß der Interbandübergänge auf ε_2 experimentell (—) und berechnet (- - -). Die Symbole an den Kurven bezeichnen die Übergänge zwischen den entsprechenden kritischen Punkten (nach EHRENREICH, PHILIPP u. SEGALL).

Man kann nun zeigen, daß im wesentlichen nur einige besondere Übergänge, nämlich solche zwischen sogenannten kritischen Punkten, zur Interbandabsorption beitragen. Diese kritischen Punkte sind Stellen hoher Symmetrie, z. B. Flächen einer Brillouin-Zone (Abb. 8.19) oder Stellen, an denen die Bänder relativ flach oder parallel verlaufen. Dann ist die gemeinsame Zustandsdichte[1] groß. Aus der Frequenzabhängigkeit der optischen Konstanten läßt sich daher auf das Vorhandensein solcher kritischer Punkte, auf Bandlücken und auf die Weite dieser Lücken schließen.

Die kritischen Punkte, die am meisten zu den Bandübergängen in Aluminium beitragen, sind die in Abb. 8.18 mit W bezeichneten Punkte und die Σ-Achse (vergleiche Abschnitt 8.1.5). Wie man sieht, ist der Energieunterschied zwischen W'_2 und W_1 bzw. zwischen Σ_3 und Σ_1 ungefähr 1,4 eV, während zwischen W_3 und W_1 eine Energiedifferenz von etwas über 2 eV besteht. Die Elektronenübergänge zwischen diesen kritischen Punkten verursachen also die beobachtete „Struktur" von r, ε_1 und ε_2 bei 1,5 eV (Abb. 8.16 und 8.17).

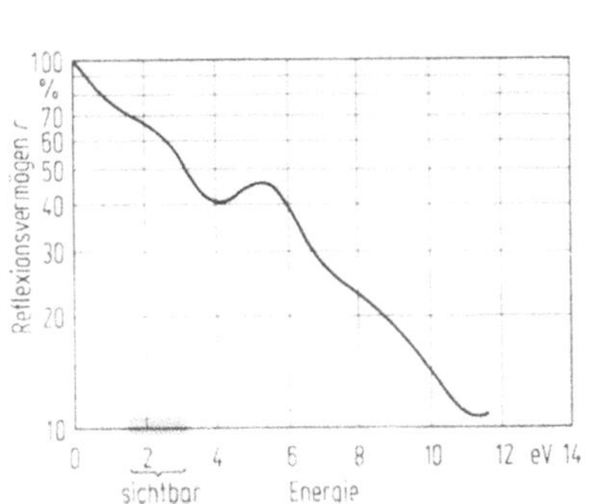

Abb. 8.21. Spektrales Reflexionsvermögen von Nickel (nach EHRENREICH, PHILIPP und OLECHNA).

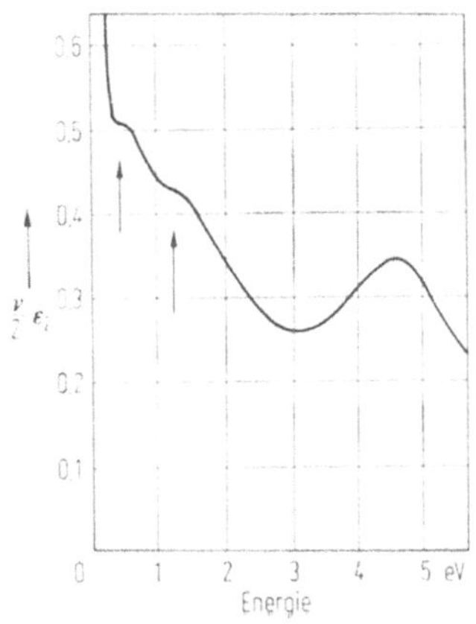

Abb. 8.22. Frequenzabhängigkeit der Leitfähigkeit $\sigma = n\,k\,\nu = \frac{\nu}{2}\,\varepsilon_2$ bei Nickel (nach EHRENREICH, PHILIPP und OLECHNA.)

Aus der bekannten Bandstruktur und den Wellenfunktionen läßt sich der Einfluß der Bandübergänge auf ε_2 berechnen (Abb. 8.20). Ein Vergleich zeigt, daß die Kurvenform und die Lage des Maximums der berechneten und der experimentell erhaltenen Banden übereinstimmen. Die Diskrepanz in der Höhe der beiden Kurven liegt daran, daß bei der Berechnung Vielelektroneneffekte vernachlässigt wurden.

Als letztes Beispiel wollen wir das optische Verhalten eines Übergangsmetalls diskutieren. Wir sehen aus Abb. 8.21, daß das Reflexionsvermögen von Nickel schon bei kleinen Photonenenergien abfällt, ohne das

[1] Englisch: Joint density of states.

bei Kupfer und Silber beobachtete Plateau bei 2 bzw. 4 eV aufzuweisen. Es hat sich nun gezeigt, daß bei kleinen Frequenzen die Leitfähigkeit $\sigma = nk\nu = (\nu/2)\,\varepsilon_2$ viel besser zur Identifizierung von Interbandübergängen geeignet ist als ε_2, da die Multiplikation von ε_2 mit ν das Unendlichwerden der Funktion verhindert. Dies geht aus Abb. 8.22 hervor. Die Leitfähigkeit von Nickel zeigt bereits „Struktur" bei 0,3 und 1,4 eV.

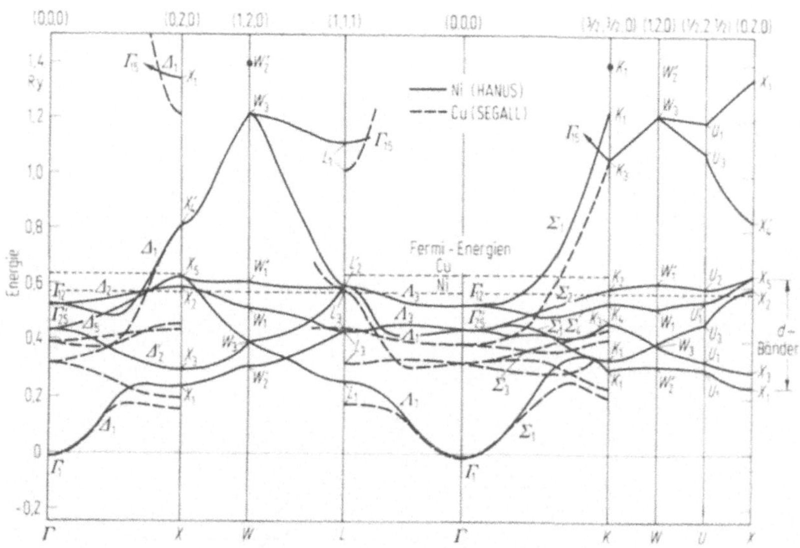

Abb. 8.23. Berechnete Energiebänder für Nickel und Kupfer (1 Ry = 13,6 eV).

Dies legt den Schluß nahe, daß bei Nickel die Interbandübergänge schon bei sehr viel kleineren Frequenzen als bei Kupfer oder Silber angeregt werden. Bandberechnungen bestätigen diese Vermutung. Bei Übergangsmetallen liegen die d-Bänder sehr nahe an der Fermi-Fläche und überschneiden diese sogar gelegentlich (Abb. 8.23). Aus Abb. 8.23 geht auch hervor, daß eine große Ähnlichkeit zwischen der Bandstruktur von Kupfer und Nickel besteht. Daher ist es nicht erstaunlich, daß die spektralen Reflexionsvermögen dieser Metalle bei höheren Energien ähnlich verlaufen (Abb. 8.13 und 8.21).

8.2.2 Plasmaoszillationen

In Abschnitt 4.2 diskutierten wir das Verhalten von freien Elektronen, die durch das elektrische Wechselfeld des Lichtes zu ungedämpften Schwingungen angeregt wurden. Wir definierten eine kritische Frequenz ν_1

(Plasmafrequenz), die den Spektralbereich der metallischen Reflexion vom Durchlässigkeitsbereich abgrenzt. Wir kamen damals zu dem Ergebnis, daß bei der Plasmafrequenz die Dielektrizitätskonstante verschwindet ($\hat{\varepsilon} = 0$). Hieraus folgt mit Gleichung (2.20)

$$\varepsilon_1 - i\varepsilon_2 = 0. \tag{8.29}$$

Nimmt man vollkommen freie Elektronen an, dann müßte also bei der Plasmafrequenz sowohl ε_1 als auch ε_2 verschwinden. Man beobachtet jedoch auch Plasmafrequenzen, wenn $\varepsilon_2 < 1$ (kleine Dämpfung) und $\varepsilon_1 = 0$ ist oder sogar wenn ε_1 und ε_2 sehr klein sind.

In diesem Abschnitt wollen wir die früher erarbeiteten Vorstellungen erweitern und uns die in einem Festkörper in hoher Dichte vorhandenen Elektronen als einheitliches Plasma denken. Dieses kann wegen der zwischen den Elektronen bestehenden Coulomb-Wechselwirkungen unter Einfluß eines äußeren Wechselfeldes zu flüssigkeitsartigen Schwingungen angeregt werden. Es besitzt, wie ein Oszillator, eine Eigen- oder Resonanzfrequenz, nämlich die oben erwähnte Plasmafrequenz. Trägt man den imaginären Teil der reziproken Dielektrizitätskonstante über der Frequenz auf, so kann die Plasmafrequenz, wie wir gleich sehen werden, an einem charakteristischen Resonanzmaximum erkannt werden. Es gilt nämlich

$$\frac{1}{\hat{\varepsilon}} = \frac{1}{\varepsilon_1 - i\varepsilon_2} = \frac{\varepsilon_1 + i\varepsilon_2}{\varepsilon_1^2 + \varepsilon_2^2} = \frac{\varepsilon_1}{\varepsilon_1^2 + \varepsilon_2^2} + i\,\frac{\varepsilon_2}{\varepsilon_1^2 + \varepsilon_2^2}. \tag{8.30}$$

Der imaginäre Teil der Dielektrizitätskonstante ergibt sich damit zu

$$\operatorname{Im}\frac{1}{\hat{\varepsilon}} = \frac{\varepsilon_2}{\varepsilon_1^2 + \varepsilon_2^2}. \tag{8.31}$$

Aus (8.31) ist ersichtlich, daß für $\varepsilon_1 \to 0$ und $\varepsilon_2 < 1$ die „Energieverlustfunktion“ $\operatorname{Im}(1/\hat{\varepsilon})$ einen Höchstwert einnimmt, d. h., es tritt eine Plasmaresonanz auf.

Wir wollen nun die Energieverlustfunktion einiger Metalle betrachten. Wir beginnen mit Aluminium, da sich dieses, wie wir oben gesehen haben, außer in einem schmalen Frequenzgebiet mit der Theorie der freien Elektronen beschreiben läßt. Die aus (8.31) berechnete Energieverlustfunktion hat bei diesem Metall ein steiles Maximum bei 15,2 eV (Abb. 8.24). Der reale Teil der Dielektrizitätskonstante (ε_1) ist bei dieser Energie 0 und ε_2 ist sehr klein (Abb. 8.17).

Bei Silber sind die Verhältnisse etwas komplizierter. Bei diesem Metall hat die Energieverlustfunktion ein steiles Maximum bei 4 eV (Abb. 8.25). Diese Resonanzstelle kann nicht ausschließlich den freien Elektronen zugeschrieben werden, da ε_1^f, wie wir Abb. 8.15 entnehmen, erst bei 9,2 eV Null wird. Die Plasmaresonanz bei 4 eV entsteht also durch Zusammenwirken der *d*- und der Leitungselektronen.

Die Verlustfunktion hat eine weitere, aber sehr flache Resonanzstelle bei 7,5 eV. Dieses Maximum rührt im wesentlichen von den Leitungselektronen her, wird aber durch Interbandübergänge bei höheren Frequenzen gestört.

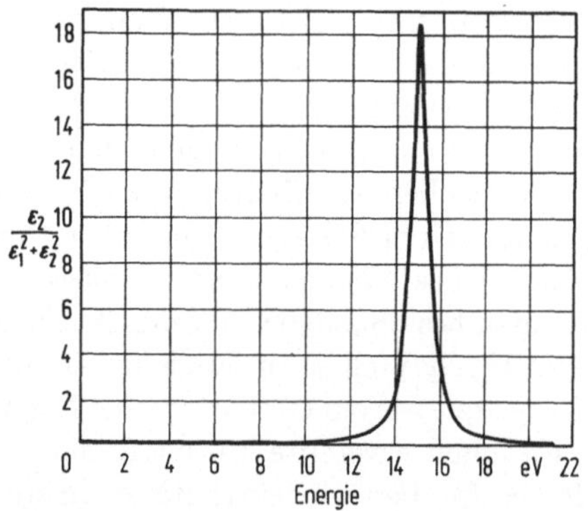

Abb. 8.24. Energieverlustfunktion von Aluminium (nach EHRENREICH, PHILIPP und SEGALL).

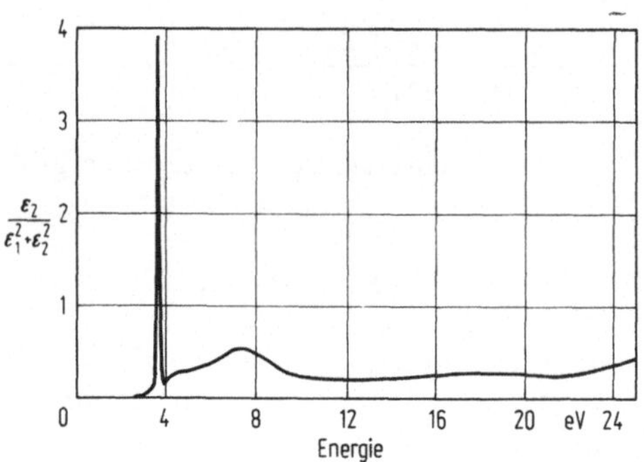

Abb. 8.25. Energieverlustfunktion von Silber (nach EHRENREICH und PHILIPP).

Das Reflexionsspektrum von Silber (Abb. 8.10) bei 4 eV kann nun vollständig erklärt werden: Der scharfe Abfall von r von nahezu 100% auf weniger als 1% innerhalb eines Bruchteils von einem Elektronenvolt wird durch die schwach gedämpfte Plasmaresonanz hervorgerufen. Der plötzliche Anstieg nur 0,1 eV oberhalb dieser Resonanzstelle tritt wegen der bei dieser Energie einsetzenden Interbandübergänge auf. Diese sprunghafte Änderung der optischen Konstanten wird sonst bei Metallen nicht beobachtet.

Bei Kupfer schließlich treten nur Plasmaresonanzen von freien Elektronen auf, die durch Interbandübergänge gestört werden und daher sehr breit sind (Abb. 8.26).

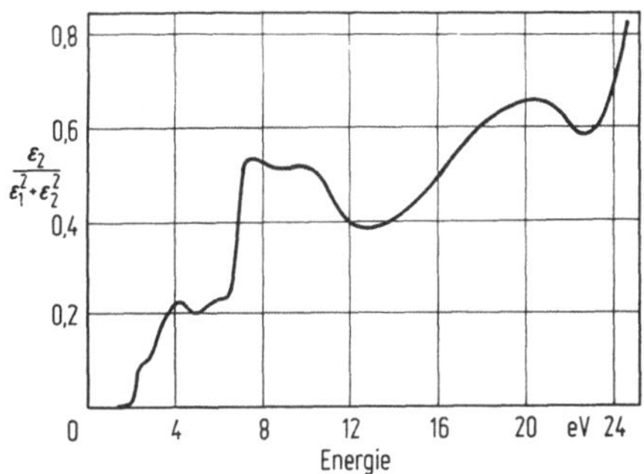

Abb. 8.26. Energieverlustfunktion von Kupfer (nach EHRENREICH und PHILIPP).

Aus den Abbildungen 8.25 und 8.26 entnehmen wir, daß die Energieverlustfunktion nicht nur beim Auftreten einer Plasmaresonanz ein Maximum aufweist. Plasmaresonanzen kann man von Interbandeffekten dadurch unterscheiden, daß bei den ersteren ε_1 und ε_2 klein sind, während ε_1 und ε_2 bei Frequenzen, bei denen Interbandübergänge auftreten, „Struktur" haben.

Es sei angemerkt, daß die Energieverlustfunktion auch noch auf anderem, als dem hier beschriebenen Weg bestimmt werden kann. Bei einer dieser Methoden mißt man den charakteristischen Energieverlust von schnellen Elektronen, die einen dünnen Metallfilm durchdringen.

8.2.3 Verteilung der Interbandübergänge über einen Frequenzbereich

Wir sahen in den vorangehenden Abschnitten, daß Interbandübergänge am Auftreten einer „Struktur" in den Reflexionsspektren erkannt werden können. Bei Aluminium waren die Verhältnisse am einfachsten zu überblicken, weil bei diesem Metall in dem betrachteten Frequenzbereich nur *eine* Absorptionsbande (bei etwa 1,5 eV) zu beobachten war. Bei den Edelmetallen treten jedoch mehrere Absorptionsbanden auf, die sich mehr oder weniger überlagern. Es ist daher nützlich, eine Funktion zu finden, mit deren Hilfe es möglich ist, die Verteilung der Interbandübergänge in einem Frequenzbereich zu studieren. Diese Funktion wurde mit n_{eff} gefunden; sie ist die effektive Zahl der Elektronen pro Atom, die zu den optischen Eigenschaften in einem Frequenzbereich bis ω_0 beitragen und berechnet sich durch (numerische) Integration aus den experimentell erhaltenen ε_2-Werten mittels der Gleichung (Summenregel)

$$\int_0^{\omega_0} \omega\,\varepsilon_2\,\mathrm{d}\omega = \frac{2\pi^2 e^2 N_a}{m}\,n_{\mathrm{eff}} = \frac{\pi}{2}\,N_a\,\omega_1^2 \tag{8.32}$$

(N_a = Atomdichte im Kristall, Gleichung (4.9)). Aus der Energieabhängigkeit von n_{eff} kann man auf die Verteilung der Interbandübergänge bzw. die Oszillatorenstärken[1] f_{nm} schließen. Wir wollen dies wieder an einigen Beispielen zeigen.

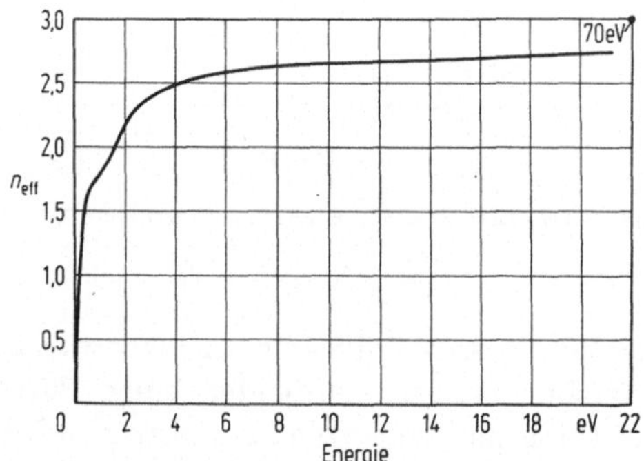

Abb. 8.27. Berechnetes n_{eff} in Abhängigkeit von der Energie für Aluminium (nach EHRENREICH, PHILIPP und SEGALL).

In Aluminium wächst n_{eff} bei kleinen Energien zuerst relativ rasch an und erreicht den Sättigungswert $n_{\mathrm{eff}} = 3$ schließlich bei etwa 70 eV (Abb. 8.27). Die Struktur der Kurve um 1,5 eV führen wir, wie in Abschnitt 8.2.1, auf Interbandübergänge bei W und Σ zurück. Das schnelle Erreichen des Sättigungswertes deutet darauf hin, daß alle wichtigen Interbandübergänge, die das Valenzband zum Ausgangspunkt haben, bei kleinen Energien auftreten. Mit anderen Worten: die Anregungsfrequenz (des Lichtes) ist bei hohen Frequenzen viel größer als die Eigenfrequenz der Oszillatoren, so daß die Oszillatoren nicht mehr angeregt werden können[2].

In Kupfer, Silber und Gold sind die Oszillatorenstärken (im Gegensatz zu Aluminium und den Halbleitern) über einen großen Energie-

[1] Siehe Abschnitt 4.6.5 und 5.8.

[2] Man sagt gelegentlich dafür auch: Der Grund, weswegen das Verhalten von n_{eff} demjenigen freier Elektronen ähnlich ist, liegt an der „Erschöpfung der f-Summenregel". (Näheres siehe F. STERN in „Solid State Physics" Bd. 15, 1963, S. 341, New York/London: Academic Press, oder J. SLATER: Quantum Theory of Matter, 2. Aufl., New York: McGraw-Hill 1968, S. 280.

bereich verteilt (Abb. 8.28). Daher wächst n_{eff}, nachdem die Schwellenenergie für Interbandübergänge überschritten ist, mit wachsender Frequenz stetig an. Unterhalb dieser Schwellenenergie (bei Gold und Silber etwa 2,5 bzw. 4 eV) ist $n_{eff} \approx 1$, d. h. n_{eff} nimmt über einen kleinen

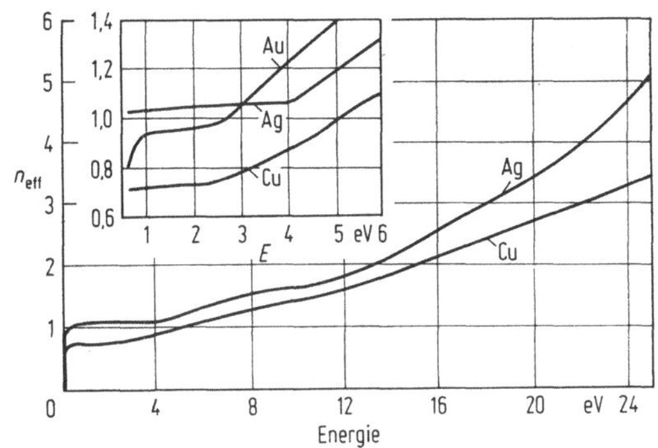

Abb. 8.28. Berechnetes n_{eff} in Abhängigkeit von der Energie für Kupfer, Silber und Gold (nach EHRENREICH et al.).

Energiebereich den Wert für freie Elektronen an. Würden keine Elektronen von weiter innen liegenden Energiezuständen angeregt, so würden die Kurven bei $n_{eff} = 11$ (1 *s*- und 10 *d*-Elektronen) eine Sättigung erfahren. Die Art, wie n_{eff} sich einem Sättigungswert annähert, gibt also einen Hinweis auf die Verteilung der Oszillatorenstärken.

Wir haben in den vorangehenden Abschnitten gesehen, daß die Frequenzabhängigkeit der optischen Konstanten den Bandtheoretikern eine wertvolle Hilfe gibt, ihre theoretischen Berechnungen zu überprüfen. Weitere experimentelle Untersuchungen, die sich möglichst über einen ausgedehnten Frequenzbereich erstrecken sollen, sind daher von größtem Interesse.

Literatur

BEAGLEHOLE, D.: Proc. Phys. Soc. **87**, 461 (1966).

BENNETT, H. E., SILVER, M., ASHLEY, E. J.: J. Opt. Soc. Am. **53**, 1089 (1963) (Al).

COHEN, M. H.: Phil. Mag. **3**, 762 (1958).

COOPER, B. R., EHRENREICH, H., PHILIPP, H. R.: Phys. Rev. **138**, A 494 (1965) (Au).

EHRENREICH, H., PHILIPP, H. R.: Phys. Rev. **128**, 1622 (1962) (Ag, Cu).

EHRENREICH, H., PHILIPP, H. R., OLECHNA, D. J.: Phys. Rev. **131**, 2469 (1963) (Ni).

EHRENREICH, H., PHILIPP, H. R., SEGALL, B.: Phys. Rev. **132**, 1918 (1963) (Al).

EHRENREICH, H.: in "Optical Properties and Electronic Structure of Metals and Alloys", Proceedings of the Int. Coll. (1965) Paris (Editor F. ABELÈS), Amsterdam: North-Holland Publ. Comp. 1966, S. 109 (Zusammenfassung).

EHRENREICH, H.: IEEE Spectrum 2, 162 (1965) (Überblick).
HASS, G., WAYLONIS, J. E.: J. Opt. Soc. Am. 51, 719 (1961) (Al).
LENHAM, A. P., TREHERNE, D. M.: in "Optical Properties and Electronic Structure of Metals and Alloys", Proceedings of the Int. Coll. (1965) Paris (Editor F. ABELÈS), Amsterdam: North-Holland Publ. Comp. 1966, S. 196 (Übergangsmetalle).
LETTINGTON, A. H.: ibid., S. 147 (Zn).
MADDEN, R. P., CANFIELD, L. R., HASS, G.: J. Opt. Soc. Am. 53, 620 (1963) (Al).
PHILIPP, H. R., EHRENREICH, H.: Phys. Rev. Letters 8, 92 (1962) (Halbleiter).
PHILLIPS, J. C.: J. Phys. Chem. Solids 12, 208 (1960) (Ge).
ROBERTS, S.: Phys. Rev. 118, 1509 (1960) (Cu).
SCHULZ, L. G.: Phil. Mag. (Suppl.) 6, 102 (1957) (Ag, Cu).
SEGALL, B.: Phys. Rev. 125, 109 (1962) (Cu-Bandberechnungen).
SEGALL, B.: Phys. Rev. 124, 1797 (1961) (Al-Bandberechnungen).
SUFFCZYNSKI, M.: Phys. stat. sol. 4, 3 (1964) (Überblick).

8.3 Zahl der freien Leitungselektronen

Die optischen Eigenschaften der Metalle im niederfrequenten Spektralbereich kann man, wie wir gesehen haben, mit der Annahme freier Elektronen erklären und berechnen. Es ist nun wünschenswert zu wissen, *wie viele* Elektronen in einem Metall als frei betrachtet werden können. Die Kenntnis dieser Zahl ist unter anderem deswegen von besonderem Interesse, weil sie auch in einer Reihe von nicht-optischen Formeln enthalten ist (Hallkonstante, Elektrotransport, Supraleitung). Diese Formeln sind jedoch in der Regel nicht so unabhängig von der Modellvorstellung, wie die klassischen Gleichungen der Metalloptik. Es lassen sich nämlich die Drudeschen Beziehungen auch auf ganz anderem, als dem in Kapitel 4 beschrittenen Wege ableiten, z. B. mit Hilfe des normalen Skineffekts oder der Quantentheorie. Die weiter unten zur Berechnung der Ladungsträgerdichte benutzte Beziehung (8.38) ist relativ einfach und enthält keine Relaxationszeit. Daher muß, wie wir in Abschnitt 6.3.4 ausführten, der anomale Skineffekt nicht berücksichtigt werden. Die Bestimmung der Zahl der freien Elektronen eines Metalls wird gelegentlich wegen dieser Gründe als eine der Hauptaufgaben der Metalloptik angesehen. Es sei jedoch darauf hingewiesen, daß die Definition und Bestimmung einer universellen Ladungsträgerdichte nicht so problemlos ist, wie es in früheren Jahren schien.

Wir wissen aus Abschnitt 8.2.1, daß bei relativ kleinen Energien die Valenzelektronen der einwertigen Metalle Kupfer, Silber und Gold zu Intrabandübergängen fähig sind. Wir können daher annehmen, daß bei diesen Metallen *ein* Elektron pro Atom (das Valenz-s-Elektron) als frei betrachtet werden kann. In Aluminium hingegen erwarten wir 3 freie Elektronen pro Atom (zwei $3s$-Elektronen und ein $3p$-Elektron, Tabelle A 4). Diese Elektronendichten müßten sich im wesentlichen aus den Drudeschen Formeln errechnen lassen. Dies soll nun geschehen. Aus

Gleichung (4.8) folgt

$$N_f^v = \nu_1^2 \frac{\pi m}{e^2} \quad \left[\frac{\text{Elektronen}}{\text{cm}^3}\right],$$

bzw. (8.33)

$$N_f^a = \nu_1^2 \frac{\pi m}{e^2} \frac{1}{N_a} \left[\frac{\text{Elektronen}}{\text{Atom}}\right],$$

wobei m die (freie) Elektronenmasse und N_a die Atomdichte im Kristall ist (Gleichung (4.9)). (Im folgenden wird der Index v bzw. a bei N_f^v bzw. N_f^a, solange keine Verwechslungsmöglichkeit besteht, weggelassen.) Wir sahen in Abschnitt 8.2.2, daß die Plasmafrequenz ν_1 diejenige Frequenz ist, bei der die *freien Elektronen* zu Plasmaoszillationen angeregt werden. Das eigentliche Problem der Bestimmung von N_f liegt nun am Auffinden eines korrekten Wertes für ν_1. Wir wissen, daß im Falle freier Elektronen bei $\nu = \nu_1$ die Energieverlustfunktion ein Maximum aufweist und $\varepsilon_1 = \varepsilon_2 = 0$ (bzw. $\varepsilon_2 < 1$) ist. An Hand einiger Beispiele soll nun auf die Bestimmung von ν_1 und N_f näher eingegangen werden.

Bei Aluminium sind die Verhältnisse am einfachsten zu überblicken. Die Plasmafrequenz liegt bei diesem Metall in einem Spektralgebiet, in dem keine Interbandübergänge auftreten, in dem also die Elektronen als frei angesehen werden können. Aus den Abbildungen 8.17 oder 8.24 entnehmen wir $(\nu_1)_{\text{Al}} \cdot h = 15{,}2$ eV. Daraus errechnet sich mit Gleichung (8.33) $N_f = 2{,}78$ Elektronen pro Atom. Dieses Ergebnis kommt dem erwarteten Wert $N_f' = 3$ sehr nahe. Wegen der Abweichung wird häufig statt N_f die Bezeichnung „effektive Elektronendichte" (N_{eff}) benützt.

Man kann nun in Gleichung (8.33) den erwarteten Wert N_f' einsetzen und daraus mit ν_1 die effektive Elektronenmasse[1] m_a^* berechnen. Gleichung (8.33) enthält also zwei bestimmbare Größen. Über eine dieser Größen können (und müssen) wir jeweils verfügen. Wir schreiben daher Gleichung (8.33) besser in der folgendem Form:

$$\frac{N_{\text{eff}}}{m} = \frac{N_f'}{m_a^*} = \nu_1^2 \frac{\pi}{e^2}. \tag{8.34}$$

Damit wird

$$\frac{m_a^*}{m} = \frac{N_f'}{N_{\text{eff}}}. \tag{8.35}$$

Für Aluminium ergibt sich aus Gleichung (8.35) $m_a^*/m = 1{,}08$.

Wie wir gesehen haben, kann bei Aluminium die Plasmafrequenz direkt aus den optischen Spektren entnommen werden. Bei den meisten Metallen liegt jedoch die Plasmafrequenz in einem Spektralgebiet, in

[1] Siehe die Abschnitte 4.3.2 und 5.9. Der Index „a" bezeichnet Werte, die aus optischen Messungen erhalten wurden.

dem bereits Interbandübergänge auftreten, so daß ν_1 nicht unmittelbar experimentell bestimmt werden kann. Zwar wird ε_1, wie wir z. B. aus Abb. 8.11 ersehen, gelegentlich Null und die Energieverlustfunktion durchläuft bei der entsprechenden Frequenz ein Maximum (Abb. 8.25). Wir haben jedoch in Abschnitt 8.2.2 festgestellt, daß diese Kriterien nicht unbedingt bei der Plasmafrequenz ν_1 auftreten müssen. Bei Silber z. B. entsteht eine ausgeprägte Plasmaresonanz bei 4 eV durch Zusammenwirken der d- und der freien Elektronen. Wir müssen daher ν_1 auf anderem Wege bestimmen. Dies kann mit Hilfe von Gleichung (4.24) erfolgen, die bei $\nu^2 \gg \nu_2^2$ die folgende Form hat[1]

$$\varepsilon_1 = n^2 - k^2 = 1 - \frac{\nu_1^2}{\nu^2}. \tag{8.36}$$

Daraus wird

$$\nu_1^2 = \nu^2(1 - \varepsilon_1) = \nu^2(1 - n^2 + k^2). \tag{8.37}$$

Ist n und k in einem Frequenzgebiet, in dem keine Interbandübergänge stattfinden, bekannt, so läßt sich aus (8.37) und (8.33) N_{eff} bestimmen

$$N_{\text{eff}} = \frac{(1 - n^2 + k^2)\nu^2 \pi m}{e^2}. \tag{8.38}$$

Der Frequenzbereich, in dem die Drudeschen Formeln anwendbar sind, d. h. das Gebiet, in dem kein Interbandübergang auftritt, läßt sich aus einem Argand-Diagramm entnehmen (Abschnitt 4.4.5).

Die experimentell aus den optischen Konstanten bestimmte Größe ε_1 entspricht jedoch selbst bei kleinen Frequenzen, d. h. bei Abwesenheit von Interbandübergängen, nicht ganz dem zur Berechnung der Zahl der freien Elektronen notwendigen ε_1^f. Wir haben in Abschnitt 8.2.1 gesehen, daß eine Absorptionsbande stets einen konstanten Beitrag zu $\varepsilon_1 = \varepsilon_1^f + \varepsilon_1^g$ liefert. Geht man zu tiefen Frequenzen, so wird jedoch der durch Vernachlässigung von ε_1^g hervorgerufene Fehler relativ klein (siehe die Abbildungen 8.12 und 8.15). Eine eventuell errechnete Frequenzabhängigkeit von N_{eff} läßt sich dadurch erklären.

Eine weitere Möglichkeit zur Bestimmung der Zahl der freien Elektronen eines Metalls bietet Gleichung (8.32). Der Sättigungswert von n_{eff} kurz vor dem Erreichen der Schwellenenergie für Interbandübergänge entspricht N_{eff} (Abb. 8.28).

Es soll noch angemerkt werden, daß die aus optischen Messungen gewonnene „optische Leitungselektronendichte“ nicht unbedingt mit der Zahl der freien Elektronen übereinstimmen muß, die man aus anderen Experimenten gewinnt. Ganz analog haben wir schon in Abschnitt 4.3.2

[1] Werte für ν_2 sind in Tabelle 4.2 enthalten.

zwischen optischer und thermischer effektiver Masse unterschieden. In Tabelle 8.1 sind die Leitungselektronendichten, die effektiven Massen und die Plasmafrequenzen der freien Elektronen einiger Metalle zusammengestellt. In Abb. 8.29 sind die Ladungsträgerdichten im System

Tabelle 8.1.

Metall	Al	Cu	Ag	Au
$h\nu_1$ [eV]	15,2	9,3	9,2	8,83
$\nu_1 \cdot 10^{-15}$ [sec^{-1}]	3,67	2,25	2,22	2,13
$N^v_{\text{eff}} \cdot 10^{-22}$ [Elektronen/cm^3]	16,7	6,3	6,1	5,65
N^a_{eff} [Elektronen/Atom]	2,78	0,75	1,05	0,96
m^*_a/m	1,08	1,42	0,95	1,04
m^*_{th}/m		1,38	1,0	1,12

Werte nach Ehrenreich et al.

Silber-Palladium aufgetragen, die aus optischen und elektrischen Messungen an denselben Metallproben ermittelt wurden. Die parallele Verschiebung der mit verschiedenen Methoden gewonnenen Kurven mag auf die mangelnde Existenz einer universellen Ladungsträgerdichte hinweisen.

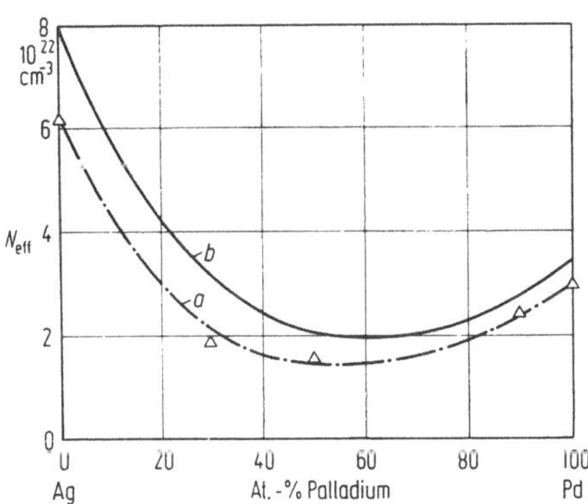

Abb. 8.29. Zahl der freien Elektronen im System Silber-Palladium ermittelt mit a) optischen und b) elektrischen Methoden ($\lambda = 0{,}85\ \mu$m; $E = 1{,}46$ eV) (nach Schmidt und Hummel).

Literatur

Cohen, M. H.: Phil. Mag. **3**, 762 (1958) (Effektive Massen).
Cooper, B. R., Ehrenreich, H.: Phys. Rev. **138**, A 494 (1965) (Au).
Ehrenreich, H., Philipp, H. R.: Phys. Rev. **128**, 1622 (1962) (Ag, Cu).
Ginsburg, W. L., Motulewitsch, G. P.: Fortschritte d. Phys. **3**, 309 (1955).

HODGSON, J. N.: J. Phys. Chem. Solids **29**, 2175 (1968) (Au).
LAVILLA, R., MENDLOWITZ, H.: Phys. Rev. Letters **9**, 149 (1962).
LENHAM, A. P., TREHERNE, D. M.: J. Opt. Soc. Am. **56**, 1076 (1966) (25 Metalle).
LENHAM, A. P., TREHERNE, D. M.: J. Opt. Soc. Am. **57**, 476 (1967) (11 Metalle).
MARTIN, D. L.: Phys. Rev. **141**, 576 (1966) (Thermische Massen).
ROBERTS, S.: Phys. Rev. **114**, 104 (1959); **118**, 1509 (1960).
SCHMIDT, H. E., HUMMEL, R. E.: Z. Metallkde. **52**, 337 (1961) (Ag–Pd).
SCHULZ, L. G.: Phil. Mag. **6**, 102 (1957); J. Opt. Soc. Am. **44**, 357 (1954).

8.4 Die Farbe von Metallen und Legierungen

8.4.1

Es ist ein heikles Unterfangen, in einem physikalisch ausgerichteten Buch über die Farbe zu schreiben, weil mit diesem Thema ganz zwangsläufig ein der objektiven Messung schwer zugängliches Feld beschritten wird. Dies liegt an der, schon in der Einleitung erwähnten, Besonderheit des Sehens, d. h. der Tatsache, daß das menschliche Auge z. B. für grüne Farbtöne weit empfindlicher ist als für rote und blaue und daß gewisse Farbkombinationen als Mischfarben empfunden werden, die, je nach Intensität, verschieden erscheinen. Darauf wollen wir am Ende dieses Abschnitts noch näher eingehen. Zunächst sollen visuelle Beobachtungen und gemessene Reflexionskurven einander gegenübergestellt werden. Ein Bezug auf das spektrale Reflexionsvermögen ist deshalb gerechtfertigt, weil man annehmen kann, daß die bevorzugte Reflexion eines begrenzten Wellenlängenbereiches im Sichtbaren als Farbe empfunden wird.

8.4.2

Das Reflexionsvermögen von Kupfer (Abb. 8.13) ist bei tiefen Frequenzen bis etwa 2,1 eV nahezu 100% und fällt dann innerhalb eines kleinen Intervalls auf etwa 65% ab. Die am stärksten reflektierten Frequenzen umfassen demnach den roten und gelben Spektralbereich (siehe Tabelle A 1). Grün, blau und violett werden wesentlich schwächer reflektiert. Diesem experimentellen Befund entspricht die typisch rotgelbliche Farbe des Kupfers.

Silber reflektiert das Licht nahezu vollständig bis etwa 4 eV (Abb. 8.10). Licht wird also von diesem Metall im gesamten sichtbaren Spektralbereich gleichmäßig stark zurückgeworfen. Daher erscheint Silber farblos.

Das Reflexionsvermögen von Nickel (Abb. 8.21) fällt mit anwachsenden Frequenzen im sichtbaren Gebiet von etwa 70% auf 55%. Der Intensitätsunterschied der einzelnen Wellenlängen ist offensichtlich nicht groß genug, um eine Farbe wahrzunehmen. Wegen des relativ geringen Reflexionsvermögens sieht Nickel weißlich-grau aus. Durch

Vielfachreflexionen, bei denen die unterschiedliche Reflexion verstärkt wird, erscheint jedoch auch Nickel farbig.

Einige intermetallische Phasen sind violett, blau oder gelb gefärbt (Tabelle 8.2). Das Reflexionsvermögen von NiAl z. B. zeigt ein Maximum bei 2,7 eV, also im blauen Spektralbereich (Abb. 8.30). Legierungen, deren Reflexionsvermögen im Sichtbaren bei anwachsender Frequenz stark kleiner werden, haben in der Regel ein gelbes Aussehen (Abb. 8.30).

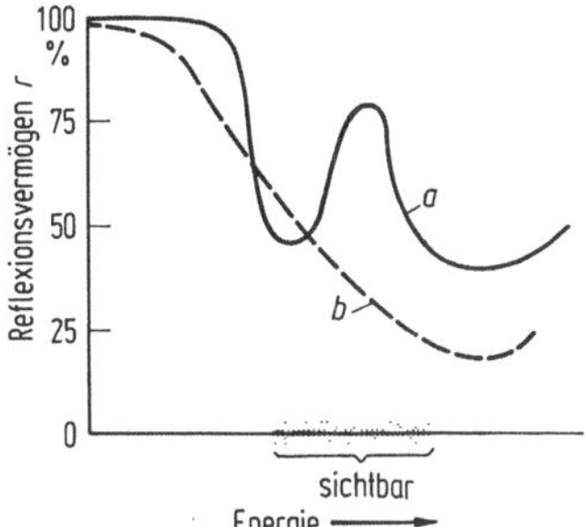

Abb. 8.30. Reflexionsvermögen von Legierungen (a) mit Maximum im blauen Bereich und (b) mit zu größeren Frequenzen stark abfallendem r (schematisch).

Aus dem Voranstehenden geht hervor, daß Metalle immer dann farbig erscheinen, wenn das Reflexionsvermögen eine merkliche Struktur im sichtbaren Spektralbereich aufweist. Diese Struktur rührt, wie wir in Abschnitt 8.2 gesehen haben, von Interbandübergängen her, die bei den Edelmetallen im sichtbaren Gebiet zwischen d-artigen Bändern und der Fermi-Fläche stattfinden.

Bei Silber sind die d-Bänder energetisch so weit von der Fermi-Fläche entfernt, daß für Interbandübergänge Photonenenergien benötigt werden, die viel größer als die des sichtbaren Lichts sind. (Ein Vergleich der Abb. 8.10 mit Abb. 8.13 legt den Schluß nahe, daß die d-Bänder von Silber etwa 2 eV unter denjenigen des Kupfers liegen.) In Kupfer und Gold treten wegen der höher gelegenen d-Bänder Interbandübergänge im sichtbaren Spektralbereich auf. Diese Übergänge sind also für die charakteristische Farbe von Kupfer und Gold verantwortlich. Bei Nickel rücken die d-Bänder so nahe an die Fermifläche heran, daß, wie wir in Abschnitt 8.2 gesehen haben, Interbandübergänge schon bei sehr kleinen Frequenzen auftreten. Damit entfällt die bei Kupfer auftretende starke Reflexion im roten Spektralgebiet. Die Farben der Metalle spiegeln also in sehr schöner Weise die Bandanordnungen der Metalle wieder.

Beim Legieren eines gefärbten mit einem ungefärbten Metall treten nun nicht unbedingt kontinuierlich Mischfarben auf. Oft ändert sich die Farbe schon bei geringen Zusätzen sprunghaft. So genügt z. B. 1% Nickelzusatz, um die Farbe des Kupfers viel gelber erscheinen zu lassen.

Cu–Ni(30) ist bereits farblos grau. Diese visuellen Beobachtungen kommen wiederum im Reflexionsspektrum deutlich zum Ausdruck (Abb. 8.31). Wir schließen aus dem experimentellen Befund, daß die

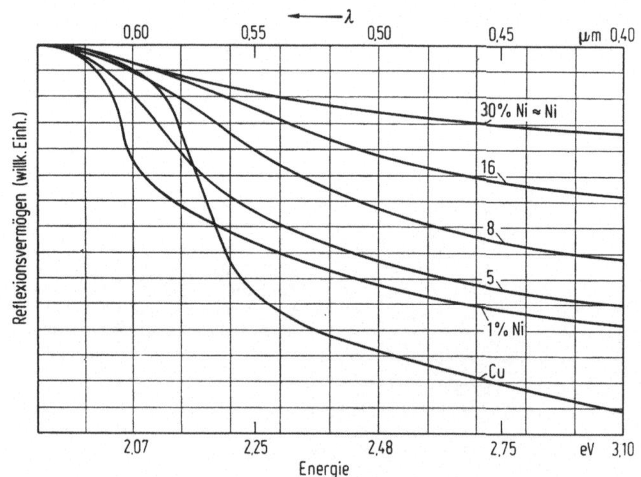

Abb. 8.31. Reflexionsspektren von Kupfer–Nickel-Legierungen (nach älteren Messungen von KURODA.)

d-Bänder des Kupfers durch Nickelzusatz relativ zur Fermifläche angehoben werden. (Auf die Bandstrukturen der Legierungen gehen wir im nächsten Abschnitt ein.) Bei eutektischen Legierungen hingegen (z. B. Cu–Ag) hat die Mischphase eine Farbe, die sich ungefähr aus dem Verhältnis der Komponenten ergibt. Schließlich treten auch Farben bei Legierungen auf, die aus ungefärbten Metallen bestehen. Tabelle 8.2 enthält unter anderem einige Beispiele dafür.

Interessant ist die Beobachtung, daß Legierungen der Zusammensetzung Li_2EX (E = Edelmetall; X = Metalle der 3. und 4. Hauptgruppe) immer dann Zintl-Phasen[1] sind, wenn sie gefärbt erscheinen. In der 3. Spalte von Tabelle 8.2 sind farbige binäre und ternäre Zintl-Phasen aufgeführt, deren Valenzelektronenkonzentration (VEK) kleiner als 2 ist. Ternäre Zintl-Phasen der Zusammensetzung Li_2EX mit der VEK zwei (X = Metalle der 5. Hauptgruppe) sehen grau oder blaugrau aus.

Schließlich sei noch erwähnt, daß die Farbe einiger Legierungen durch Kaltverformung geändert werden kann. Bei einer Ag–Au-Legierung,

[1] Siehe Lehrbücher der Metallkunde.

Tabelle 8.2. *Farben einiger Legierungen*

Legierung	Farbe	Legierung	Farbe	VEK
Ag–Zn (β-Phase)	Rosa	Li_2AgAl	Gelb-rosa	
NiAl	Blau	Li_2AgGa	Gelblich	
Ni(60)–Al	Gelblich	Li_2AgIn	Goldgelb	1,5
TiN	Gelb	Li_2AgTl	Violett-rosa	
Ta–C	Gelb	Li_2AuTl	Grün-gelb	
NiGa	Dunkelgelb	Li_2AgSi	Rot-violett	
CoAl	Hellgelb	Li_2AgGe	Rot-violett	
Ag–Au(70)	Grüngelb	Li_2AgSn	Violett	1,75
Cu–Zn	Messingfarben	Li_2AgPb	Blau-violett	
Al_2Au	Violett	Li_2AuPb	Violett	
KAu_2	Violett	LiZn	Rot	
Au–Zn–Cu–Ag	Grün	LiCd	Rot	1,5
$AuIn_2$	Bläulich			

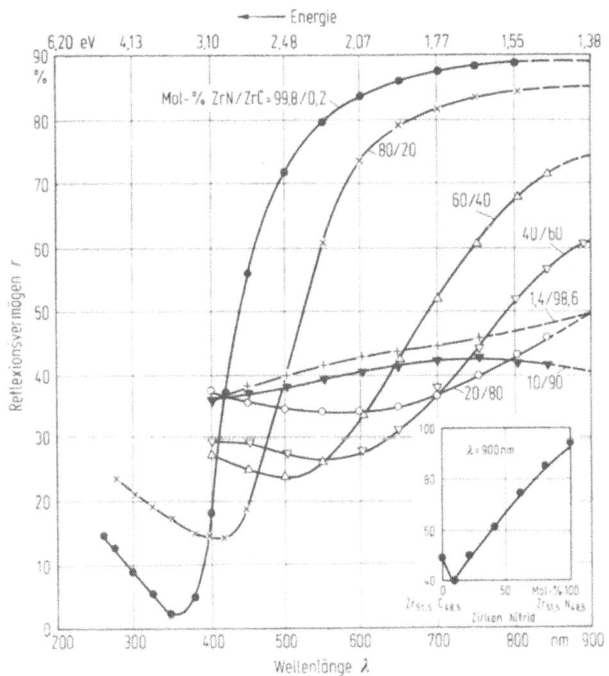

Abb. 8.32. Reflexionsspektren der Mischkristalle ZrN–ZrC (nach KNOSP und GORETZKI).

die um 90% verformt wird, verschiebt sich die langwellige Absorptionskante um etwa 0,02 eV (5 nm) zu kleineren Frequenzen. Man bemerkt dabei eine Farbänderung von grünlich nach gelblich. Auch bei ternären Au–Ag–Cu-Legierungen wird eine ähnliche Verschiebung beobachtet.

In β_1-Messing tritt bei Verformung eine martensitische Phase[1] auf, die gegenüber der Matrix-Phase einen mehr rötlichen Farbton aufweist. Farbänderungen bei Verformung von *Reinmetallen* sind offensichtlich bis jetzt noch nicht beobachtet worden.

In älteren Arbeiten wurde berichtet, daß in Titan- (und Zirkon-) Stählen kleine Partikel mit verschiedenen Farben wahrgenommen werden können. Mit wachsendem Kohlenstoffgehalt wechselt das Aussehen dieser „Verunreinigungen" von gelb über orange nach braun und grau. Ähnliche Farbverschiebungen wurden auch in den Systemen TiN–TiC und ZrN–ZrC beobachtet. Neuere Messungen an diesen Legierungen haben gezeigt, daß mit wachsendem Karbidgehalt die langwellige Reflexionskante zu kleineren Energien verschoben und das Reflexionsspektrum flacher wird (Abb. 8.32). Die Nitride weisen in dieser Hinsicht gewisse Ähnlichkeiten mit den Edelmetallen auf, während die Karbide und karbidreichen Mischkristalle sich wie Übergangsmetalle verhalten.

8.4.3

Mit Hilfe der Reflexionsspektren lassen sich die Farben der Metalle im wesentlichen erklären. Bei der *Beschreibung* der Farbe müssen wir uns jedoch mit recht vagen Begriffen, wie „bläulich-gelb" oder ähnlichem, behelfen. Eine eindeutigere Farbcharakterisierung gelingt mittels der chromatischen Koeffizienten, die eng an das physiologische Empfinden eines „durchschnittlichen Beobachters" gebunden sind.

Zur Berechnung des chromatischen Koeffizienten eines Metalls, z. B. für Rot, multipliziert man dessen Reflexionsvermögen bei einer bestimmten Wellenlänge mit einem tabulierten, physiologischen Wert für diese Wellenlänge. Dies wird in Intervallen von beispielsweise 10 nm im gesamten sichtbaren Spektrum wiederholt. Die Summe aller dieser Produkte gibt den chromatischen Koeffizienten (x) für Rot. Eine analoge Rechnung unter Zuhilfenahme von entsprechenden anderen physiologischen Werten liefert die Koeffizienten für Grün (y) und Blau (z). Man normiert nun die Koeffizienten so, daß sich $x + y + z = 1$ ergibt. Dann braucht z nicht gesondert berechnet zu werden. Tabelle 8.3 enthält die chromatischen Koeffizienten einiger Metalle. Neben den Farbtönen spielt der „Helligkeitswert" bei der Beurteilung einer Farbe eine wichtige Rolle. In Tabelle 8.3 sind daher auch die Helligkeitswerte einiger Metalle, bezogen auf Silber = 1, eingetragen.

[1] Siehe Lehrbücher der Metallkunde.

Tabelle 8.3. (Nach GARDAM)

Metall	Chromatische Koeffizienten x (rot)	y (grün)	Helligkeit
Aluminium	0,332	0,331	0,941
9-Karat Grüngold	0,369	0,377	0,849
Messing (30% Zn)	0,370	0,371	0,822
9-Karat Rotgold	0,371	0,352	0,720
Feingold	0,394	0,385	0,706
Nickel	0,344	0,342	0,663
Sn–Ni	0,343	0,333	0,521

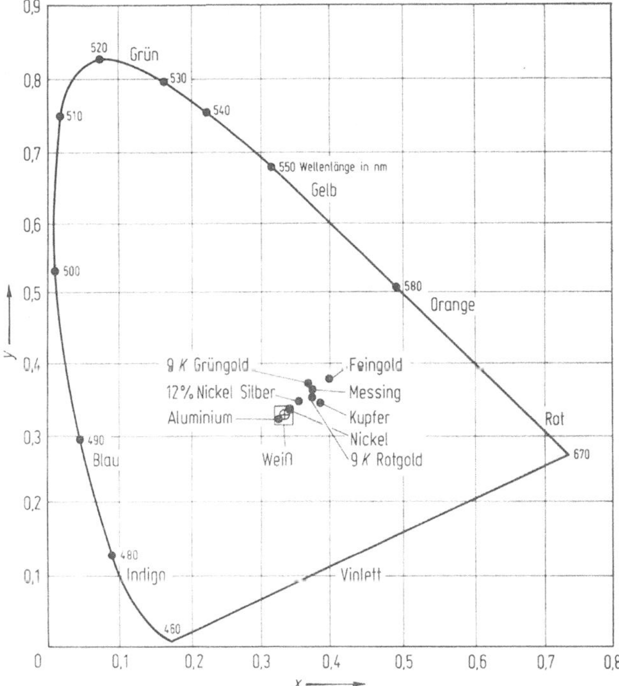

Abb. 8.33. Farbdreieck und Farbpunkte einiger Metalle (nach GARDAM).

Häufig werden die chromatischen Koeffizienten im Farbendreieck aufgetragen (Abb. 8.33). „Weiß" hat darin die Koordinaten $x = 0{,}333$; $y = 0{,}333$. Die Farbe eines Metalls erhält man durch Konstruktion einer Linie von Weiß über den chromatischen Punkt bis zur Begrenzung des Dreiecks, auf der die entsprechende Wellenlänge abgelesen werden kann. Die Farbe ist in dem Verhältnis, in welchem der aufgetragene Punkt diese Linie teilt, mit Weiß „verdünnt".

Literatur

Boas, W.: Dislocations and Mechanical Properties of Crystals, New York: J. Wiley 1957, S. 406.

Cooper, B. R., Ehrenreich, H.: Phys. Rev. **138**, A 494 (1965).

Gardam, G. E.: Trans. Inst. Metal Finishing **41**, 190 (1964); **44**, 186 (1966) (Chromatische Koeffizienten).

Goethe, J. W. von: Farbenlehre.

Heitler, W.: Der Mensch und die naturwissenschaftliche Erkenntnis, 4. Aufl., Braunschweig: Vieweg 1966, S. 16ff.

Hornbogen, E., Segmüller, A., Wassermann, G.: Z. Metallkde. **48**, 379 (1957) (β_1-Messing).

Hume-Rothery, W., Raynor, G. V., Little, A. T.: J. Iron Steel Inst. **145**, 129 (1942) (Titanstähle).

Jacobi, H., Stahl, R.: Naturwissenschaften **55**, 272 (1968).

Knosp, H., Goretzki, H.: Z. Metallkde. **60**, 587 (1969) (Ti–TiN–TiC und Zr–ZrN–ZrC).

Kuroda, M.: Sci. Papers Inst. phys. chem. Res. **12**, 308 (1930) (Legierungen).

Pauly, H., Weiss, A., Witte, H.: Z. Metallkde. **59**, 47 u. 554 (1968) (Zintl-Phasen).

Tammann, G.: Z. anorg. allg. Chem. **107**, 115 (1919).

Tammann, G.: Z. anorg. allg. Chem. **111**, 78 (1920) (Anlauffarben).

Vishnubhatla, S. S., Jan, J.-P.: Phil. Mag. **16**, 45 (1967) (Intermetallische Phasen).

Wright, W. D.: The Measurement of Colour, London: A. Hilger 1944.

Yates, E. L.: Australian J. Phys. **16**, 40 (1963) (Verformung).

8.5 Legierungen

8.5.1

Wir sahen in den vorangehenden Abschnitten, daß eine umfassende Interpretation der optischen Eigenschaften der Metalle nur mit Hilfe der Energiebänder möglich ist. Aus diesem Grunde sollen in diesem Abschnitt diejenigen Legierungen eingehende Behandlung finden, für die, wenigstens im Umriß, ein Bandschema vorliegt. Leider wurden bis jetzt nur für wenige metallische Legierungen Bandberechnungen durchgeführt. Dies liegt unter anderem daran, daß die meisten Legierungen ungeordnet sind. Damit ist die Anwendbarkeit des Bloch-Modells (Abschnitt 5.4.3), das einen perfekten Kristall mit räumlich periodischem Potential vorschreibt, in Frage gestellt. Die Anwendung anderer Berechnungsmethoden läßt jedoch erhoffen, daß in absehbarer Zeit auch Bandstrukturen von ungeordneten Legierungen und sogar von Metallen mit Gitterdefekten erarbeitet werden. Man behalf sich bis jetzt häufig dadurch, daß man die Bänder der Reinmetalle mit wachsendem Legierungszusatz vertikal verschob, ohne dabei die Gestalt der Bänder zu verändern, oder, anders ausgedrückt: Man hob das Fermi-Niveau mit wachsender Zahl der gelösten Atome um einen entsprechenden Betrag an. Diese „Starrbandnäherung“ führt zumindest bei Mischkristallen, wie α-Messing, nicht zu Ergebnissen, die mit dem Experiment übereinstimmen. Bei den β-Phasen deuten jedoch Resultate, die aus optischen Untersuchungen und Messungen der spezifischen Wärme entnommen wurden, darauf hin, daß man innerhalb des Stabilitätsbereichs dieser Legierungen mit starren Bändern rechnen kann. Dieser Fragenkomplex soll nun an einigen Beispielen diskutiert werden.

8.5.2

Wir beginnen mit der geordneten β'-Phase im Kupfer-Zink-System, das charakteristisch für die IB—IIB-Legierungen ist (Abb. 8.34). Diese

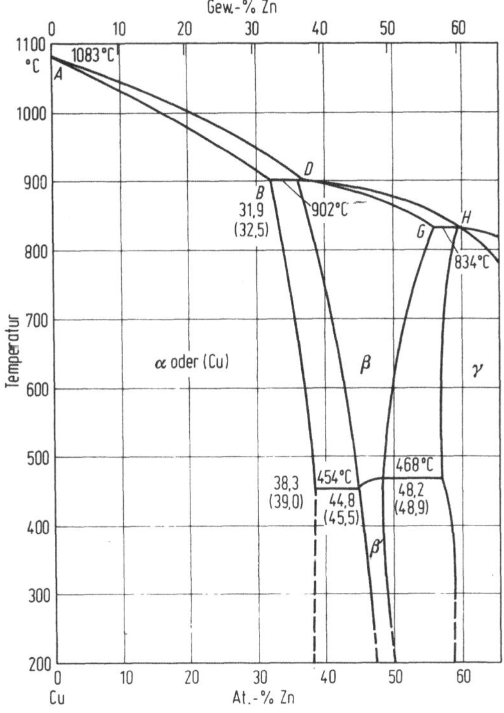

Abb. 8.34. Ausschnitt aus dem Zustandsdiagramm Cu–Zn (nach HANSEN[1]).

[1] HANSEN, M.: Constitution of Binary Alloys, 2. Aufl., New York: McGraw Hill 1958.

Legierung hat eine CsCl-Struktur. In Abb. 8.35 sind einige Symmetriepunkte in die erste Brillouin-Zone dieser Kristallstruktur eingetragen.

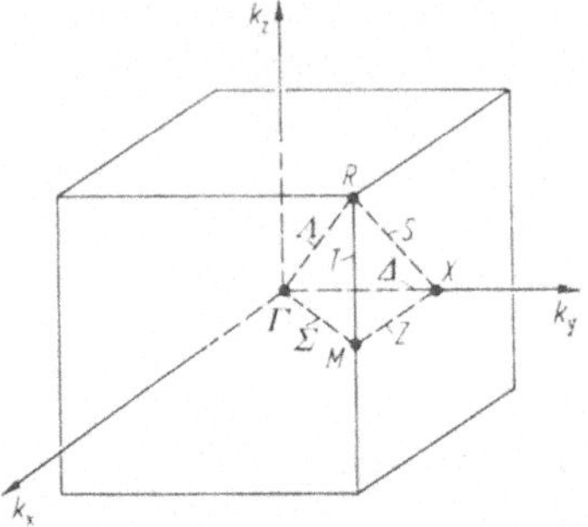

Abb. 8.35. Erste Brillouin-Zone und Symmetriepunkte für die CsCl-Struktur (kubisch-primitiv) (nach BOUCKAERT, SMOLUCHOWSKI und WIGNER).

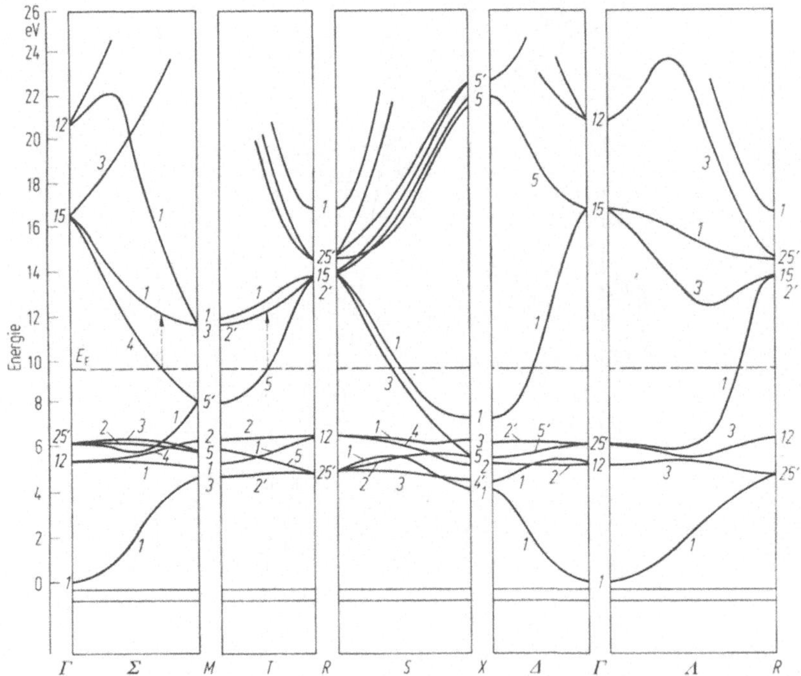

Abb. 8.36. Theoretische Energiebänder für geordnetes β'-Messing (nach JOHNSON). Die im Text erwähnten Übergänge $\Sigma_4(E_F) \rightarrow \Sigma_1$ und $T_5(E_F) \rightarrow T_2'$ sind eingetragen.

Die Energiebänder für geordnetes β'-Messing sind in Abb. 8.36 dargestellt. Bei Messing (wie auch bei Kupfer) werden die Leitungsbänder durch schmale d-artige Bänder durchschnitten, die hauptsächlich von den $3d$-Elektronen des Kupfers herrühren. Unterhalb der Leitungsbänder befinden sich weitere d-artige Bänder, die den $3d$-Elektronen des Zinks zugeordnet werden können. Sie sind in Abb. 8.36 durch zwei parallele Linien angedeutet.

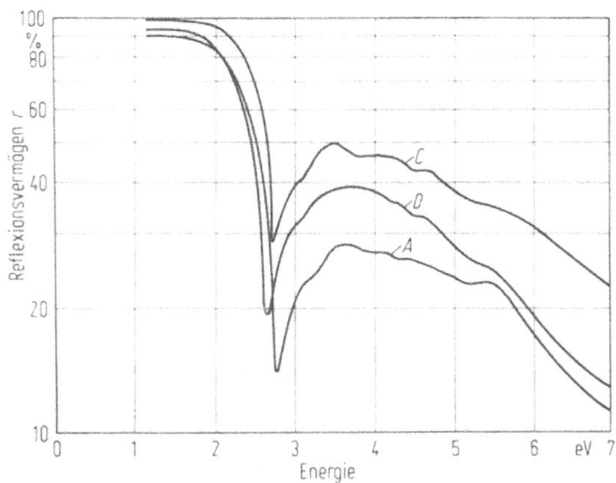

Abb. 8.37. Reflexionsspektren einiger Kupfer-Zink-Legierungen. Die mutmaßliche Zusammensetzung der Legierungen ist: (*A*) 44 At.-% Zn gemessen bei −125 °C; (*C*) 48 At.-% Zn −122 °C; (*D*) 50 At.-% Zn −110 °C (nach MULDAWER und GOLDMAN).

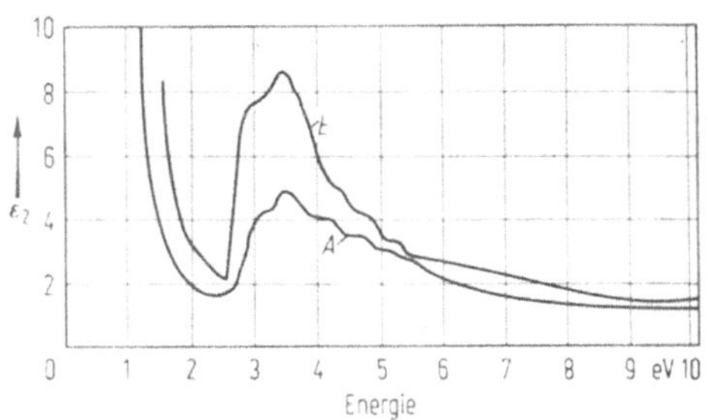

Abb. 8.38. Frequenzabhängigkeit des imaginären Teils der dielektrischen Konstanten (*A*) 44% Zn; (*E*) 52% Zn. Gemessen bei tiefen Temperaturen (siehe Bildunterschrift bei Abb. 8.37) (nach MULDAWER und GOLDMAN).

Die Struktur in den r- und ε_2-Spektren der β'-Kupfer-Zink-Legierungen weist unter anderem auf eine starke und ausgedehnte Absorptionsbande hin, deren Schwellenenergie bei etwa 2,5 eV liegt (Abb. 8.37 und 8.38). Das in Abb. 8.36 gezeigte Bandschema läßt auf Interbandübergänge mit gerade dieser Energie zwischen den Σ- oder T-Profilen in der Umgebung von M_5' schließen. In diesem Bereich verlaufen die Σ_4- und

Σ_1-, bzw. die T_5- und T_2'-Bänder im wesentlichen zueinander parallel. Dem Schwellenwert der optischen Absorption könen daher Übergänge von $\Sigma_4(E_F) \to \Sigma_1$(2,5 eV) und $T_5(E_F) \to T_2'$ (oder T_1) (2,6 eV) zugeschrieben werden. Diese Übergänge finden also vom Fermi-Niveau zum nächst höheren Band statt. Hat das verwandte Licht eine größere Energie, so verschiebt sich der Ursprung der Übergänge entlang der Σ- bzw. T-Richtung bis zum Symmetriepunkt M, bei dem die berechnete Bandlücke zwischen M_5' und M_3 (oder M_1) ungefähr 3,5 eV beträgt. Die ausgeprägte Absorptionsbande zwischen 2,5 und 4 eV (Abb. 8.38) kann also im wesentlichen auf diese Übergänge zurückgeführt werden. Weitere experimentelle Untersuchungen an β'-Messing, insbesondere im ultraroten Spektralbereich, sind zur Verifizierung anderer Bandübergänge (z. B. $S_3(E_F) \to S_1$) wünschenswert.

8.5.3

Wir wenden uns nun α-Messing zu. Bei reinem Kupfer haben wir mit Hilfe von Abb. 8.14 zwei ausgeprägte Absorptionsbanden identifiziert,

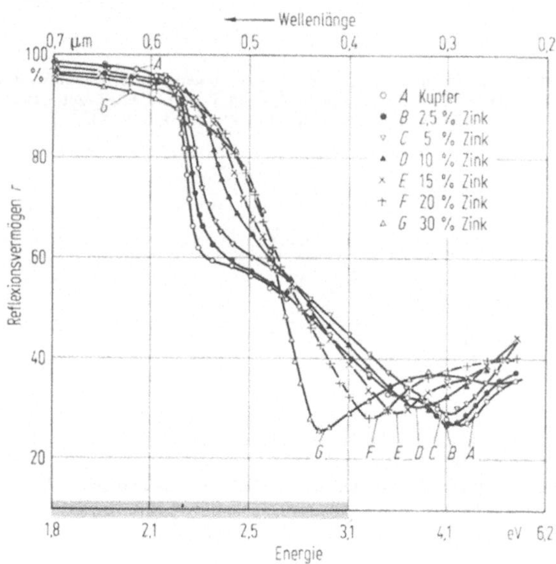

Abb. 8.39. Reflexionsspektren von α-Kupfer-Zink-Legierungen. (Nach BIONDI und RAYNE; kalorimetrische Absorptionsmessungen bei 4,2 K. Die massiven Proben wurden elektropoliert.)

denen wir Interbandübergänge von d-artigen Bändern zur Fermi-Fläche in der Umgebung von L_3 bzw. Übergänge von $L_2' \to L_1$ und $X_5 \to X_4'$ zuschrieben (vgl. Abb. 8.9). Aus den Abbildungen 8.39 und 8.40 entnehmen wir, daß sich die Schwellenenergie der ersten Absorptionsbande beim Zulegieren von Zink zu Kupfer zu höheren Energien verschiebt.

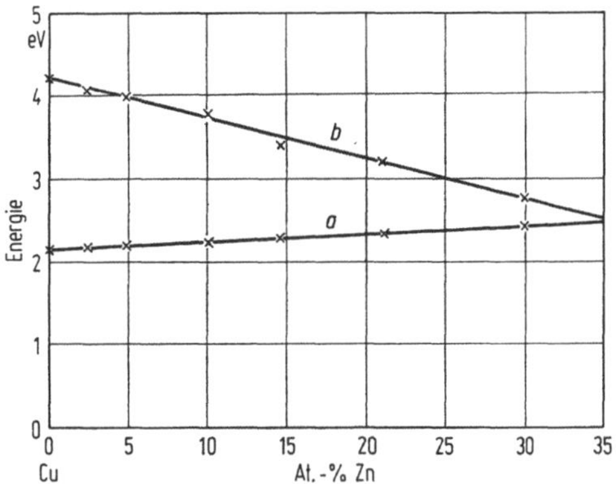

Abb. 8.40. Verschiebung der Schwellenenergien für Interbandübergänge bei Zinkzusatz zu Kupfer (nach Abb. 8.39). (*a*) Interbandübergänge von *d*-artigen Bändern zur Fermifläche in der Umgebung von L_3 (siehe hierzu Abb. 8.9), (*b*) Übergänge $L_2' \to L_1$ bzw. $X_5 \to X_4'$ (nach LETTINGTON). Siehe auch die neueren Ergebnisse in Abb. 8.57.

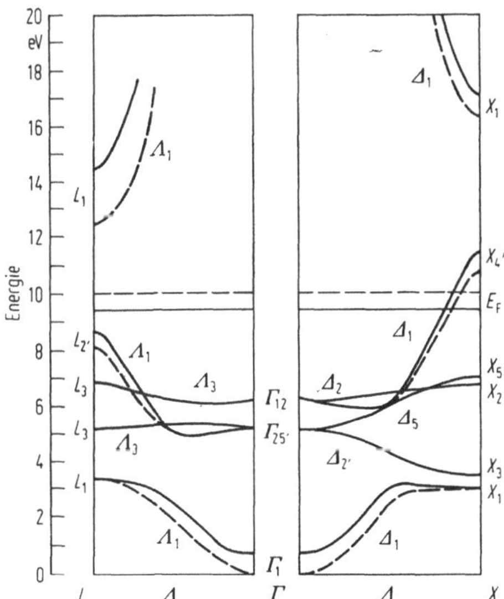

Abb. 8.41. Energiebänder von Kupfer (ausgezogene Linien) und von α-Messing mit 30 At.-% Zn (gestrichelt) (nach AMAR, JOHNSON und SOMMERS). Vergleiche hierzu Abb. 8.9.

Die Schwellenenergie der zweiten Absorptionsbande wird hingegen durch die Legierungsbildung erniedrigt.

Es soll nun versucht werden, die Verschiebung der Schwellenenergien an Hand eines berechneten Bandschemas zu interpretieren. Wir müssen dabei im Auge behalten, daß den in Abb. 8.41 gezeigten Bandprofilen einige Ungewißheiten anhaften. Dies kommt im wesentlichen daher, daß bei der Berechnung der Legierungseffekt auf die d-Bänder nicht berücksichtigt wurde und daß die Anwendung der pseudo-periodischen Näherung bei (ungeordnetem) α-Messing nicht zulässig ist.

Aus Abb. 8.41 entnehmen wir, daß bei α-Messing mit 30% Zn eine Absenkung der Leitungsbänder gegenüber den d-Bändern stattfindet und daß das Fermi-Niveau um 0,56 eV angehoben wird. Diese Anhebung des Fermi-Niveaus entspricht ungefähr der Vergrößerung der Schwellenenergie der ersten Absorptionsbande um 0,4 eV (Abb. 8.40a).

Die Verkleinerung der Bandlücke $L_2'-L_1$ durch Zusatz von 30% Zn zu Cu beträgt 1,3 eV, während die Lücke X_5-X_4' um 0,6 eV verringert wird. Diesem Ergebnis steht eine experimentell gefundene Verschiebung der Schwellenenergie des zweiten Absorptionsbandes von 1,4 eV gegenüber (Abb. 8.40b). In großen Zügen kann also die Struktur in den Reflexionsspektren von α-Messing mit dem in Abb. 8.41 gezeigten Bandschema interpretiert werden.

8.5.4

Als letztes Beispiel wollen wir das isomorphe System Silber-Palladium betrachten, obwohl für Legierungen dieses Systems noch keine Bandschemen vorliegen. Aus den optischen Daten können wir jedoch abschätzen, wie die Bänder für gewisse Zusammensetzungen aussehen müssen.

Abb. 8.42 entnehmen wir, daß bei Zusatz von Palladium zu Silber die charakteristische Absorptionsbande des Silbers bis mindestens 34% Pd erhalten bleibt und daß in diesem Konzentrationsbereich die langwellige Schwellenenergie bei 3,9 eV nicht merklich verschoben wird (vergleiche auch Abb. 8.11). Wir haben die erste starke Absorptionsbande des Silbers in Abschnitt 8.2 mit Elektronenübergängen von d-Bändern zur Fermi-Fläche in Zusammenhang gebracht. Zu dieser Bande tritt nun, wie wir den Abb. 8.42 und 8.43 entnehmen, bei kleinen Energien eine weitere Bande, die wir den d-Bändern des Palladiums zuschreiben. Palladium ist ein Übergangsmetall. Wir erwarten daher, daß bei diesem Metall, wie bei Nickel, die d-Bänder sehr nahe der Fermi-Fläche lokalisiert sind und daß deshalb die Interbandübergänge schon bei sehr kleinen Energien beginnen. Diese Vermutung wird durch den Verlauf der Energieabhängigkeit von ε_2 für reines Palladium (Abb. 8.42) bestätigt.

In Bandstrukturen für Silber-Palladium-Legierungen mit Palladiumgehalten bis etwa 40% müßten, wie man aus Abb. 8.42 schließen kann,

d-artige Bänder sowohl des Silbers als auch des Palladiums auftreten. Erst bei weiter abnehmendem Silbergehalt erwarten wir eine Auflösung der getrennten d-Bänder.

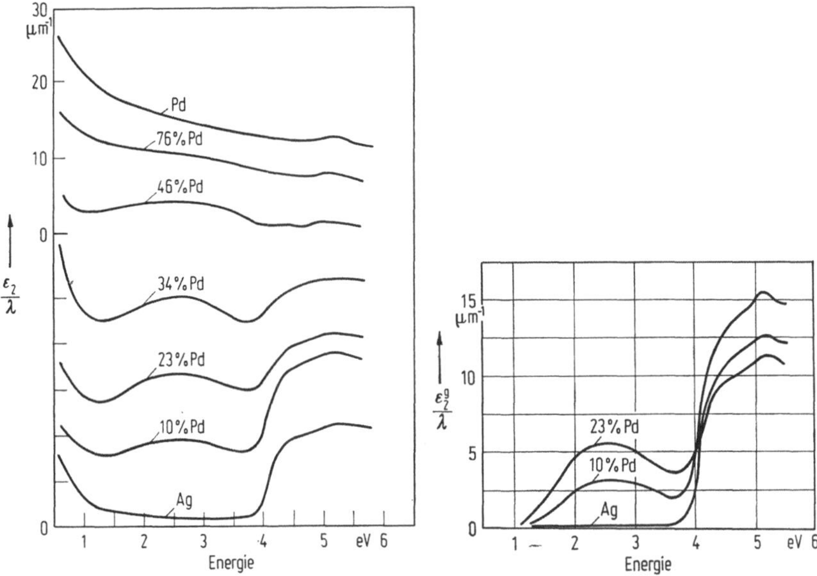

Abb. 8.42. Energieabhängigkeit des imaginären Teils der komplexen Dielektrizitätskonstante (dividiert durch die Wellenlänge) für einige Silber-Palladium-Legierungen. Die verschiedenen Kurven sind der besseren Übersicht halber auseinandergezogen. (Aus Messungen des Reflexions- und Transmissionsvermögens von aufgedampften Filmen; nach MYERS et al.)

Abb. 8.43. Anteil der gebundenen Elektronen an ε_2 für verschiedene Silber-Palladium-Legierungen in Abhängigkeit der Photonenenergie (nach MYERS et al.).

Das Interessante an den Silber-Palladium-Legierungen ist, daß wegen der relativ tief liegenden d-Bänder des Silbers getrennte Absorptionsbanden beobachtet werden. Bei Gold-Palladium und Kupfer-Palladium-Legierungen findet man statt dessen eine teilweise Überlagerung der Absorptionsbanden.

Die optischen Eigenschaften einiger weiterer Legierungen wurden in Abschnitt 8.4 behandelt.

Auf dem Gebiet der optischen Eigenschaften von metallischen Legierungen bieten sich für die nächsten Jahre sowohl für den Experimentator als auch für den Theoretiker weite Betätigungsmöglichkeiten. Es ist nicht ausgeschlossen, daß sich in absehbarer Zeit durch diese gemeinsamen Anstrengungen ganz neue Einsichten in die Theorie der Legierungsbildung eröffnen.

Literatur

AMAR, H., JOHNSON, K. H., SOMMERS, C. B.: Phys. Rev. **153**, 655 (1967) (α-Messing, Bandberechnungen).

BIONDI, M. A., RAYNE, J. A.: Phys. Rev. **115**, 1522 (1959) (α-Cu–Zn).

BOR, J., HOBSON, A., WOOD, C.: Proc. Phys. Soc. **51**, 942 (1939) (Cu–Ni-Legierungen).

DEHLINGER, U.: Z. Metallkde. **60**, 8 (1969).

FUKUTANI, H., SUEOKA, O.: in "Optical Properties and Electronic Structure of Metals and Alloys", Proceedings of the Int. Coll. (1965) Paris (Editor F. ABELÈS), Amsterdam: North-Holland Publ. Comp. 1966, S. 565 (Ag–Au-Legierungen).

HUMMEL, R. E., DOVE, D. B., ALFARO HOLBROOK, J.: Phys. Rev. Letters **25**, 290 (1970) (α-Cu–Zn-Legierungen).

JAN, J.-P., VISHNUBHATLA, S. S.: Canad. J. of Phys. **45**, 2505 (1967) (β'-Au–Zn, β'-Cu–Zn, β-Pd–In).

JOHNSON, K. H.: „Energy Bands in Metals and Alloys", Konferenzbericht, Herausgeber L. H. BENNETT und J. T. WABER, New York: Gordon & Breach 1968, S. 105. (IB–IIB-β-Phasen, Bandberechnungen).

JOHNSON, K. H., ESPOSITO, R. J.: J. Opt. Soc. Am. **54**, 474 (1964) (β'-Cu–Zn).

LETTINGTON, A. H.: Phil. Mag. **11**, 863 (1965) (α-Messing, Theorie).

LOWERY, H., BOR, J., WILKINSON, H.: Phil. Mag. **20**, 390 (1935) (Cu–Ni-Legierungen).

MCPHERSON, L.: Proc. Phys. Soc. **52**, 210 (1940) (α-Cu–Al-Legierungen).

MOTT, N. F., WILLS, H. H.: Proc. Phys. Soc. **49**, 354 (1937) (Cu–Zn-Legierungen, Theorie).

MULDAWR, L., GOLDMAN, H. J.: in "Optical Properties and Electronic Structure of Metals and Alloys", Proceedings of the Int. Coll. (1965) Paris (Editor F. ABELÈS), Amsterdam: North-Holland Publ. Comp. 1966, S. 574 (β'-Cu–Zn).

MYERS, H. P., WALDÉN, L., KARLSSON, Å.: Phil. Mag. **18**, 725 (1968) (Cu–Pd, Ag–Pd, Au–Pd, Cu–Mn und Ag–Mn-Legierungen).

POLLOCK, D. D.: Acta Met. **16**, 1453 (1968) (Bandstruktur von Cu–Ni-Legierungen).

SCHMIDT, H. E., HUMMEL, R. E.: Z. Metallkde. **52**, 337 (1961) (Ag–Pd-Legierungen).

SOVEN, P.: Phys. Rev. **151**, 539 (1966) (Bandberechnungen von ungeordneten Legierungen, α-Messing).

VISHNUBHATLA, S. S., JAN, J. P.: Phil. Mag. **16**, 45 (1967) ($AuAl_2$, $AuGa_2$, $AuIn_2$).

WULFF, J.: J. Opt. Soc. Am. **24**, 223 (1934) (Intermetallische Systeme).

8.6 Temperaturabhängigkeit der optischen Konstanten

8.6.1

Über die Temperaturabhängigkeit der optischen Konstanten ist bis jetzt sowohl experimentell als auch theoretisch nur wenig gearbeitet worden. Dies ist erstaunlich, denn die Kenntnis des Reflexionsvermögens von Metallen und Legierungen bei tiefen und hohen Temperaturen ist von großem technologischem Interesse. Die Strahlungseigenschaften der Materialien sind insbesondere beim Bau von Teilen für Kühlgeräte, für die thermische Isolation von Kälteapparaturen und beim Entwurf von Hitzeschilden, z. B. für Raumfahrzeuge, wichtig. Wir werden im folgenden das vorhandene experimentelle Material für große und kleine Photonenenergien gesondert betrachten und soweit wie möglich diskutieren.

8.6.2

Das Reflexionsvermögen von Metallen im *langwelligen Spektralbereich* wird, solange die Theorie der freien Elektronen gültig ist, bei tiefen Temperaturen größer (Abb. 8.44). Dies geht auch unmittelbar aus der Hagen-Rubens-Beziehung (3.5) $r = 1 - 2\sqrt{\nu/\sigma_0}$ hervor: Bei tiefen

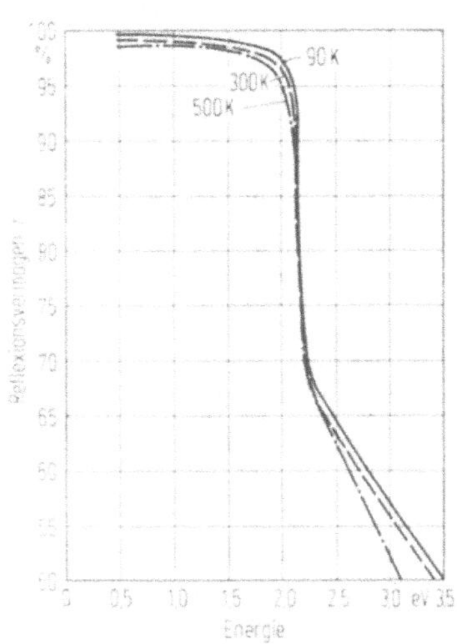

Abb. 8.44. Reflexionsvermögen von Kupfer bei drei verschiedenen Temperaturen (nach Roberts).

Temperaturen wird die Leitfähigkeit (wegen der Abnahme der Gitterschwingungen) erhöht und damit das Reflexionsvermögen vergrößert. Bei Kenntnis der Temperaturabhängigkeit des Leitvermögens kann daher das Reflexionsvermögen im ultraroten Spektralbereich im wesentlichen vorausgesagt werden.

8.6.3

Die Verhältnisse sind im Bereich, in dem Interbandübergänge stattfinden, schwieriger. Bei Erhöhung der Temperatur wird die Schwellenenergie, bei der Elektronenübergänge zu höheren Bändern einsetzen, zu kleineren Energien verschoben und die Absorptionsbande wird flacher (Abb. 8.45 und 8.46). Mit steigender Temperatur kann auch eine Verflachung des Reflexionsminimums stattfinden (Abb. 8.47).

Besonders interessant in den Abbildungen 8.45 und 8.46 ist das Auftreten einer charakteristischen Frequenz, bei der ε_2 unabhängig von der Temperatur ist. Auf beiden Seiten eines solchen „X-Punktes“ hat

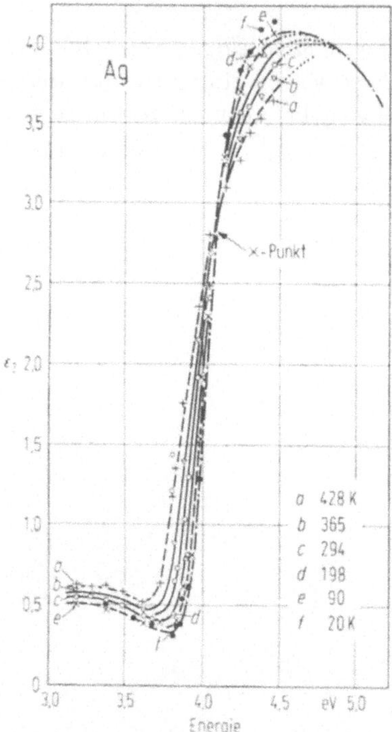

Abb. 8.45. Absorptionsbande von Silber bei verschiedenen Temperaturen (nach JOOS und KLOPFER). Vergleiche hierzu Abb. 8.11.

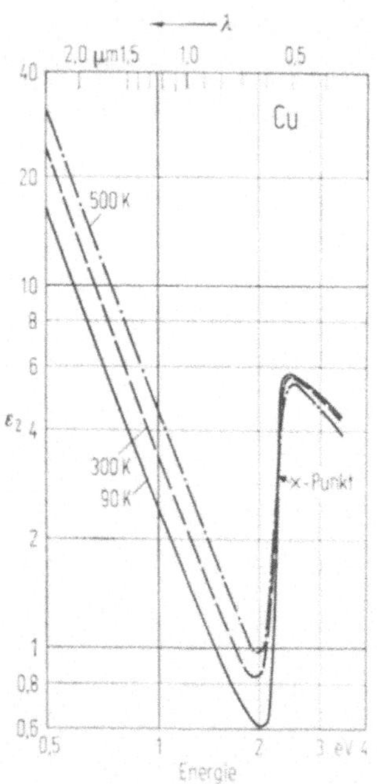

Abb. 8.46. Absorptionsbande von Kupfer bei verschiedenen Temperaturen (nach ROBERTS). Vergleiche hierzu Abb. 8.14.

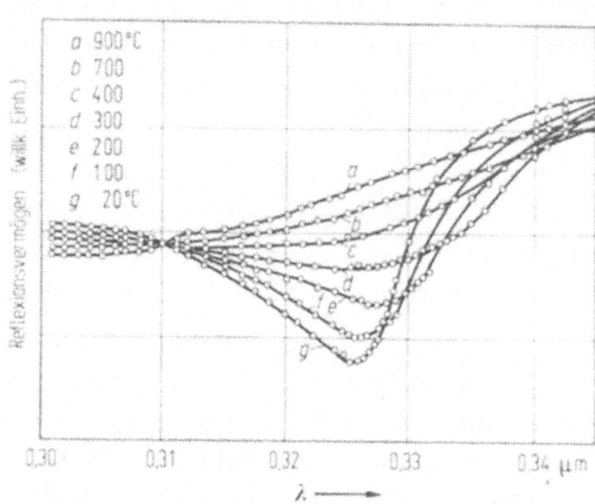

Abb. 8.47. Reflexionsspektren des Silbers bei verschiedenen Temperaturen (nach GRASS).

der Temperaturkoeffizient von ε_2 entgegengesetztes Vorzeichen. Dies bringt es mit sich, daß ε_2 bei Frequenzen oberhalb des X-Punktes mit wachsender Temperatur kleiner wird. Für die Verschiebung der Schwellenenergie zu kleineren Frequenzen und die Verflachung einer Absorptionsbande bei Erhöhung der Temperatur können im wesentlichen vier Erklärungsmöglichkeiten angeführt werden.

a) Als Folge eines Temperaturanstiegs wird der Gitterparameter vergrößert. JOHNSON hat für β'-Messing die Energie der Punkte M_5' und M_3 (Abb. 8.36) mit Gitterparametern für verschiedene Temperaturen berechnet und festgestellt, daß die Energielücke M_5'–M_3 bei Temperaturerhöhung um etwa 10^{-5} eV/°C reduziert wird. Dieser Effekt ist zu klein, um die in β'-Messing beobachtete Verschiebung der Schwellenenergie um $-3 \cdot 10^{-4}$ eV/°C hervorzurufen.

b) Das Fermi-Niveau wird mit wachsender Temperatur mehr verschmiert (Abb. 5.25). Dieser Beitrag ist jedoch vermutlich, wie wir in Abschnitt 5.5.5 gesehen haben, vernachlässigbar klein.

c) Die quantisierten Schwingungen des Gitters (Phononen) nehmen mit steigender Temperatur zu. Damit wird auch die Wahrscheinlichkeit für indirekte Bandübergänge vergrößert, d. h. Interbandübergänge können dann bei größeren und kleineren Energien stattfinden (Abb. 5.32). Nach MUTO ist die Absorption durch indirekte Übergänge proportional zur absoluten Temperatur. EDWARDS schätzt die durch indirekte Übergänge hervorgerufene Verkleinerung der Bandlücken auf 10^{-3} bis 10^{-4} eV/°C. Dieser Betrag liegt größenordnungsmäßig in dem Bereich der beobachteten Verschiebung der Schwellenenergie.

d) Bei Metallen, bei denen Plasmaschwingungen einen ausgeprägten Einfluß auf das Reflexionsvermögen ausüben (z. B. Silber) kann die Verflachung des Reflexionsminimums bei höheren Temperaturen auch auf Störungen der Plasmaschwingungen zurückgeführt werden.

Intensive experimentelle und theoretische Untersuchungen über die Temperaturabhängigkeit müssen noch zur Klärung dieser Fragen beitragen. Es sei angemerkt, daß gemeinhin angenommen wird, daß die Zahl der freien Leitungselektronen und die effektive Masse durch Temperaturänderungen nicht beeinflußt werden.

8.6.4

Aus dem in Abschnitt 8.6.2 Gesagten müßte man schließen, daß supraleitende Metalle bei langen Wellenlängen unterhalb der Sprungtemperatur gute Reflektoren sind. Daß dies bis jetzt noch nicht beobachtet wurde, mag unter Umständen an den relativ hohen Frequenzen des Lichtes liegen. Auch im Mikrowellenbereich fällt der Widerstand bei

Unterschreitung der Sprungtemperatur nicht plötzlich auf Null; vielmehr ist der Widerstandsabfall auf einen Temperaturbereich ausgedehnt.

8.6.5

Auf das Verhalten der optischen Konstanten bei tiefen Temperaturen und kleinen Frequenzen aus der Sicht des anomalen Skineffekts wurde in Kapitel 6, insbesondere in Abschnitt 6.3.3 eingegangen. Wir sahen dort, daß man in bestimmten Spektralbereichen bessere Übereinstimmung von klassischer Theorie und Experiment erhält, wenn man die bei tiefen Temperaturen auftretende Vergrößerung der mittleren freien Weglänge der Elektronen berücksichtigt.

8.6.6

Zum Schluß dieses Abschnitts sollen noch einige Bemerkungen über die Messung der optischen Konstanten bei hohen Temperaturen angefügt werden. Die Strahlung, die von einer heißen Probe ausgesandt wird, muß von dem reflektierten Licht getrennt werden. Dies geschieht gewöhnlich durch Zerhacken des einfallenden Lichtes. Bei hohen Temperaturen muß die Probenoberfläche besonders sorgfältig vor chemischen Reaktionen geschützt werden, was am besten durch ein reduzierendes Schutzgas geschieht. Der Veränderung der optischen Eigenschaften durch Kornwachstum (Aufrauhen der Oberfläche) begegnet man durch Verwendung von Einkristallen. Schließlich muß dafür Sorge getragen werden, daß durch die Temperaturerhöhung keine mechanischen Spannungen in der Probe auftreten.

Literatur

Biondi, M. A., Guobadia, A. I.: Phys. Rev. **166**, 667 (1968) (Cu, Pb, Ni).

Dickson, P. F., Jones, M. C.: Cryogenics 8, 24 (1968) (Zusammenfassung, tiefe Temperaturen).

Edwards, S. F.: Proc. Roy. Soc. (London) **A. 267** (1962).

Grass, G.: Z. Metallkde. **45**, 538 (1954) (Fe, Co, Ni, Mn).

Johnson, K. H.: „Energy Bands in Metals and Alloys", Konferenzbericht, Herausgeber L. H. Bennett und J. T. Waber, New York: Gordon & Breach 1968, S. 105ff. (Messing).

Joos, G., Klopfer, A.: Z. Phys. **138**, 251 (1954) (Cu, Ag, Au).

Martin, W. S., Duchane, E. M., Blau, H.: J. Opt. Soc. Am. **55**, 1623 (1965) (W, Mo, Nb).

Mayer, H., El Naby, M. H.: Z. Phys. **174**, 280 (1963) (K).

Muto, T.: Sci. Pap. Inst. Chem. Phys. Tokyo **27**, 179 (1935).

Otter, M.: Z. Phys. **161**, 539 (1961) (Cu, Ag, Au).

Ramanathan, K. G.: Proc. Phys. Soc. **65 A**, 532 (1952) (Sn, Pb, Al, Cu).

Roberts, S.: Phys. Rev. **118**, 1509 (1960) (Cu).

Weiss, K.: Ann. d. Phys. **2**, 1 (1948) (Mn, Cu, Fe).

8.7 Metallkundliche Probleme

Metallkundler sind ständig auf der Suche nach neuen Untersuchungsmethoden, die dazu geeignet sind, die bisherigen Arbeitsweisen zu ergänzen, die auf andere Weise erhaltenen Resultate zu bestätigen und insbesondere neue Aussagen über die im Metall vorgehenden Mechanismen zu liefern. Die optischen Eigenschaften sind grundsätzlich in der Lage, diese Forderungen zu erfüllen. Metallkundliche Prozesse, die eine Änderung des elektrischen Widerstandes hervorrufen, können im allgemeinen wegen der Gültigkeit der Hagen-Rubens-Beziehung (Gleichung (3.5)) auch durch Reflexionsmessungen, vor allem im ultraroten Spektralgebiet, nachgewiesen werden. Dies wurde in der Vergangenheit mehrfach gezeigt. Es ist jedoch nicht sehr zweckmäßig, die meßtechnisch überaus aufwendigen optischen Verfahren dann anzuwenden, wenn die gleichen Aussagen mit Hilfe von Widerstandsmessungen viel einfacher und genauer erhalten werden können. Daher werden wir uns in diesem Abschnitt hauptsächlich mit denjenigen metallkundlichen Problemen beschäftigen, bei denen mit optischen Methoden neue Erkenntnisse erlangt werden können.

8.7.1 Einfluß von Gitterdefekten

Wird Metall im Hochvakuum auf eine gekühlte Unterlage aufgedampft, so enthält der entstandene Film eine große Zahl von Gitterdefekten. Fehlstellen in massiven Metallen lassen sich durch Verformen, Abschrecken und Bestrahlen mit schnellen Teilchen erzeugen. Durch mechanisches Polieren können Schichten bis zu einigen 100 nm Dicke kaltverformt werden. Beim Tempern heilen die Defekte wieder aus.

In einem Metall, in dem das Kristallgitter gestört ist, sind die Absorptionsbanden nur wenig ausgeprägt, und die Schwellenenergie, bei der Interbandübergänge einsetzen, ist zu kleineren Energien verschoben (Abb. 8.48). Aus den Bandstrukturen für Metalle mit Gitterdefekten, die wahrscheinlich in naher Zukunft verfügbar sein werden, müßten sich Interbandübergänge mit dieser, gegenüber dem ungestörten Kristall, kleineren Schwellenenergie ablesen lassen.

Mit wachsender Anlaßtemperatur nähert sich die Energie, bei der Interbandübergänge einsetzen, wieder dem Wert des ungestörten Kristalls und die Absorptionsbanden werden ausgeprägter (vergleiche hierzu Abb. 8.48 mit Abb. 8.14).

Aus den optischen Konstanten bei langen Wellenlängen kann man die Zahl der freien Leitungselektronen (Abb. 8.49) und die Relaxationszeit berechnen (Abschnitte 8.3; 4.2 und 4.3). Beide werden durch Gitterdefekte kleiner. Bei abnehmender Elektronendichte wird die Fermi-

Energie und damit der Abstand zwischen den d-Bändern und dem Fermi-Niveau verkleinert. Als Folge wird die Schwellenenergie, bei der Interbandübergänge einsetzen, zu tieferen Energien verschoben (Abb. 8.48).

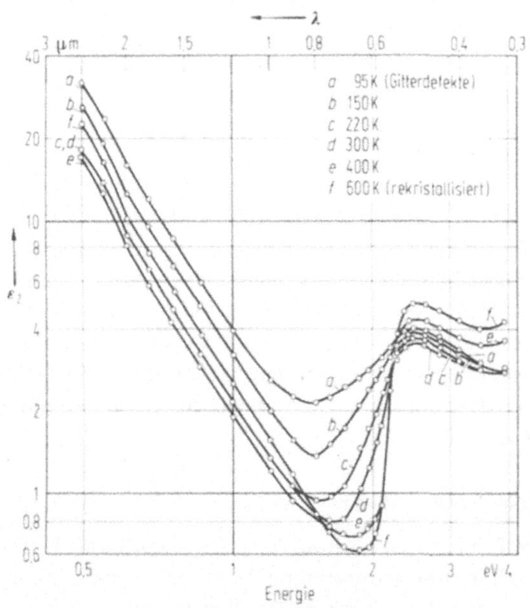

Abb. 8.48. Imaginärer Teil der Dielektrizitätskonstante von Kupfer in Abhängigkeit der Wellenlänge. Substrattemperatur beim Aufdampfen und Meßtemperatur: 95 K. Anlaßzeit bei den angegebenen Temperaturen: 15 Min. (nach BISPINCK).

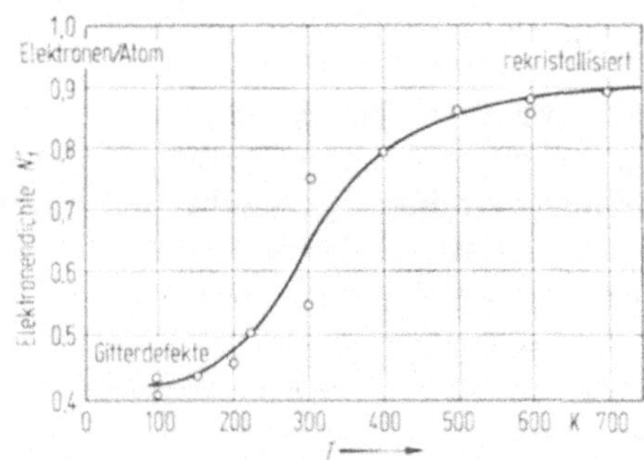

Abb. 8.49. Leitungselektronendichte von Kupfer mit hoher Fehlstellenkonzentration in Abhängigkeit von der Anlaßtemperatur. Substrattemperatur beim Aufdampfen und Meßtemperatur: 95 K. Anlaßzeit: 15 Min. Zur Berechnung von N_f' wurde im ganzen Erholungsbereich $m_a^* = 1{,}47$ m gesetzt. Aus den Abbildungen 8.48 und 8.49 geht hervor, daß bei der gewählten Wärmebehandlung die Werte für massive Metalle nicht ganz erreicht werden (nach BISPINCK).

Das Reflexionsvermögen im ultraroten Spektralbereich nimmt durch Verformen wie erwartet ab (Hagen-Rubens-Beziehung).

8.7.2 Ordnungsvorgänge

Die Einstellung einer ferngeordneten Phase ist mit einer Verschiebung der Schwellenenergie für Interbandübergänge und gelegentlich mit der Ausbildung von zusätzlichen Absorptionsbanden verbunden. Als

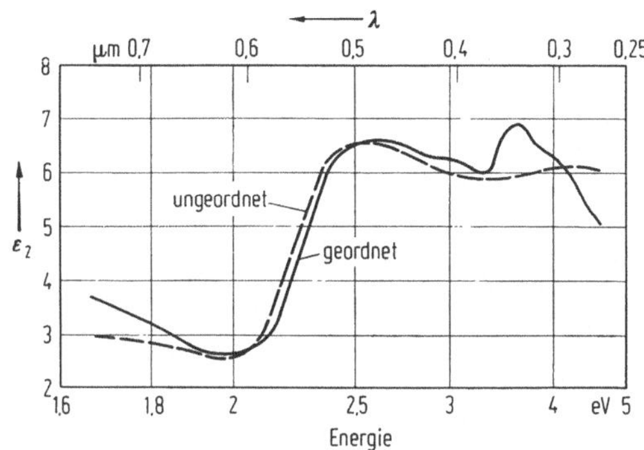

Abb. 8.50. Imaginärer Teil der Dielektrizitätskonstante von geordnetem und ungeordnetem $AuCu_3$ in Abhängigkeit von der Energie (nach KÖSTER und STAHL).

Beispiel soll $AuCu_3$ dienen (Abb. 8.50). Bei der geordneten Phase setzen die Interbandübergänge erst bei einer größeren Energie ein, und weitere starke Übergänge beginnen bei etwa 3,3 eV. Auch als Folge der Ausbildung einer Nahordnung sind schon mehrfach kleinere Verschiebungen der Schwellenenergie beobachtet worden.

8.7.3 Umwandlungen

Über Phasenumwandlungen ist mit optischen Methoden bis jetzt nur wenig gearbeitet worden. Die allotrope Umwandlung von α- in γ-Eisen macht sich durch einen deutlichen Knick in der Reflexionsvermögen-Temperatur-Kurve bei 906 °C bemerkbar ($\lambda = 0{,}45\ \mu$m). Die Curie-Temperatur zeigt sich jedoch bei Verwendung von kurzen Wellenlängen nicht. Auch die allotrope Umwandlung des Kobalts konnte in diesem Spektralbereich nicht beobachtet werden. Auf die Farbverschiebungen bei martensitischen Umwandlungen wurde in Abschnitt 8.4 bereits hingewiesen. Eingehende Untersuchungen über diese Vorgänge stehen noch aus.

8.7.4 Korrosion

Licht dringt in eine Metalloberfläche nur etwa 10^{-6} cm tief ein. Die optischen Eigenschaften werden daher an einer dünnen Schicht an der Oberfläche des Metalls gemessen. Dieser, in der Metalloptik unerwünschte, Effekt kann zur Untersuchung von Korrosionsprozessen herangezogen werden. Mit Hilfe der „Ellipsometrie“ (Abschnitt 7.7.2) ist es möglich, das Entstehen und den Abbau von Oberflächenfilmen zu studieren, ohne das System zu zerstören. Gleichzeitige Messungen der optischen Eigenschaften und des elektrochemischen Potentials eines Metalls, das einer passivierenden Lösung ausgesetzt ist, erlaubt die Bestimmung der kritischen Filmdicke, bei der die Oberfläche passiviert ist. Bei Anwendung der Ellipsometrie kann eventuell eine Entscheidung getroffen werden, ob eine gebildete Oberflächenschicht aus adsorbiertem Sauerstoff oder aus einem Oxidfilm besteht. Bei Bildung eines Oxidfilms auf Eisen wird die Phasenverzögerung δ verkleinert, während bei Adsorption von Sauerstoff und bei Auflösung eines Films δ größer wird. Es wurde beobachtet, daß bei Eisen, das einer $NaNO_2$-Lösung ausgesetzt war, die Phasenverzögerung in den ersten Minuten anstieg und später wieder kleiner wurde. (Das Potential wird bei dem genannten Versuch im gesamten Zeitintervall nur kleiner.)

Die Ellipsometrie eignet sich daher zum Studium der Filmwachstumskinetik, der Film- und Metall-Auflösungskinetik und zur Untersuchung der Natur von Oberflächenfilmen.

8.7.5 Sichtbarmachung von Gefügen

Es soll noch eine Methode erwähnt werden, bei der das geringe unterschiedliche Reflexionsvermögen der metallischen Phasen benützt wird, um die Gefügebestandteile einer Legierung sichtbar zu machen. Das in der Metallographie üblicherweise angewandte Verfahren erfordert Ätzmittel, welche die Bestandteile verschieden stark angreifen oder welche Oxidschichten von unterschiedlicher Dicke hervorrufen. Durch Aufdampfen einer hochbrechenden, dielektrischen Schicht (z. B. ZnS oder TiO_2) kann die Gefügeausbildung ohne chemischen Angriff durch Mehrfachreflexionen sichtbar gemacht werden (Abschnitt 7.7.6). Infolge der wiederholten Reflexionen wird eine Kontraststeigerung zwischen den einzelnen Gefügebestandteilen erreicht. Bei Metallen mit großem Reflexionsvermögen benützt man Mehrschichtensysteme mit verschiedenen Brechzahlen.

Literatur

Bispinck, H.: Dissertation, Münster (1969) (Gitterdefekte).

Grass, G.: Z. Metallkde. **45**, 538 (1954) (allotrope Umwandlungen).

KÖSTER, W., STAHL, R.: Z. Metallkde. **58**, 768 (1967) (Ordnung).
KRUGER, J.: Corrosion **22**, 88 (1966) (Korrosion).
MARGENAU, H.: Phys. Rev. **33**, 1035 (1929) (Verformung).
NAY, E., PETÖ, G.: Phys. stat. sol. **34** K 91 (1969) (Ordnung).
PEPPERHOFF, W.: Archiv Eisenhüttenw. **36**, 941 (1965) (Gefügeentwicklung).
YATES, E. L.: Austr. J. Phys. **16**, 40 (1963) (Verformung).

8.8 Modulationsspektroskopie

Wir wollen dieses Kapitel mit einem Ausblick in einen interessanten Zweig der Festkörperphysik beschließen, der in den letzten Jahren neu entstanden ist und auf dem sich zur Zeit eine rege Aktivität entfaltet.

Aus den vorangehenden Abschnitten geht hervor, daß auf Grund von optischen Messungen präzise Aussagen über die Energien, die bei Interbandübergängen auftreten, nur dann möglich sind, wenn man „scharfe Absorptionslinien" erhalten kann. Solche scharfen Linien in den Absorptions- und Emissionsspektren von isolierten Atomen und Ionen waren am Anfang dieses Jahrhunderts die Voraussetzung zur Aufstellung der Termschemen und zur Entwicklung der Quantentheorie gewesen. Wegen der hohen Teilchendichte in Festkörpern sind die optischen Spektren jedoch sehr breit (Abschnitt 8.2). Eine Verbesserung der Schärfe kann man erreichen, wenn es gelingt, die bisherigen „statischen" Methoden zur Untersuchung der optischen Konstanten durch Verfahren zu ersetzen, mit deren Hilfe man die Neigung einer Reflexionskurve, d. h. deren Differentialquotienten, mißt. Eine Struktur, die im konventionellen Reflexionsspektrum als Richtungsänderung auftritt, erscheint nämlich in der ersten Ableitung als Stufe und in der zweiten Ableitung als Spitze.

In den letzten Jahren wurden verschiedene Methoden entwickelt, die in der Lage sind, unter Anwendung von besonderen elektronischen Kunstgriffen die Ableitung des Reflexionsvermögens nach einem geeigneten Parameter oder die Differenz zweier Reflexionsvermögen zu messen. Als Parameter kann man z. B. die Wellenlänge des einfallenden Lichts wählen. Dazu benötigt man „*frequenzmoduliertes*" Licht, d. h. Licht, bei dem die Frequenz periodisch und geringfügig um einen Mittelwert oszilliert. Dies wird durch Vibrieren des Ausgangsspalts oder des Gitters eine Monochromators erreicht. Ändert man auf diese Weise die Frequenz sinusförmig in Abhängigkeit von der Zeit, so schwankt die von der Probe reflektierte und mit einer lichtempfindlichen Zelle gemessene Intensität ebenfalls sinusförmig um einen festen Wert. Die Amplitude dieses „Signals" ist um so größer, je steiler die Reflexionskurve ist (Abb. 8.51). Dem Signal überlagert sich ein konstanter Beitrag und eventuell ein durch Störeinflüsse hervorgerufenes mehr oder weniger großes „Störsignal". Beide werden durch einen phasenempfindlichen Gleichrichter ausgefiltert. Der Ausschlag am Anzeigegerät ist daher proportional zur Amplitude des Signals und proportional zur Steigung der Reflexionskurve. Bei dieser Methode ist es wichtig, daß die Intensität der Lichtquelle im verwandten Spektralbereich möglichst gleichmäßig ist, da eine

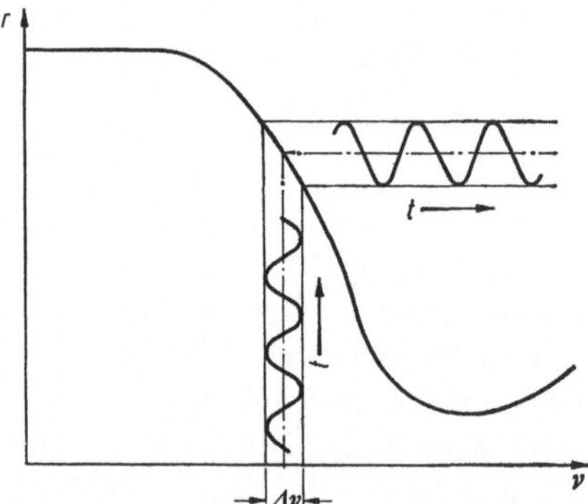

Abb. 8.51. Bildung der Funktion $dr/d\nu$ mittels Frequenzmodulation (schematisch).

Struktur in der Intensitätsverteilung der Lichtquelle zu zusätzlichen Maxima oder Minima führt. Durch eine Doppelstrahlanordnung kann dieser unerwünschte Effekt nahezu zum Verschwinden gebracht werden.

Zur Anwendung der *thermischen Modulation* wird der Kristall auf eine Wärmesenke geklebt und die Durchschnittstemperatur der Probe durch einen modulierten Strom periodisch über die Temperatur der Senke angehoben. Als Beispiel wollen wir „Thermoreflexionsmessungen" an Nickel zeigen (Abb. 8.52). Man sieht besonders scharf ausgeprägte Extremwerte bei 0,25; 0,4 und 1,3 eV, die im Reflexions- oder ε_2-Spektrum (Abb. 8.22) nur andeutungsweise zu sehen sind. Zur Interpretation dieser Struktur können die in Abschnitt 8.6.3 angeführten Überlegungen verwandt werden.

Bei einer anderen Modulationsmethode wird der *Druck* auf eine Probe periodisch geändert. Erfolgen die Druckschwankungen von allen Seiten gleichmäßig (hydrostatisch), so bleibt die Symmetrie des Kristalls erhalten. Die gemessenen Spektren sind dann denjenigen ähnlich, die man durch Frequenz- und eventuell durch Temperaturmodulation erhält. Interessanter (aber theoretisch weit komplizierter[1]) sind periodische Änderungen einer *einachsigen* Spannung, weil dadurch Informationen über die Symmetrie der Interbandübergänge erlangt werden können. Bei

[1] Bei Anlegen einer einachsigen Spannung verliert ein kubischer Kristall seine (optische) Isotropie. Die Dielektrizitätskonstante wird dann ein Tensor.

der bisher erfolgreichsten Methode wird ein Einkristall in einer kristallographischen Richtung periodisch gebogen (Abb. 8.53). Die Dehnung in der Oberflächenschicht, die man dadurch erhält, entspricht ungefähr

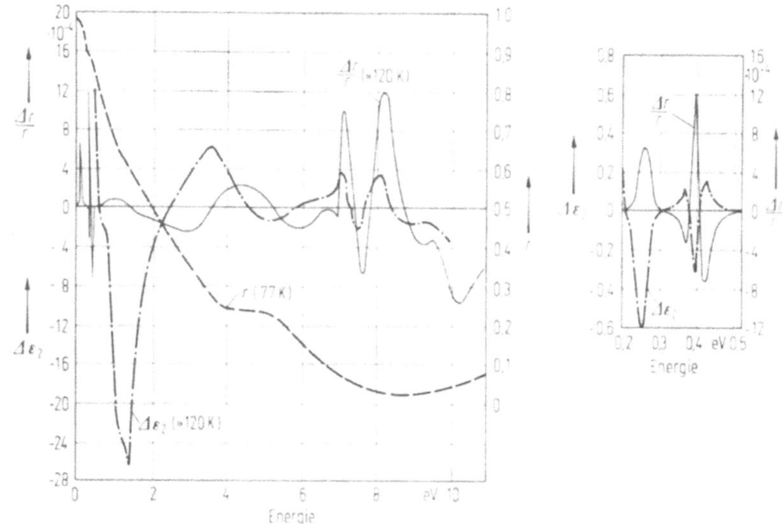

Abb. 8.52. Reflexions- und Thermoreflexionsspektrum von Nickel. $\Delta\varepsilon_2$ wurde durch eine Kramers-Kronig-Analyse aus Δr erhalten (nach Hanus, Feinleib und Scouler).

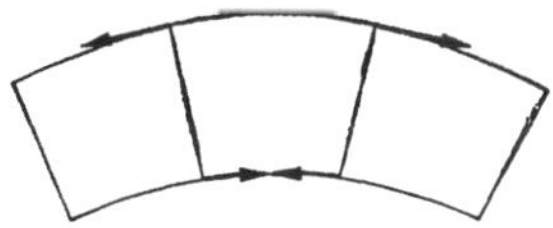

Abb. 8.53. Erzeugung einer einachsigen Spannung an der Oberfläche eines Festkörpers durch Biegen. Zur Erzeugung von Biegeschwingungen werden an dem Kristallhalter kleine Permanentmagnete angebracht, auf die ein inhomogenes Wechselfeld von zwei Elektromagneten einwirkt.

derjenigen, die bei Anwendung einer gleichförmigen, einachsigen Spannung auftritt. Wir wollen hier nicht auf experimentelle Einzelheiten und auf die Auswertung der Messungen eingehen. Vielmehr sollen an Hand eines Beispiels die Möglichkeiten, die *Piezoreflexionsmessungen* bieten, aufgezeigt werden. In Abb. 8.54 ist die Änderung des imaginären Teils der dielektrischen Konstante von Kupfer für hydrostatische und einachsige Beanspruchung in zwei kristallographischen Richtungen über der Photonenenergie aufgetragen. Wir beobachten eine Struktur bei 2,1 eV, die besonders stark bei hydrostatischer Spannung und schwächer bei einem Schub in der [100]- und ganz schwach auch in der [111]-Richtung auftritt. Interbandübergänge mit dieser Energie werden „nicht-lokalisierte Übergänge“ genannt. Sie finden an mehreren Stellen der Brillouin-Zone nahezu gleichzeitig und in Gebieten mit niederer Symmetrie statt. Der in Abb. 8.9 eingezeichnete Übergang $L_3 \rightarrow E_F$ (nahe L_2)

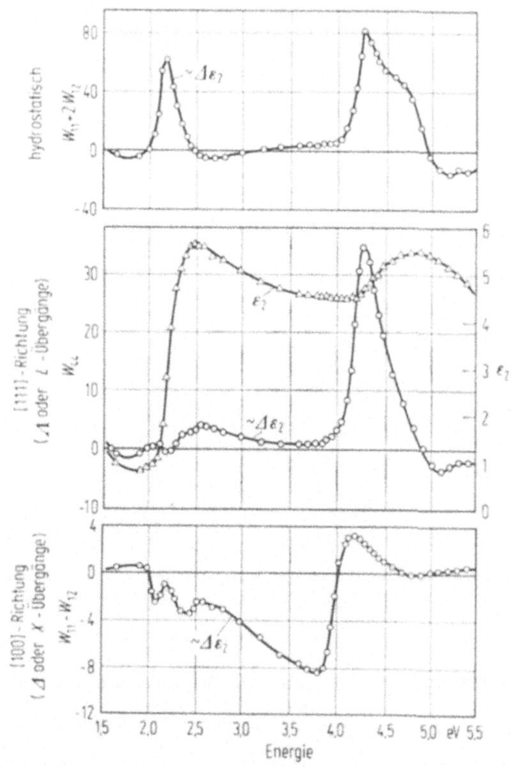

Abb. 8.54. Änderung des imaginären Teils der dielektrischen Konstanten (pro Dehnung) von Kupfer für hydrostatischen und einachsigen Schub in zwei kristallographischen Richtungen in Abhängigkeit von der Photonenenergie. Der imaginäre Teil der dielektrischen Konstanten wurde für Vergleichszwecke hinzugefügt. (Einkristall, elektropoliert, Messung in Luft, 300 K, Einfallswinkel 4,5°.) Die Funktionen W_{ij} sind piezooptische Tensorkomponenten (nach GERHARDT).

ist ein Beispiel für einen Übergang mit niederer Symmetrie (Q-Linie, siehe Abb. 8.8a). Bei geringfügig höherer Energie finden dann Übergänge von Δ_5 nach E_F und wahrscheinlich noch weitere Übergänge mit extrem niederer Symmetrie (die also in Abb. 8.9 gar nicht eingezeichnet sind) statt. Nicht-lokalisierte Übergänge müssen bei Anlegung einer einachsigen Spannung an einen Kristall nicht unbedingt Struktur hervorrufen.

Interbandübergänge werden als „stark lokalisiert“ bezeichnet, wenn sie in nur einer Richtung in der Brillouin-Zone und nahe an einem Symmetriepunkt stattfinden. Das Minimum bei 3,9 eV, das bei einem Schub in der [100]-Richtung aber weder bei hydrostatischer Beanspruchung noch bei Schub in der [111]-Richtung auftritt, ist ein Beispiel für diesen Fall. Diesem Minimum entsprechen wahrscheinlich Übergänge von $X_5 \to X_4'$.

Auch durch Anlegen eines periodischen elektrischen Feldes an einen Festkörper kann die Struktur im Reflexionsspektrum hervorgehoben werden. Das elektrische Feld variiert die Zustandsdichte im wesentlichen nur in der Umgebung der kritischen Punkte. Damit liefert die Messung des „*Elektroreflexionsvermögens*" ähnliche Aussagen für die genaue Bestimmung der kritischen Punkte, wie die zuvor behandelten Modulationsmethoden. Elektroreflexionsmessungen wurden bisher in größerem Maße nur zu Untersuchungen von Halbleitern angestellt, da die Erzeugung von starken elektrischen Feldern in Metallen mit Schwierigkeiten verbunden ist.

Zur Untersuchung des Einflusses von Legierungszusätzen auf die Bandstruktur eignet sich besonders ein Verfahren, bei dem die Legierungszusammensetzung moduliert wird. Bei dieser Methode wird das

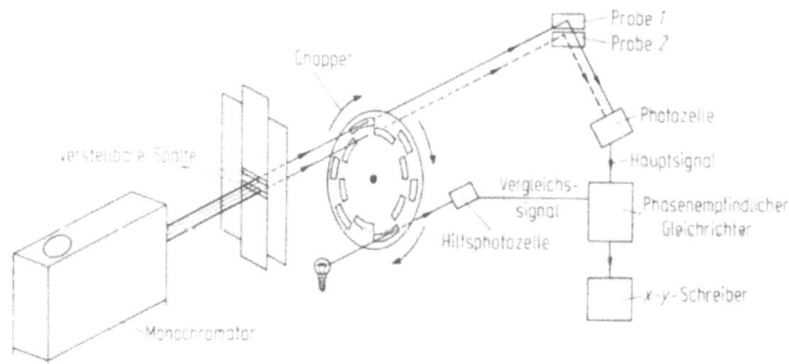

Abb. 8.55. Differential-Reflektometer (nach HUMMEL, DOVE u. ALFARO-HOLBROOK).

vom Monochromator kommende Licht mittels einer rotierenden Scheibe mit besonders angeordneten Fenstern (Chopper) derart in zwei Strahlen aufgeteilt, daß zwei Proben, die sich in ihrem Gehalt an Legierungsmetall geringfügig unterscheiden, abwechselnd beleuchtet werden (Abb. 8.55). Das Wechselstromsignal von einer Photozelle, welche die Intensität des von den Proben reflektierten Lichts mißt, wird zusammen mit einem Bezugssignal, das die Frequenz der Lichtwechsel registriert, auf einen phasenempfindlichen Gleichrichter gegeben. Das von diesem Gerät abgegebene Signal ist dann proportional zur Differenz der Reflexionsvermögen der beiden Proben (Δr). Dieses Verfahren liefert im wesentlichen das gleiche Ergebnis, als wenn man das Reflexionsvermögen *einer* Probe der Zusammensetzung $(C_1 + C_2)/2$ mißt und den Legierungszusatz periodisch um den kleinen und konstanten Betrag $\pm \Delta C/2 = (C_2 - C_1)/2$ moduliert (was sich experimentell kaum verwirklichen läßt).

In Abschnitt 8.5 und insbesondere in Abb. 8.41 haben wir gesehen, daß durch einen Legierungszusatz die Bandstruktur vor allem in der Nähe von Symmetriepunkten verändert wird. Damit verändert sich aber auch die kritische Energie für Interbandübergänge (E_{kr}). Wir erwarten daher eine ausgeprägte „Struktur" in der Funktion $\Delta r = f(E)$ in der Nähe von E_{kr}, wie man folgender Gleichung entnehmen kann:

$$\Delta \varepsilon_2(E) \sim \frac{\mathrm{d}\varepsilon_2(E)}{\mathrm{d}C} = \frac{\mathrm{d}E_{kr}}{\mathrm{d}C} \cdot \frac{\mathrm{d}\varepsilon_2(E)}{\mathrm{d}E_{kr}} \tag{8.39}$$

(ε_2 steht in direkter Beziehung zum Reflexionsvermögen r). Der erste Faktor auf der rechten Seite von Gleichung (8.39) hängt nicht von der Photonenenergie ab und ist eine Konstante für ein vorgegebenes Material und einen bestimmten Übergang. Hingegen erwartet man, daß mit wachsender Photonenenergie der zweite Faktor bei E_{kr} ein Maximum durchläuft, da ε_2 bei dieser Energie gewöhnlich eine Singularität aufweist.

In Abb. 8.56 ist für eine Kupfer-Zink-Legierung $\Delta r/r$ über der Photonenenergie aufgetragen. Man erkennt ein Maximum bei 2,15 eV, das der Schwellenenergie für den Einsatz von Interbandübergängen entspricht und mit dieser Modulationsmethode viel genauer bestimmbar ist, als mit konventionellen Verfahren (Siehe hierzu Abb. 8.39.) Mit wachsendem Zinkgehalt verschiebt sich diese Schwellenenergie zu größeren Werten (Abb. 8.57 und 8.40).

Mit der in Abb. 8.55 gezeigten Apparatur lassen sich auch Änderungen in der Bandstruktur untersuchen, die durch Ordnungsvorgänge, Umwandlungen, Oxydation oder andere Oberflächeneffekte oder durch Unterschiede in verschiedenen kristallographischen Richtungen hervorgerufen werden. Verwendet man zwei gleiche Proben, unterwirft aber eine davon einer höheren Temperatur, einem äußeren Druck oder einem äußeren elektrischen oder magnetischen Feld, so kann man ähnliche Resultate, wie bei Temperatur-, Spannungs- oder Feldmodulation erhalten. Geringfügiges Drehen des Ausgangsspaltes des Monochromators um die Lichtachse bewirkt, daß die beiden Lichtstrahlen der Abb. 8.55 verschiedene Frequenzen aufweisen, so daß man auch Frequenzmodulation erreichen kann. Mit dem in Abb. 8.55 gezeigten Differential-Reflektometer können also im wesentlichen alle in diesem Abschnitt aufgeführten Modulationsmethoden ausgeführt werden.

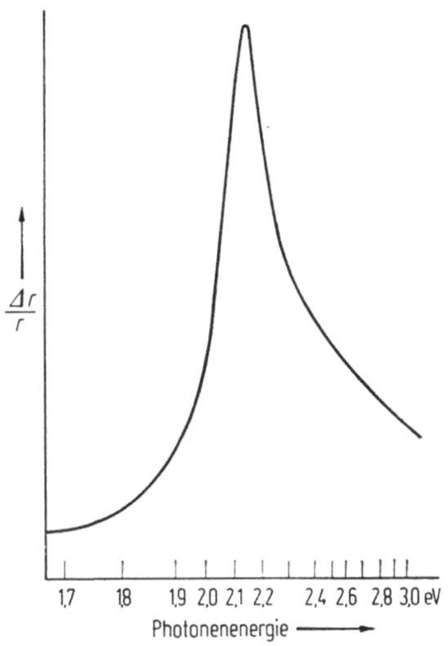

Abb. 8.56. $\Delta r/r$ in Abhängigkeit von der Photonenenergie, gemessen mit einem Differential-Reflektometer (Abb. 8.55). Probe 1 besteht aus Kupfer (99.999% Reinheit); Probe 2 enthält Kupfer mit 0,5 At.-% Zink. Gemessen bei Raumtemperatur. Die Proben wurden mechanisch vorpoliert, bei 600 °C homogenisiert und kurz vor der Messung feinpoliert (nach HUMMEL, DOVE u. ALFARO-HOLBROOK).

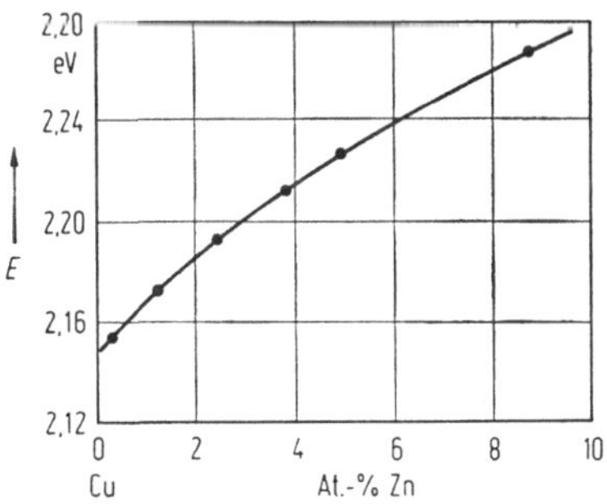

Abb. 8.57. Energie des Maximums von $\Delta r/r$ (Vergleiche Abb. 8.56) für verschiedene Kupfer-Zink-Legierungen (nach HUMMEL, DOVE u. ALFARO-HOLBROOK).

Um optische Messungen ins ferne ultraviolette Spektralgebiet auszudehnen, verwendet man neuerdings Synchrotronstrahlung als „Lichtquelle“.

Literatur

Eine eingehende Behandlung der Modulationsspektroskopie findet sich in dem Buch von M. CARDONA, in dem auch alle älteren Arbeiten über dieses Gebiet aufgeführt sind. Im folgenden sind daher nur einige neuere und einige besonders interessante Arbeiten verzeichnet.

CARDONA, M.: „Modulation Spectroscopy“ in der Serie „Solid State Physics“, Supplement 11, New York/London: Academic Press 1969.

ENGELER, W. E., GARFINKEL, M., TIEMANN, J. J., FRITZSCHE, H.: in Optical Properties and Electronic Structure of Metals and Alloys, Proc. Int. Coll. Paris 1965, Amsterdam: North-Holland Publishing Comp. 1966, S. 189 (Piezoreflexionsvermögen).

GERHARDT, U.: Phys. Rev. **172**, 651 (1968) (Piezoreflexionsvermögen).

HANUS, J., FEINLEIB, J., SCOULER, W. J.: Phys. Rev. Letters **19**, 16 (1967) (Thermoreflexionsvermögen von Nickel).

HUMMEL, R. E., DOVE, D. B., ALFARO HOLBROOK, J.: Phys. Rev. Letters **25**, 290 (1970) (Modulation der Legierungszusammensetzung, α-Messing).

SERAPHIN, B. O., HESS, R. B.: Phys. Rev. Letters **14**, 138 (1965) (Elektroreflexionsvermögen).

ZALLEN, R.: in Optical Properties and Electronic Structure of Metals and Alloys, Proc. Int. Coll. Paris 1965, Amsterdam: North-Holland Publishing Comp. 1966, S. 164 (Hydrostatischer Druck, Ag, Cu, Au).

Anhang

A 1 Periodische Vorgänge

Eine *Schwingung* ist ein zeitlich *oder* räumlich periodischer Vorgang. Bei harmonischen Schwingungen, auf die wir uns hier beschränken, wird die Abhängigkeit des Ortes von der Zeit durch eine einfache Sinus- oder Cosinusfunktion, d. h. (wegen der Eulerschen Gleichungen (A 2)) mit einer Exponentialfunktion, beschrieben.

A 1.1 Ungedämpfte Schwingung

a) Differentialgleichung für zeitliche Periodizität:

$$m \frac{\mathrm{d}^2 u}{\mathrm{d}t^2} + F u = 0 \tag{A 1.1}$$

(m = Masse, F = Federkonstante[1]). Eine Lösung ist:

$$u = A\,\mathrm{e}^{i\omega t}, \tag{A 1.2}$$

wobei

$$\omega = \sqrt{\frac{F}{m}} = 2\pi\nu \tag{A 1.3}$$

die Kreisfrequenz und A eine Konstante, genannt Amplitude (Höchstwert), ist.

b) Differentialgleichung für räumliche Periodizität (eindimensional)

$$a \frac{\mathrm{d}^2 u}{\mathrm{d}x^2} + b u = 0. \tag{A 1.4}$$

Lösung:

$$u = A\,\mathrm{e}^{i\alpha x} + B\,\mathrm{e}^{-i\alpha x}, \tag{A 1.5}$$

wobei A und B Konstanten sind und

$$\alpha = \sqrt{\frac{b}{a}} \tag{A 1.6}$$

ist.

[1] Gewöhnlich wird die Federkonstante mit k bezeichnet. Um Verwechslungen mit der Absorptionskonstante oder dem Wellenzahlvektor zu vermeiden, schreiben wir hier „F".

A 1.2 Gedämpfte Schwingung

a) Differentialgleichung für zeitliche Periodizität

$$m\ddot{u} + \gamma\dot{u} + Fu = 0, \qquad \text{(A 1.7)}$$

wobei γ die Dämpfungskonstante ist. Die Lösung lautet:

$$u = A\,\mathrm{e}^{-\beta t} \cdot \mathrm{e}^{i(\omega_0 t - \varphi)}, \qquad \text{(A 1.8)}$$

wobei

$$\omega_0 = \sqrt{\frac{F}{m} - \beta^2} \qquad \text{(A 1.9)}$$

die Eigenfrequenz,

$$\beta = \frac{\gamma}{2m} \qquad \text{(A 1.10)}$$

der Dämpfungsfaktor und φ die Phasen(winkel)differenz ist. Bei der gedämpften Schwingung nimmt die Amplitude $A\,\mathrm{e}^{-\beta t}$ exponentiell ab.

b) Differentialgleichung für räumliche Periodizität

$$\frac{\mathrm{d}^2 u}{\mathrm{d}x^2} + D\frac{du}{\mathrm{d}x} + Cu = 0. \qquad \text{(A 1.11)}$$

Lösung:

$$u = \mathrm{e}^{-\frac{D}{2}x}\left(A\,\mathrm{e}^{i\varrho x} + B\,\mathrm{e}^{-i\varrho x}\right), \qquad \text{(A 1.12)}$$

wobei

$$\varrho = \sqrt{C - \frac{D^2}{4}} \qquad \text{(A 1.13)}$$

und A, B, C, D Konstanten sind.

A 1.3 Erzwungene Schwingung (gedämpfte)

Differentialgleichung für zeitliche Periodizität:

$$m\ddot{u} + \gamma\dot{u} + Fu = K_0\mathrm{e}^{i\omega t} \qquad \text{(A 1.14)}$$

(γ = Dämpfungskonstante, F = Federkonstante). Die rechte Seite von Gleichung (A 1.14) ist die zeitlich periodische Anregungskraft. Die Lösung setzt sich aus einem Einschwingteil und einem stationären Teil zusammen. Die stationäre Lösung ist

$$u = \frac{K_0}{\sqrt{m^2(\omega_0^2 - \omega^2)^2 + \gamma^2\omega^2}} \cdot \mathrm{e}^{i(\omega t - \varphi)}, \qquad \text{(A 1.15)}$$

wobei $\omega_0 = \sqrt{\frac{F}{m}}$ die Eigenfrequenz der ungedämpften, freien Schwingung ist (A 1.3). Für den Tangens der Phasendifferenz φ zwischen Anregungskraft und erzwungener Schwingung gilt

$$\tan\varphi = \frac{\gamma\omega}{m(\omega_0^2 - \omega^2)}. \tag{A 1.16}$$

A 1.4 Welle

Eine Welle ist ein räumlich *und* zeitlich periodischer Vorgang. Die Differentialgleichung der ungedämpften Welle lautet

$$v^2 \Delta u = \frac{\partial^2 u}{\partial t^2}, \tag{A 1.17}$$

wo

$$\Delta = \frac{\partial^2}{\partial x^2} + \frac{\partial^2}{\partial y^2} + \frac{\partial^2}{\partial z^2} \tag{A 1.18}$$

der Laplace-Operator ist. (In der angelsächsischen Literatur wird anstatt Δ die Bezeichnung ∇^2 „del square" benutzt.) v ist die Ausbreitungsgeschwindigkeit der Welle.

Die Differentialgleichung der ebenen Welle ist

$$v^2 \frac{\partial^2 u}{\partial x^2} = \frac{\partial^2 u}{\partial t^2}. \tag{A 1.19}$$

Lösung:

$$u(t, x) = e^{i\omega t}(A e^{i\alpha x} + B e^{-i\alpha x}) \tag{A 1.20}$$

oder

$$u(t, x) = A e^{i(\omega t + \alpha x)} + B e^{i(\omega t - \alpha x)} \tag{A 1.21}$$

oder

$$u(t, x) = A e^{i\omega\left(t + \frac{\alpha x}{\omega}\right)} + B e^{i\omega\left(t - \frac{\alpha x}{\omega}\right)} \tag{A 1.22}$$

der Faktor $\alpha x/\omega$ in Gleichung (A 1.22) muß die Dimension einer Zeit haben, so daß man auch schreiben kann:

$$u(t, x) = A e^{i\omega\left(t + \frac{x}{v}\right)} + B e^{i\omega\left(t - \frac{x}{v}\right)} \tag{A 1.23}$$

A 1.5 Gedämpfte Welle

Differentialgleichung:

$$v^2 \frac{\partial^2 u}{\partial x^2} = a \frac{\partial u}{\partial t} + b \frac{\partial^2 u}{\partial t^2}. \tag{A 1.24}$$

Die Lösung gelingt mit dem Ansatz (A 1.23).

Die allgemeine Wellengleichung

$$v^2 \Delta u = a\dot{u} + b\ddot{u}$$

kann mit dem Ansatz

$$u(t, x, y, z) = A\,\mathrm{e}^{i(\omega t - \boldsymbol{k}\cdot\boldsymbol{v})} \tag{A 1.25}$$

gelöst werden, wobei

$$|\boldsymbol{k}| = \frac{2\pi}{\lambda} \tag{A 1.26}$$

der Wellenzahlvektor ist. Er hat die Dimension einer reziproken Länge.

A 2 Mathematische Formeln

A 2.1 Eulersche Gleichungen

$$\cos\varphi = \frac{1}{2}(\mathrm{e}^{i\varphi} + \mathrm{e}^{-i\varphi}), \tag{A 2.1}$$

$$\sin\varphi = \frac{1}{2i}(\mathrm{e}^{i\varphi} - \mathrm{e}^{-i\varphi}), \tag{A 2.2}$$

$$\sinh\varphi = \frac{1}{2}(\mathrm{e}^{\varphi} - \mathrm{e}^{-\varphi}) = \frac{1}{i}\cdot\sin i\varphi, \tag{A 2.3}$$

$$\cosh\varphi = \frac{1}{2}(\mathrm{e}^{\varphi} + \mathrm{e}^{-\varphi}) = \cos i\varphi, \tag{A 2.4}$$

$$\mathrm{e}^{i\varphi} = \cos\varphi + i\sin\varphi, \tag{A 2.5}$$

$$\mathrm{e}^{-i\varphi} = \cos\varphi - i\sin\varphi. \tag{A 2.6}$$

A 2.2 Vektoroperatoren

$$\operatorname{grad} u = \nabla u = \boldsymbol{i}\frac{\partial u}{\partial x} + \boldsymbol{j}\frac{\partial u}{\partial y} + \boldsymbol{k}\frac{\partial u}{\partial z}, \tag{A 2.7}$$

$$\operatorname{div}\boldsymbol{v} = \nabla\cdot\boldsymbol{v} = \frac{\partial v_x}{\partial x} + \frac{\partial v_y}{\partial y} + \frac{\partial v_z}{\partial z}, \tag{A 2.8}$$

$$\operatorname{rot}\boldsymbol{v} = \nabla\times\boldsymbol{v} = \begin{vmatrix} \boldsymbol{i} & \boldsymbol{j} & \boldsymbol{k} \\ \frac{\partial}{\partial x} & \frac{\partial}{\partial y} & \frac{\partial}{\partial z} \\ v_x & v_y & v_z \end{vmatrix}, \tag{A 2.9}$$

$$\nabla = \boldsymbol{i}\frac{\partial}{\partial x} + \boldsymbol{j}\frac{\partial}{\partial y} + \boldsymbol{k}\frac{\partial}{\partial z}. \tag{A 2.10}$$

$\boldsymbol{i}$, $\boldsymbol{j}$ und $\boldsymbol{k}$ sind Einheitsvektoren in Richtung x, y bzw. z.

A 2.3 Rechenregeln für komplexe Zahlen

Eine komplexe Zahl $(a + bi)$ kann in der komplexen Zahlenebene (Abb. A 2.1) durch einen Punkt $\hat{A}$ dargestellt werden. Mitunter schreibt

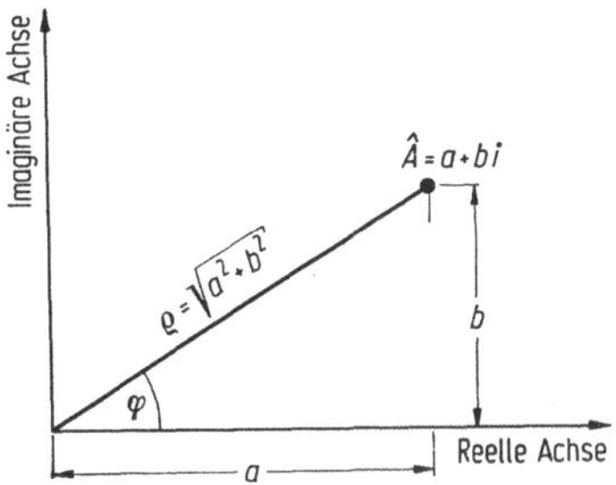

Abb. A 2.1. Komplexe Zahlenebene.

man eine komplexe Zahl auch in der Form $\varrho \cdot e^{i\varphi}$, wobei ϱ der stets reelle „Betrag" der komplexen Zahl ist. Er ergibt sich zu

$$\varrho = \sqrt{a^2 + b^2}, \tag{A 2.11}$$

wie man Abb. A 2.1 entnimmt. Man erhält dieses Ergebnis durch Multiplikation der komplexen Zahl $(a + bi)$ mit ihrer konjugiert-komplexen Zahl $(a - bi)$

$$\sqrt{(a + bi)(a - bi)} = \sqrt{a^2 + b^2} = \sqrt{\varrho e^{i\varphi} \cdot \varrho e^{-i\varphi}} = \varrho\,. \tag{A 2.12}$$

Da man in der Physik als Endresultat stets reelle Größen erhalten will, spielt der Betrag einer komplexen Zahl eine große Rolle. Er wird durch zwei senkrechte Striche besonders markiert. Der Betrag einer komplexen Zahl $\hat{A}$ ist also $|\hat{A}|$. Der Betrag des Quadrats einer komplexen Zahl ergibt sich analog zu

$$|\hat{A}^2| = \hat{A} \cdot \hat{A}^* = (a + bi)(a - bi) = a^2 + b^2 = \varrho^2\,. \tag{A 2.13}$$

Mit $\hat{A}^*$ bezeichnen wir die zu $\hat{A}$ konjugiert-komplexe Zahl.
Den Winkel φ einer komplexen Zahl erhält man nach Abb. A 2.1 aus

$$\tan \varphi = \frac{b}{a}. \tag{A 2.14}$$

Bei einer Gleichung mit komplexen Größen

$$a + bi = c + di \tag{A 2.15}$$

geben die reellen und imaginären Teile, einzeln identisch gesetzt, je eine sinnvolle Lösung:

$$\begin{aligned} a &= c, \\ b &= d. \end{aligned} \tag{A 2.16}$$

A 2.4 Produkte zweier Vektoren

Das *skalare Produkt* zweier Vektoren ist eine Zahl. Es ist gleich dem Produkt aus den Beträgen der beiden Vektoren multipliziert mit dem Cosinus des von ihnen eingeschlossenen Winkels, d. h.

$$\boldsymbol{a} \cdot \boldsymbol{b} = ab \cos(\boldsymbol{ab}). \tag{A 2.17}$$

Damit ergibt sich für die senkrecht zueinander stehenden Einheitsvektoren im x-, y-, z-Koordinatensystem

$$\boldsymbol{i} \cdot \boldsymbol{j} = \boldsymbol{j} \cdot \boldsymbol{k} = \boldsymbol{k} \cdot \boldsymbol{i} = 0 \tag{A 2.18}$$

$$\boldsymbol{i} \cdot \boldsymbol{i} = \boldsymbol{j} \cdot \boldsymbol{j} = \boldsymbol{k} \cdot \boldsymbol{k} = 1. \tag{A 2.19}$$

Weiter gilt

$$\begin{aligned} \boldsymbol{a} \cdot \boldsymbol{b} &= (a_x \boldsymbol{i} + a_y \boldsymbol{j} + a_z \boldsymbol{k}) \cdot (b_x \boldsymbol{i} + b_y \boldsymbol{j} + b_z \boldsymbol{k}) \\ &= a_x b_x + a_y b_y + a_z b_z. \end{aligned} \tag{A 2.20}$$

Das skalare Produkt hat die Eigenschaft der Kommutativität (Vertauschbarkeit)

$$\boldsymbol{a} \cdot \boldsymbol{b} = \boldsymbol{b} \cdot \boldsymbol{a} \tag{A 2.21}$$

und der Distributivität

$$\boldsymbol{a} \cdot (\boldsymbol{b} + \boldsymbol{c}) = \boldsymbol{a} \cdot \boldsymbol{b} + \boldsymbol{a} \cdot \boldsymbol{c}. \tag{A 2.22}$$

Das *Vektorprodukt* zweier Vektoren $\boldsymbol{a}$ und $\boldsymbol{b}$ ergibt einen Vektor der senkrecht auf der von $\boldsymbol{a}$ und $\boldsymbol{b}$ gebildeten Ebene steht und dessen Betrag gleich dem Flächeninhalt des von $\boldsymbol{a}$ und $\boldsymbol{b}$ gebildeten Parallelogramms ist. Wir definieren: Blickt man in die Richtung des resultierenden Vektors, so soll dieser positiv sein, wenn die kürzeste Drehung von $\boldsymbol{a}$ nach $\boldsymbol{b}$ in Uhrzeigerrichtung ist (Schraubenzieher-Regel). Der Betrag des Vektorprodukts zweier Vektoren ist

$$|\boldsymbol{a} \times \boldsymbol{b}| = ab \sin(\boldsymbol{ab}) \tag{A 2.23}$$

und damit

$$\boldsymbol{i} \times \boldsymbol{i} = \boldsymbol{j} \times \boldsymbol{j} = \boldsymbol{k} \times \boldsymbol{k} = 0 \tag{A 2.24}$$

und

$$\boldsymbol{i} \times \boldsymbol{j} = \boldsymbol{k}; \qquad \boldsymbol{j} \times \boldsymbol{i} = -\boldsymbol{k}. \tag{A 2.25}$$

Weiter gilt

$$\boldsymbol{a} \times \boldsymbol{b} = \begin{vmatrix} \boldsymbol{i} & \boldsymbol{j} & \boldsymbol{k} \\ a_x & a_y & a_z \\ b_x & b_y & b_z \end{vmatrix}. \tag{A 2.26}$$

Auch das Vektorprodukt ist distributiv zur Addition:

$$\boldsymbol{a} \times (\boldsymbol{b} + \boldsymbol{c}) = \boldsymbol{a} \times \boldsymbol{b} + \boldsymbol{a} \times \boldsymbol{c}. \tag{A 2.27}$$

Für das doppelte Vektorprodukt gilt:

$$\boldsymbol{a} \times (\boldsymbol{b} \times \boldsymbol{c}) = \boldsymbol{b}\ (\boldsymbol{a} \cdot \boldsymbol{c}) - \boldsymbol{c}\ (\boldsymbol{a} \cdot \boldsymbol{b}). \tag{A 2.28}$$

A 3 Tabellen

Tabelle A 1. *Vergleich von Wellenlängen, Frequenzen und Energien*

Wellenlänge in μm	Frequenz $\nu = c/\lambda$ in 10^{14} sec^{-1}	Energie $E = \nu \cdot h$ in eV	Farbe (Wellenlängenangaben in Klammern in μm)
0,05	60	24,8	
0,10	30	12,4	
0,15	20	8,27	
0,20	15	6,2	Ultraviolett
0,30	10	4,13	
0,40	7,49	3,1	Violett (0,40—0,44)
0,45	6,66	2,75	Blau (0,44—0,5)
0,50	6,0	2,48	Grün (0,5—0,58)
0,5893	5,09	2,1	Gelb (Na-D-Linien)
0,60	5,0	2,07	Gelb-Orange (0,58—0,64)
0,65	4,61	1,91	Rot (0,64—0,75)
0,70	4,28	1,77	
0,80	3,75	1,55	Extremes Rot
0,90	3,33	1,38	
1,00	3,0	1,24	
1,10	2,72	1,12	Nahes Ultrarot
1,20	2,5	1,03	
1,30	2,3	0,95	
1,40	2,14	0,88	
1,50	2,0	0,83	
2,0	1,5	0,62	
3,0	1,0	0,41	
10,0	0,3 ($3 \cdot 10^{13}$)	0,12	Fernes Ultrarot
50,0	0,06 ($6 \cdot 10^{12}$)	0,025	
100,0	0,03 ($3 \cdot 10^{12}$)	0,012	

$1\,\mu\text{m} = 10^{-4}\,\text{cm} = 10^{-6}\,\text{m} = 1\,\mu$
$1\,\text{nm} = 10^{-3}\,\mu = 10^{-9}\,\text{m} = 1\,\text{m}\mu$
$1\,\text{Å} = 10^{-1}\,\text{nm} = 10^{-4}\,\mu = 10^{-8}\,\text{cm}$

Tabelle A 2. *Physikalische Konstanten*

Masse des Elektrons	$m = 9{,}11 \cdot 10^{-28}$ (g)
Ladung des Elektrons	$e = 4{,}803 \cdot 10^{-10} \left(\frac{\text{cm}^{3/2}\,\text{g}^{1/2}}{\text{sec}}\right)$
Lichtgeschwindigkeit	$c = 2{,}99793 \cdot 10^{10} \left(\frac{\text{cm}}{\text{sec}}\right)$
Plancksche Konstante	$h = 6{,}625 \cdot 10^{-27} \left(\frac{\text{g cm}^2}{\text{sec}}\right) = 4{,}13558 \cdot 10^{-15}$ (eV sec)
	$\hbar = 1{,}054 \cdot 10^{-27} \left(\frac{9\ \text{cm}^2}{\text{sec}}\right)$
Loschmidt-Zahl	$L = 6{,}025 \cdot 10^{23} \left(\frac{\text{Atome}}{\text{Mol}}\right)$
Boltzmann-Konstante	$k = 1{,}3804 \cdot 10^{-16} \left(\frac{\text{erg}}{\text{grad}}\right) = 8{,}616 \cdot 10^{-5} \left(\frac{\text{eV}}{\text{grad}}\right)$

Umrechnungen

$$1\ \text{eV} = 1{,}602 \cdot 10^{-12}\ \frac{\text{g cm}^2}{\text{sec}^2}\ (\text{erg}) = 1{,}602 \cdot 10^{-19}\ \text{Joule} = 23{,}04\ \frac{\text{kcal}}{\text{Mol}}$$

$$1\ \text{Rydberg} = 13{,}6\ \text{eV} \quad 1\ \frac{1}{\Omega\ \text{cm}} = 9 \cdot 10^{11}\ \frac{1}{\text{sec}}$$

Tabelle A 3. *Optische Konstanten einiger Metalle*

In diese Übersicht wurden nur solche Resultate aufgenommen, die, gegenüber früheren Messungen, mit verbesserten Methoden erhalten wurden und die tabelliert vorlagen. Ältere Ergebnisse finden sich in Landolt-Börnstein, Phys. Chem. Tabellen, 6. Auflage, Bd. II/8 (Berlin/Göttingen/Heidelberg: Springer 1962).
$\lambda = 0{,}60\ \mu\text{m}$; Raumtemperatur

Metall	n	k	r[%]	Beobachter
Kupfer (massiv)	0,14	3,35	95,6	Otter (1961)
Silber (massiv)	0,05	4,09	98,9	Otter (1961)
Gold (massiv)	0,21	3,24	92,9	Otter (1961)
Aluminium (aufgedampft)	0,97	6,0	90,3	Schulz (1957)
Natrium (aufgedampft)	0,05	2,48	97,1	Smith (1969)
Kalium (aufgedampft)	0,05	1,62	94,3	Smith (1969)
Quecksilber (flüssig)	1,39	4,32	77,2	Schulz (1957)
Gallium (flüssig)	1,25	6,6	89,7	Schulz (1957)

Otter, M.: Z. Phys. **161**, 163 (1961).
Smith, N. V.: Phys. Rev. **183**, 634 (1969).
Schulz, G.: Adv. Phys. **5**, 202 (1957).
Roberts, S.: Phys. Rev. **118**, 1509 (1960).

Tabelle A 4. *Elektronenanordnung der Elemente*

Z	Element	Grund-zustände	K	L		M			N				O				P			Q
			1s	2s	2p	3s	3p	3d	4s	4p	4d	4f	5s	5p	5d	5f	6s	6p	6d	7s
1	H	$^2S_{1/2}$	1																	
2	He	$^1S_0$	2																	
3	Li	$^2S_{1/2}$	2	1																
4	Be	$^1S_0$	2	2																
5	B	$^2P_{1/2}$	2	2	1															
6	C	$^3P_0$	2	2	2															
7	N	$^4S_{3/2}$	2	2	3															
8	O	$^3P_2$	2	2	4															
9	F	$^2P_{3/2}$	2	2	5															
10	Ne	$^1S_0$	2	2	6															
11	Na	$^2S_{1/2}$	2	2	6	1														
12	Mg	$^1S_0$	2	2	6	2														
13	Al	$^2P_{1/2}$	2	2	6	2	1													
14	Si	$^3P_0$	2	2	6	2	2													
15	P	$^4S_{3/2}$	2	2	6	2	3													
16	S	$^3P_2$	2	2	6	2	4													
17	Cl	$^2P_{3/2}$	2	2	6	2	5													
18	Ar	$^1S_0$	2	2	6	2	6													
19	K	$^2S_{1/2}$	2	2	6	2	6		1											
20	Ca	$^1S_0$	2	2	6	2	6		2											
21	Sc	$^2D_{3/2}$	2	2	6	2	6	1	2											
22	Ti	$^3F_2$	2	2	6	2	6	2	2											
23	V	$^4F_{3/2}$	2	2	6	2	6	3	2											
24	Cr	$^7S_3$	2	2	6	2	6	5	1											
25	Mn	$^6S_{5/2}$	2	2	6	2	6	5	2											
26	Fe	$^5D_4$	2	2	6	2	6	6	2											
27	Co	$^4F_{9/2}$	2	2	6	2	6	7	2											
28	Ni	$^3F_4$	2	2	6	2	6	8	2											
29	Cu	$^2S_{1/2}$	2	2	6	2	6	10	1											
30	Zn	$^1S_0$	2	2	6	2	6	10	2											
31	Ga	$^2P_{1/2}$	2	2	6	2	6	10	2	1										
32	Ge	$^3P_0$	2	2	6	2	6	10	2	2										
33	As	$^4S_{3/2}$	2	2	6	2	6	10	2	3										
34	Se	$^3P_2$	2	2	6	2	6	10	2	4										
35	Br	$^2P_{3/2}$	2	2	6	2	6	10	2	5										
36	Kr	$^1S_0$	2	2	6	2	6	10	2	6										
37	Rb	$^2S_{1/2}$	2	2	6	2	6	10	2	6			1							
38	Sr	$^1S_0$	2	2	6	2	6	10	2	6			2							
39	Y	$^2D_{3/2}$	2	2	6	2	6	10	2	6	1		2							
40	Zr	$^3F_2$	2	2	6	2	6	10	2	6	2		2							
41	Nb	$^6D_{1/2}$	2	2	6	2	6	10	2	6	4		1							
42	Mo	$^7S_3$	2	2	6	2	6	10	2	6	5		1							
43	Tc	$^6S_{5/2}$	2	2	6	2	6	10	2	6	6		1							

Tabelle A 4. (Fortsetzung)

Z	Element	Grundzustände	K 1s	L 2s	2p	M 3s	3p	3d	N 4s	4p	4d	4f	O 5s	5p	5d	5f	P 6s	6p	6d	Q 7s
44	Ru	$^5F_5$	2	2	6	2	6	10	2	6	7		1							
45	Rh	$^4F_{9/2}$	2	2	6	2	6	10	2	6	8		1							
46	Pd	$^1S_0$	2	2	6	2	6	10	2	6	10									
47	Ag	$^2S_{1/2}$	2	2	6	2	6	10	2	6	10		1							
48	Cd	$^1S_0$	2	2	6	2	6	10	2	6	10		2							
49	In	$^2P_{1/2}$	2	2	6	2	6	10	2	6	10		2	1						
50	Sn	$^3P_0$	2	2	6	2	6	10	2	6	10		2	2						
51	Sb	$^4S_{3/2}$	2	2	6	2	6	10	2	6	10		2	3						
52	Te	$^3P_2$	2	2	6	2	6	10	2	6	10		2	4						
53	J	$^2P_{3/2}$	2	2	6	2	6	10	2	6	10		2	5						
54	Xe	$^1S_0$	2	2	6	2	6	10	2	6	10		2	6						
55	Cs	$^2S_{1/2}$	2	2	6	2	6	10	2	6	10		2	6			1			
56	Ba	$^1S_0$	2	2	6	2	6	10	2	6	10		2	6			2			
57	La	$^2D_{3/2}$	2	2	6	2	6	10	2	6	10		2	6	1		2			
58	Ce	$^3H_4$	2	2	6	2	6	10	2	6	10	2	2	6			2 ?			
59	Pr	$^4I_{9/2}$	2	2	6	2	6	10	2	6	10	3	2	6			2			
60	Nd	$^5I_4$	2	2	6	2	6	10	2	6	10	4	2	6			2			
61	Pm	—	2	2	6	2	6	10	2	6	10	5	2	6			2 ?			
62	Sm	$^7F_0$	2	2	6	2	6	10	2	6	10	6	2	6			2			
63	Eu	$^8S_{7/2}$	2	2	6	2	6	10	2	6	10	7	2	6			2			
64	Gd	^9D	2	2	6	2	6	10	2	6	10	7	2	6	1		2			
65	Tb	—	2	2	6	2	6	10	2	6	10	8	2	6	1		2			
66	Dy	$^5I_8$	2	2	6	2	6	10	2	6	10	10	2	6			2			
67	Ho	$^4I_{15/2}$	2	2	6	2	6	10	2	6	10	11	2	6			2			
68	Er	$^3H_6$	2	2	6	2	6	10	2	6	10	12	2	6			2			
69	Tm	$^2F_{7/2}$	2	2	6	2	6	10	2	6	10	13	2	6			2			
70	Yb	$^1S_0$	2	2	6	2	6	10	2	6	10	14	2	6			2			
71	Lu	$^2D_{3/2}$	2	2	6	2	6	10	2	6	10	14	2	6	1		2			
72	Hf	$^3F_2$	2	2	6	2	6	10	2	6	10	14	2	6	2		2			
73	Ta	$^4F_{3/2}$	2	2	6	2	6	10	2	6	10	14	2	6	3		2			
74	W	$^5D_0$	2	2	6	2	6	10	2	6	10	14	2	6	4		2			
75	Re	$^6S_{5/2}$	2	2	6	2	6	10	2	6	10	14	2	6	5		2			
76	Os	$^5D_4$	2	2	6	2	6	10	2	6	10	14	2	6	6		2			
77	Ir	$^4F_{9/2}$	2	2	6	2	6	10	2	6	10	14	2	6	7		2 ?			
78	Pt	$(^3D_3)$	2	2	6	2	6	10	2	6	10	14	2	6	9		1 ?			
79	Au	$^2S_{1/2}$	2	2	6	2	6	10	2	6	10	14	2	6	10		1			
80	Hg	$^1S_0$	2	2	6	2	6	10	2	6	10	14	2	6	10		2			
81	Tl	$^2P_{1/2}$	2	2	6	2	6	10	2	6	10	14	2	6	10		2	1		
82	Pb	$^3P_0$	2	2	6	2	6	10	2	6	10	14	2	6	10		2	2		
83	Bi	$^4S_{3/2}$	2	2	6	2	6	10	2	6	10	14	2	6	10		2	3		
84	Po	$^3P_2$	2	2	6	2	6	10	2	6	10	14	2	6	10		2	4		
85	At	$^2P_{3/2}$	2	2	6	2	6	10	2	6	10	14	2	6	10		2	5		
86	Rn	$^1S_0$	2	2	6	2	6	10	2	6	10	14	2	6	10		2	6		
87	Fr	$^2S_{1/2}$	2	2	6	2	6	10	2	6	10	14	2	6	10		2	6		1
88	Ra	$^1S_0$	2	2	6	2	6	10	2	6	10	14	2	6	10		2	6		2
89	Ac	$(^2D_{3/2})$	2	2	6	2	6	10	2	6	10	14	2	6	10		2	6	1	2 ?

Tabelle A 4. (Fortsetzung)

Z	Element	Grund-zustände	K	L	M	N	O	P	Q
			1s	2s 2p	3s 3p 3d	4s 4p 4d 4f	5s 5p 5d 5f	6s 6p 6d	7s
90	Th	$(^3F_2)$	2	2 6	2 6 10	2 6 10 14	2 6 10	2 6 2	2 ?
91	Pa		2	2 6	2 6 10	2 6 10 14	2 6 10	2 6 3	2 ?
92	U		2	2 6	2 6 10	2 6 10 14	2 6 10	2 6 4	2 ?
93	Np	?	2	2 6	2 6 10	2 6 10 14	2 6 10 4	2 6 1	2 ?
94	Pu	?	2	2 6	2 6 10	2 6 10 14	2 6 10 6	2 6	2 ?
95	Am	?	2	2 6	2 6 10	2 6 10 14	2 6 10 7	2 6	2
96	Cm	?	2	2 6	2 6 10	2 6 10 14	2 6 10 7	2 6 1	2 ?
97	Bk	?	2	2 6	2 6 10	2 6 10 14	2 6 10 8	2 6 1	2 ?
98	Cf	?	2	2 6	2 6 10	2 6 10 14	2 6 10 10	2 6	2 ?
99	Es	?	2	2 6	2 6 10	2 6 10 14	2 6 10 11	2 6	2 ?
100	Fm	?	2	2 6	2 6 10	2 6 10 14	2 6 10 12	2 6	2 ?
101	Md	?	2	2 6	2 6 10	2 6 10 14	2 6 10 13	2 6	2 ?
102	No	?	2	2 6	2 6 10	2 6 10 14	2 6 10 14	2 6	2 ?
103	Lw	?	2	2 6	2 6 10	2 6 10 14	2 6 10 14	2 6 1	2 ?

A 4 Allgemeine Literatur

Abelès, F. (Herausgeber): „Optical Properties and Electronic Structure of Metals and Alloys“, Proceedings of the International Colloquium held at Paris, 13. bis 16. September 1965, Amsterdam: North Holland Publishing Comp., 1966.

Born, M., Wolf, E.: Principles of Optics, 3. Aufl., Oxford: Pergamon Press 1965.

Cardona, M.: „Modulation Spectroscopy“ in „Solid State Physics“, Supplement 11, New York/London: Academic Press 1969.

Fröhlich, H.: Elektronentheorie der Metalle, Berlin: Springer 1936.

Givens, M. P.: „Optical Properties of Metals“ in „Solid State Physics“, Bd. 6, New York/London: Academic Press 1958.

Heavens, O. S.: Optical Properties of Thin Solid Films, New York/London: Academic Press 1955.

Kittel, C.: Introduction to Solid State Physics, 3. Aufl. New York: J. Wiley 1968.

König, W.: „Elektromagnetische Lichttheorie“ in „Handbuch der Physik“, Bd. 20, Berlin: Springer 1928.

Moss, T. S.: Optical Properties of Semi-Conductors, London: Butterworth 1959.

Mott, N. F., Jones, H.: The Theory of the Properties of Metals and Alloys, Oxford: Clarendon Press 1936.

Phillips, J. C.: „The Fundamental Optical Spectra of Solids“ in „Solid State Physics“, Bd. 18, New York/London: Academic Press 1966.

Sokolov, A. V.: Opticheskiye svoistva metallov, Moskau: Fizmatgiz 1961. Englische Übersetzung: Optical Properties of Metals, New York: American Elsevier Publishing Comp. 1967.

Stern, F.: „Elementary Theory of the Optical Properties of Solids“, in „Solid State Physics“, Bd. 15, New York/London: Academic Press 1963.

Vašíček, A.: Optics of Thin Films, Amsterdam: North Holland Publishing Comp. 1960.

Sachverzeichnis

Subject Index

DG 721/10/71